소방기초공학

추병길 · 김찬영 · 송영호 · 박형주
장한일 · 이종호 · 추홍록

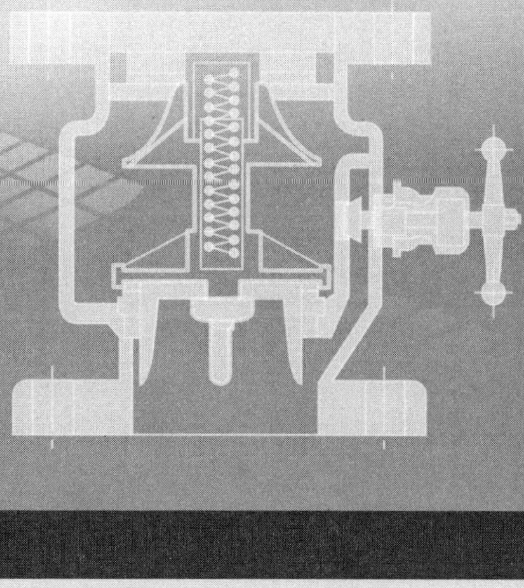

도서출판 동화기술

머리말

소방은 기계 · 전기 · 건축 · 화공 · 가스 등의 공학분야와 행정 · 심리 · 교육 · 방재 · 관리 등의 인문사회분야가 포함된 범위가 넓은 종합과학으로 이루어져 있어 소방안전분야를 공부하는 데 어려움이 많다.

또한 고등학교의 교육형태는 인문계와 전문계로 나누어져 있으며, 인문계는 다시 문과와 이과로 구분되어 교과과정이 상이하므로 이 학생들이 대학의 소방안전학과로 입학하여 소방관련 과목을 접하여 수업을 진행할 때 애로사항이 많았다. 그리고 소방공학분야는 기초수학과 기초물리, 화학의 지식이 뒷받침되어야 소방공학의 수업을 효과적으로 원활하게 진행하는 데 도움이 된다.

필자는 대학에서 소방안전과 산업안전을 강의하면서 학생들의 기초적인 공학용어의 무지로 수업에 애로가 많았으며, 이들의 기초공학을 강의하기에는 시간적인 여유가 없었다. 이에 본 도서는 소방안전 또는 산업안전분야에 입학한 학생들의 선수과목으로 필요한 여러 공학과목들을 강의하였던 내용을 통합 정리하여 소방기초공학의 분야를 공부하도록 편집하였다. 특히 학과 교수들의 전공에 따라 각 파트마다 전공교수가 분담하여 강의해도 좋다.

본 도서는 소방에 관련된 공학분야의 역학을 다루는 데 필요한 수학, 물리, 화학의 기본지식을 Part 1, 2, 3에 설명하였으며, Part 4에는 소방에 관련된 건축분야를 건축법 중심으로 설명하였고, Part 5에는 소방관련 기계설비와 기계요소, 유체기계들을 나열하였다. Part 6, 7에는 소방과 관련된 기초적인 전기이론 및 일반적인 가스의 안전관리, 고압가스 및 대표적인 가스의 성질 등을 다루었다. 또한 각 본문에 사용된 용어들을 그때마다 참고로 하여 소개하였다.

따라서, 소방분야에 입학하여 맨 처음 공학분야를 접하는 학생들이 당황하지 않게 소방과 관련된 여러 기초공학 분야의 기본적인 내용을 소개함과 동시에 점차 소방공학을 깊이 있게 학습하는 데 도움이 되도록 하였다.

소방분야는 여러 공학의 내용이 합해진 종합과학으로서 한꺼번에 학생들이 학습하기에는 부담감이 크리라 생각되지만, 소방에 가장 밀접한 공학의 기초를 학습하여 과학적인 능력을 상승시키는 데 도움이 되었으면 한다. 아울러 아직 수록하지 못한 내용은 점차 수정 보완하여 더 새롭고 더 쉽게 개정할 것을 약속드리며, 이 도서가 발간되도록 최선을 다해주신 도서출판 동화기술 관계자 여러분께 진심으로 고마움을 전한다.

Part 1 기초수학

Part 2 기초물리

Part 3 기초화학

Part 4 소방관련 건축

Part 5 소방관련 기계 일반

Part 6 소방 기초전기

Part 7 가스일반

기초수학

P·A·R·T

1

Chapter 1 지수함수와 로그함수

1. 지수의 기본성질

정의 1-1 지수함수와 로그함수

- $y = 2^x$: 2를 밑으로 하는 지수함수
- $y = \log_2 x$: 2를 밑으로 하는 로그함수

→ 지수함수와 로그함수는 서로 역함수 관계임

정의 1-2 거듭제곱근의 성질

$a > 0$, $b > 0$이고, m, n은 2 이상의 정수일 때

(1) $\sqrt[n]{a}\sqrt[n]{b} = \sqrt[n]{ab}$

(2) $\dfrac{\sqrt[n]{a}}{\sqrt[n]{b}} = \sqrt[n]{\dfrac{a}{b}}$

(3) $(\sqrt[n]{a})^m = \sqrt[n]{a^m}$

(4) $\sqrt[m]{\sqrt[n]{a}} = \sqrt[mn]{a} = \sqrt[n]{\sqrt[m]{a}}$

(5) $\sqrt[np]{a^{mp}} = \sqrt[n]{a^m}$ (단, p는 양의 정수)

정의 1-3 a를 실수, m을 정수, n을 양의 정수라 할 때 0, 음수, 분수지수를 다음과 같이 정의한다.

(1) $a^0 = 1$ (단, $a \neq 0$)

(2) $a^{-n} = \dfrac{1}{a^n}$ (단, $a \neq 0$)

(3) $a^{\frac{m}{n}} = \sqrt[n]{a^m}$ (단, n이 짝수일 때는 $a > 0$)

정 리 확장된 지수법칙

$a > 0$, $b > 0$이고 m, n이 유리수일 때

(1) $a^m \times a^n = a^{m+n}$

(2) $a^m \div a^n = a^{m-n}$

(3) $(a^m)^n = a^{mn}$

(4) $(ab)^n = a^n b^n$

예제 $2^x=3$일 때 $\left(\frac{1}{8}\right)^{\frac{x}{2}}$의 값은 얼마인가?

solution $\left(\frac{1}{8}\right)^{\frac{x}{2}}=(2^{-3})^{\frac{x}{2}}=(2)^{-\frac{3}{2}x}=3^{-\frac{3}{2}}=\frac{1}{\sqrt{27}}$

2. 로그의 기본성질

정의 1-4 로그

$a>0$, $a\neq1$일 때 임의의 양수 x에 대하여 $a^y=x$를 만족하는 실수 y는 오직 하나 존재한다. 이 지수 y를 a를 밑으로 하는 x의 로그라고 하고, $y=\log_a x$로 나타낸다. 이 때 x를 $\log_a x$의 진수라고 한다.

예제 $\log_{\frac{1}{5}}125=x$에서 x의 값을 구하시오.

solution 로그의 정의에 의해 $125=\left(\frac{1}{5}\right)^x$이므로 $5^3=5^{-x}$이 성립한다.
따라서 $x=-3$이다.

정의 1-5 로그의 기본성질

- 로그의 기본성질
  $a>0$, $a\neq1$이고 $M>0$, $N>0$이라 할 때
  (1) $\log_a a=1$, $\log_a 1=0$
  (2) $\log_a MN=\log_a M+\log_a N$
  (3) $\log_a \frac{M}{N}=\log_a M-\log_a N$
  (4) $\log_{a^p} M^q=\frac{q}{p}\log_a M$ (p, q는 실수)
- 밑의 변환공식
  $a>0$, $a\neq1$이고 $b>0$일 때
  $\log_a b=\frac{\log_c b}{\log_a c}$ $(c>0,\ c\neq1)$, $\log_a b=\frac{1}{\log_b a}$ $(b\neq1)$

예제 $\log_{10}2 = a$, $\log_{10}3 = b$라고 할 때 다음 값을 a, b로 나타내시오.

(1) $\log_{10}60$ (2) $\log_{10}\sqrt{2}$ (3) $\log_{10}5$

solution (1) $\log_{10}60 = \log_{10}2 \times 3 \times 10 = \log_{10}2 + \log_{10}3 + \log_{10}10 = a + b + 1$

(2) $\log_{10}\sqrt{2} = \dfrac{1}{2}\log_{10}2 = \dfrac{a}{2}$

(3) $\log_{10}5 = \log_{10}\dfrac{10}{2} = \log_{10}10 - \log_{10}2 = 1 - a$

정 리 로그의 종류

- $\log_{10}x$: 10을 밑으로 하는 로그로 상용로그라 부른다.
- $\log_{e}x$: 보통 기호를 사용한 수식 계산에서 사용하는 로그로 자연로그라 한다. 상용로그와 구별하기 위하여 $\ln x$라고 하기도 한다.

3. 지수, 로그함수의 그래프

정 리 지수함수의 $y = a^x$의 성질

(1) 정의역은 실수 전체의 집합 R이고, 치역은 $\{y : y > 0\}$이다.
(2) 그래프는 정점 (0,1)을 지난다.
(3) 그래프는 직선 $y = 0$(x축)을 접근선으로 한다.
(4) $a > 1$일 때 단조증가, $0 < a < 1$일 때 단조감소 한다.

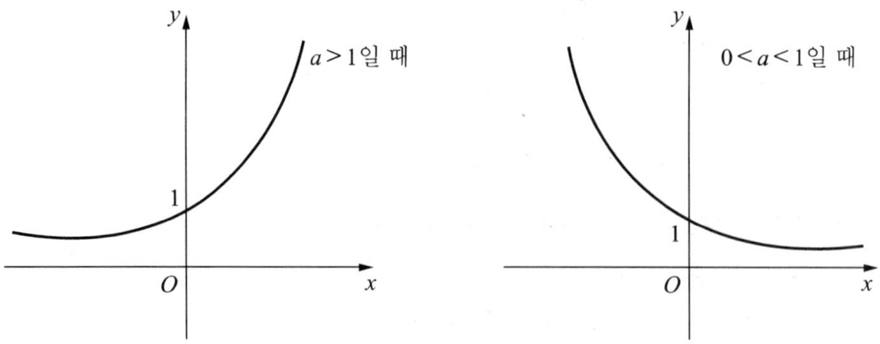

그림 1.1 지수함수와 로그함수

정 리 **로그함수의 $y = \log_a x$의 성질**

(1) 정의역은 $\{x : x > 0\}$이고, 치역은 실수 전체의 집합 R이다.
(2) 그래프는 정점 (1,0)을 지난다.
(3) 그래프는 직선 $x = 0$(y축)을 접근선으로 한다.
(4) $a > 1$일 때 단조증가, $0 < a < 1$일 때 단조 감소한다.

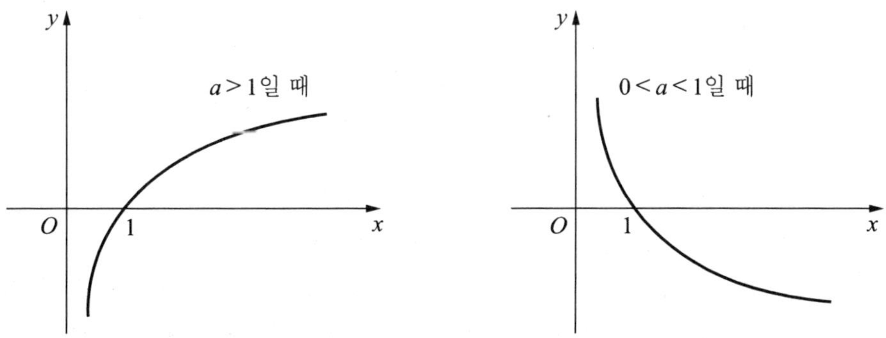

그림 1.2 **로그함수 그래프**

정 리 **$y = a^x$, $y = \log_a x$ 사이의 관계**

(1) 두 함수는 서로 역함수이다.
(3) 두 함수 그래프는 $y = x$에 관하여 대칭이다.

4. 삼각함수

(1) 각의 측정법

정의 1-6 **60분법**

측량술이나 항해술에서 널리 쓰이는 각의 측정법으로 그림처럼 원둘레를 360 등분한 각 호의 중심각의 크기를 1°로 하고 이것을 단위로 하여 각을 측정하는 것이다. 따라서 원의 중심각은 360°이다.

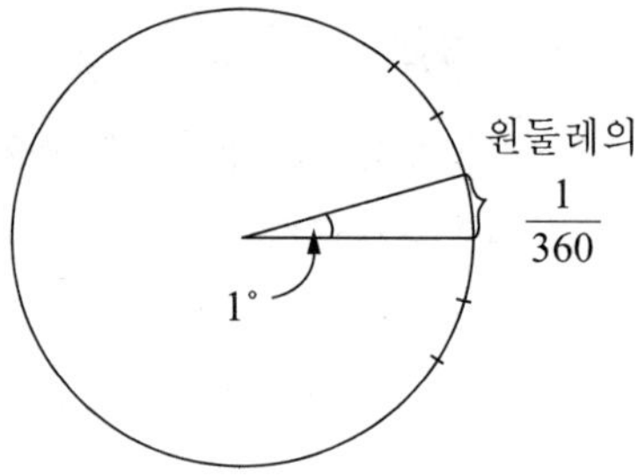

그림 1.3 60분법

정의 1-7 **호도법**

그림 1.4와 같이 반지름 r인 원에서 길이가 r인 원호에 대한 중심각의 크기를 1호도 또는 1 radian이라 하고 기호로 1 rad으로 쓴다.
반지름 r인 원의 둘레는 $2\pi r$이고 이것은 반지름의 2π배가 되므로 원의 중심각은 2π rad이다. 그런데 원의 중심각은 60분법으로 360°가 되므로

$$2\pi \text{ rad} = 360^\circ$$
$$\pi \text{ rad} = 180^\circ$$
$$1 \text{ rad} = 57^\circ\ 17'\ 45''$$

이다.
몇 가지 특수각에 대한 60분법과 호도법의 관계는 다음과 같다.

도	0	30	45	60	90	180	270	360
rad	0	$\frac{\pi}{6}$	$\frac{\pi}{4}$	$\frac{\pi}{3}$	$\frac{\pi}{2}$	π	$\frac{3\pi}{2}$	2π

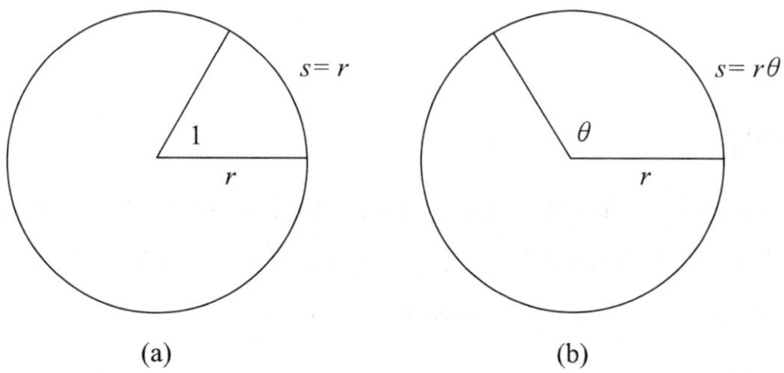

그림 1.4 호도법

(2) 일반각의 삼각함수

그림 1.5에서 길이 r인 동경 OP가 x축의 양의 방향과 이루는 각을 θ라 하고 점 P의 좌표를 (x, y)라 할 때 θ에 대한 삼각함수는 다음과 같이 정의한다.

$$\sin\theta = \frac{y}{r},\ \cos\theta = \frac{x}{r},\ \tan\theta = \frac{y}{x},\ \csc\theta = \frac{r}{y},\ \sec\theta = \frac{r}{x},\ \cot\theta = \frac{x}{y}$$

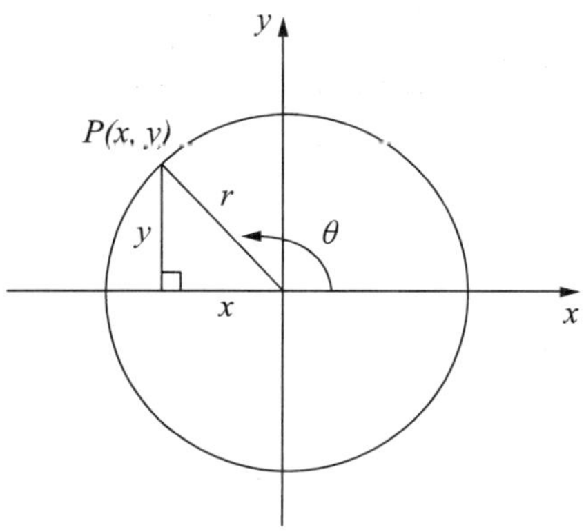

그림 1.5 일반각의 삼각함수

위의 정의로부터 다음 사실을 알 수 있다.

역수관계 $\csc\theta = \dfrac{1}{\sin\theta},\ \sec\theta = \dfrac{1}{\cos\theta},\ \cot\theta = \dfrac{1}{\tan\theta}$

상제관계 $\tan\theta - \dfrac{\sin\theta}{\cos\theta},\ \cot\theta = \dfrac{\cos\theta}{\sin\theta}$

제곱관계 $\sin^2\theta + \cos^2\theta = 1,\ \tan^2\theta + 1 = \sec^2\theta,\ 1 + \cot^2\theta = \csc^2\theta$

또한 삼각비와 삼각함수의 정의로부터 특수각에서 삼각함수 값은 다음과 같다.

삼각함수 \ 각	0	$\frac{\pi}{6}$	$\frac{\pi}{4}$	$\frac{\pi}{3}$	$\frac{\pi}{2}$	π	$\frac{3\pi}{2}$	2π
$\sin\theta$	0	$\frac{1}{2}$	$\frac{1}{\sqrt{2}}$	$\frac{\sqrt{3}}{2}$	1	0	-1	0
$\cos\theta$	1	$\frac{\sqrt{3}}{2}$	$\frac{1}{\sqrt{2}}$	$\frac{1}{2}$	0	-1	0	1
$\tan\theta$	0	$\frac{1}{\sqrt{3}}$	1	$\sqrt{3}$	± 00	0	± 00	0

(3) 삼각함수의 그래프

$y=\sin x$, $y=\cos x$, $y=\tan x$의 그래프는 다음과 같다.

① $y=\sin x$의 그래프 : 아래 그림(단위원)에서 $\sin x=\mathrm{MP}$

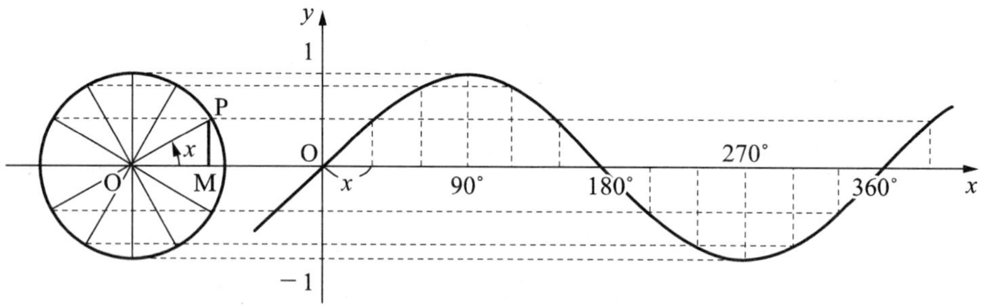

② $y=\cos x$의 그래프 : 아래 그림(단위원)에서 $\cos x=\mathrm{OM}$

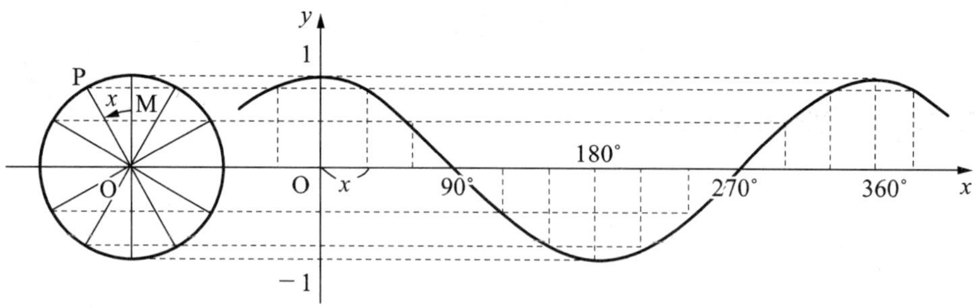

③ $y=\tan x$의 그래프 : 아래 그림(단위원)에서 $\tan x=\mathrm{BT}$

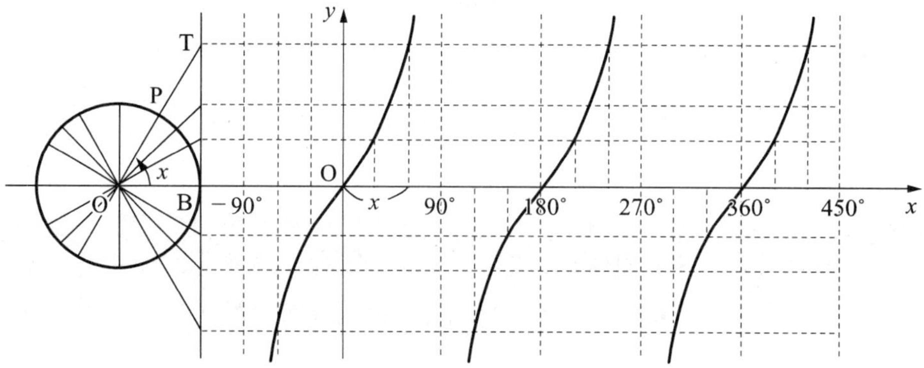

그림 1.6 삼각함수의 그래프

여기서 $y=\sin x$와 $y=\cos x$는 주기 2π, 최대값 1, 최소값 -1인 주기함수이고, $y=\tan x$는 실수전체를 치역으로 하는 주기 π인 함수이다. 또한 $y=\sin x$와 $y=\tan x$는 원점에 대해 대칭인 기함수이고, $y=\cos x$는 y축에 대하여 대칭인 우함수이다. 즉, $\sin(-x)=-\sin x$, $\tan(-x)=-\tan x$, $\cos(-x)=\cos x$가 성립한다.

예제 $y=3\sin 2x$의 그래프를 그리시오.

solution x가 0에서 $\frac{\pi}{4}$로 변할 때 $2x$는 0에서 $\frac{\pi}{2}$까지 변하고 y는 0에서 3으로 변한다. x가 $\frac{\pi}{4}$에시 $\frac{\pi}{2}$까지 변할 때 y는 3에서 0으로, x가 $\frac{\pi}{2}$에서 $\frac{3}{4}\pi$까지 변할 때 y는 0에서 -3으로, x가 $\frac{3}{4}\pi$에서 π까지 변할 때 y는 -3에서 0으로 변한다.

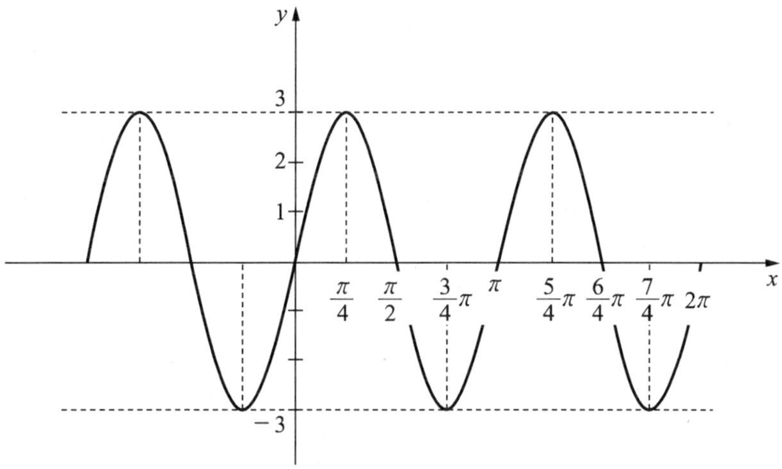

$y=r\sin(wx+\alpha)$와 $y=r\cos(w\alpha+\alpha)$의 주기는 $\frac{2\pi}{|w|}$이고, 최대값은 $|r|$, 최소값은 $|-r|$이다. $y=r\tan(wx+\alpha)$는 최대값과 최소값은 없고 주기는 $\frac{\pi}{|w|}$이다.

(4) 삼각함수의 기본공식

- 삼각함수의 가법정리

$$\sin(\alpha\pm\beta)=\sin\alpha\cos\beta\pm\cos\alpha\sin\beta$$

$$\cos(\alpha\pm\beta)=\cos\alpha\cos\beta\pm\sin\alpha\sin\beta$$

$$\tan(\alpha\pm\beta)=\frac{\cos\alpha\pm\tan\beta}{1\pm\tan\alpha\tan\beta}$$

- 반각공식

$$\sin^2\alpha = \frac{1-\cos 2\alpha}{2}$$

$$\cos^2\alpha = \frac{1 \pm \cos 2\alpha}{2}$$

$$\tan^2\alpha = \frac{1-\cos 2\alpha}{1+\cos 2\alpha}$$

- 2배각 공식

$$\sin 2\alpha = 2\sin\alpha\cos\alpha$$

$$\cos 2\alpha = \cos^2\alpha - \sin^2\alpha = 1 - 2\sin^2\alpha = 2\cos^2\alpha - 1$$

$$\tan 2\alpha = \frac{2\tan\alpha}{1-\tan^2\alpha}$$

- 곱을 합, 차로 바꾸는 공식

$$\sin\alpha\sin\beta = \frac{1}{2} sin(\alpha+\beta) + \sin(\alpha-\beta)$$

$$\cos\alpha\sin\beta = \frac{1}{2}[\sin(\alpha+\beta) - \sin(\alpha-\beta)]$$

$$\cos\alpha\cos\beta = \frac{1}{2}[\cos(\alpha+\beta) + \cos(\alpha-\beta)]$$

$$\sin\alpha\sin\beta = \frac{1}{2}[\cos(\alpha+\beta) - \cos(\alpha-\beta)]$$

- 합, 차를 곱으로 바꾸는 공식

$$\sin A + \sin B = 2\sin\frac{A+B}{2} cos\frac{A-B}{2}$$

$$\sin A - \sin B = 2\cos\frac{A+B}{2} sin\frac{A-B}{2}$$

$$\cos A + \cos B = 2\cos\frac{A+B}{2} cos\frac{A-B}{2}$$

$$\cos A - \cos B = 2\sin\frac{A+B}{2} sin\frac{A-B}{2}$$

Chapter 2 미분

1. 도함수

평균속도를 구하는 것은 잘 안다. 예를 들어, 집에서 학교까지 걸어서 등교했을 경우 평균속도를 구하는 것은 쉽다. 그렇다면 집에서 학교사이의 특정지점을 통과할 때의 순간속도는 어떻게 구할 것인가? 이 문제를 생각하며 미분계수의 정의를 알아보자.

함수 $y=f(x)$가 주어지고 $x=x_0$ 근방에서 정의되어 있다고 하면 x가 x_0에서 x_0+h까지 변할 때 x에 대한 y의 평균변화율은 다음과 같다.

$$\frac{y\text{의 변화량}}{x\text{의 변화량}} = \frac{\Delta y}{\Delta x} = \frac{f(x_0+h)-f(x_0)}{(x_0+h_0)-x_0} = \frac{f(x_0+h)-f(x_0)}{h}$$

$x=x_0$에서 x에 대한 y의 순간변화율을 구하기 위해 h를 0에 가까이 보냈을 때 평균변화율의 극한값 $\lim_{h\to 0}\frac{f(x+h)-f(x)}{h}$가 존재하면 f는 x_0에서 미분가능하다고 하고, 이 극한값을 x_0에서의 함수 f의 미분계수 또는 순간변화율이라 한다. 기호로는 $f'(x_0)$, $\frac{dy}{dx}|_{x=x_0}$, $y'|_{x=x_0}$ 등으로 표시된다.

f가 정의역의 모든 점에서 미분 가능할 때 x에 미분계수를 대응시키는 함수를 도함수라고 하고 $f'(x)$, y', $\frac{dy}{dx}$로 표시한다.

$$f'(x) = \lim_{h\to 0}\frac{f(x+h)-f(x)}{h}$$

예제 $f(x)=x^2$의 도함수를 구하시오.

solution $f(x+h)=(x+h)^2=x^2+2xh+h^2$이므로

$$\frac{f(x+h)-f(x)}{h} = \frac{2xh+h^2}{h} = 2x+h$$

따라서 도함수의 정의에 의하여

$f'(x) = \lim_{h\to 0}\frac{f(x+h)-f(x)}{h} = 2x$이다.

이제 미분계수가 갖는 기하학적 의미를 생각해보자. $y=f(x)$에서 x가 x_0에서 x_0+h까지 변할 때 평균변화율 $\dfrac{f(x+h)-f(x)}{h}$는 그래프 위의 두 점 P와 Q를 잇는 선분의 기울기이다.

h가 0으로 가까이 가면 점 Q는 곡선을 따라 점 P로 이동한다. 따라서 P와 Q를 잇는 선분의 기울기는 점 P에서의 접선의 기울기로 가까이 간다. 즉, $y=f(x)$의 각 점 x에서의 순간 변화율은 곡선 위의 점 $(x,f(x))$에서의 접선의 기울기로 주어진다.

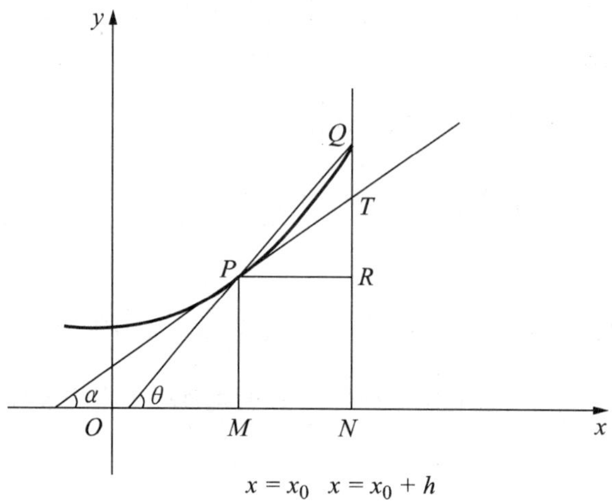

그림 2.1 도함수의 개념

2. 기본함수와 미분법

기본함수의 도함수를 소개하고 여러 가지 정리를 이용하여 함수의 미분법을 익힌다.

정의 2-1

1. $f(x)=c$(c는 상수)이면 $f'(x)=0$이다.
2. $f(x)=x^n$(n은 실수)이면 $f'(x)=nx^{n-1}$이다.
3. $f(x)=\sin x$이면 $f'(x)=\cos x$이다.
4. $f(x)=\cos x$이면 $f'(x)=-\sin(x)$이다.

5. $f(x)=a^x\,(a\neq 1,\ a>0)$이면 $f'(x)=a^x\log_e a$

6. $f(x)=e^x$이면 $f'(x)=e^x$이다.

7. $f(x)=\log_a x$이면 $f'(x)\dfrac{1}{x\log_e a}$이다. $(a\neq 1,\ a>0)$

8. $f(x)=\log_e x$이면 $f'(x)=\dfrac{1}{x}$이다.

예제

solution (1) $y=x^5$이면 $y'=5x^4$이다.

(2) $y=\sqrt{x}$이면 $y'=\dfrac{1}{2}x^{-1/2-1}=\dfrac{1}{2}\dfrac{1}{\sqrt{x}}$이다.

(3) $y=\dfrac{1}{x^3}$이면 $y'=-3x^{-4}=\dfrac{-3}{x^4}$이다.

정의 2-2 함수 $f(x)$와 $g(x)$가 구간 I에서 미분가능이면 다음 식이 성립한다.

(1) $(cf(x))'=cf'(x)$

(2) $[f(x)\pm g(x)]'=f'(x)\pm g'(x)$

(3) $[f(x)g(x)]'=f'(x)g(x)+f(x)g'(x)$

(4) $\left[\dfrac{f(x)}{g(x)}\right]=\dfrac{f'(x)g(x)-f(x)g'(x)}{g^2(x)}$

예제 $y=5x^4-3x+7$의 도함수를 구하시오.

solution $y'=5(x^4)'-3(x)'+(7)'=20x^3-3$

예제 $y=(x^2-3x)(2x+1)$의 도함수를 구하시오.

solution $y'=(2x-3)(2x+1)+(x^2-3x)(2)=6x^2-10x-3$

예제 $y=(4x+1)\cos x$의 도함수를 구하시오.

solution $f(x)=4x+1,\ g(x)=\cos x$라 하면 $f'(x)=4,\ g'(x)=-\sin x$이다.
따라서 $y'=4\cos x+(4x+1)(-\sin x)=4\cos x-(4x+1)\sin x$

예제 $y=\frac{\sin x}{\cos x}$의 도함수를 구하시오.

solution $f(x)=\sin x$, $g(x)=\cos x$라 하면 $f'(x)=\cos x$, $g'(x)=-\sin x$이므로

$$y'=\frac{f'(x)g(x)-f(x)g'(x)}{g^2(x)}=\frac{\cos^2 x+\sin^2 x}{\sin^2 x}=\frac{1}{\sin^2 x}=\sec^2 x$$

예제 $y=\frac{\log_e x}{x}$의 도함수를 구하시오.

solution $f(x)=\log_e x$, $g(x)=x$라 하면 $f'(x)=\frac{1}{x}$, $g'(x)=1$이므로

$$\frac{dx}{dy}=\frac{f'(x)g(x)-f(x)g'(x)}{g^2(x)}=\frac{\frac{1}{x}\cdot x-\log_e x\cdot 1}{x^2}=\frac{1-\log_2 x}{x^2}$$

3. 합성함수의 미분법

정의 2-2 연쇄법칙(Chain rule)

함수 $y=f(u)$와 $u=g(x)$가 미분 가능이면 $y=f(g(x))$의 도함수는

$y'=f'(u)g'(x)=\frac{dy}{du}\frac{du}{dx}$이다.

예제 $y=(x^2+3x+6)^6$일 때 $\frac{dy}{dx}$를 구하시오.

solution $u=x^5-3x+6$이라 놓으면 $y=u^6$이므로

$$\frac{dy}{dx}=\frac{dy}{du}\frac{dy}{dx}=6u^5(5x^4-3)=6(x^5-3x+6)(5x^4-3)$$

예제 $y=\sqrt{(3x^2+1)}$의 도함수를 구하시오.

solution $u=3x^2+1$로 놓으면 $y=\sqrt{u}=u^{\frac{1}{2}}$이다.

$\frac{dy}{du}=\frac{1}{2\sqrt{u}}$이므로 $\frac{dy}{du}=\frac{dy}{du}\frac{du}{dx}=\frac{1}{2\sqrt{u}}\cdot(6x)=\frac{3x}{\sqrt{3x^2+1}}$

예제 $y=\dfrac{4}{(3x+1)^5}$의 도함수 $\dfrac{dy}{dx}$를 구하시오.

solution $y=4(3x+1)^{-5}$이므로 $u=3x+1$이라 놓으면 $y=4u^{-5}$이다.

따라서 $\dfrac{dy}{dx}=\dfrac{dy}{du}\dfrac{du}{dx}=-20(u^{-6})\cdot 3=-60(3x+1)^{-6}$이다.

예제 $y=e^{-(x^2+1)}$의 도함수를 구하시오.

solution $u=-(x^2+1)$이라 놓으면 $y=e^u$이다.

$\dfrac{dy}{dx}=\dfrac{dy}{du}\dfrac{du}{dx}=e^u\cdot(-2x)=-2xe^{-(x^2+1)}$

예제 $y=\log_a(\sqrt{x^2-a^2})$ $(a\neq 1,\ a>0)$의 도함수를 구하시오.

solution 로그의 성질에 의하면 $y=\log_a(\sqrt{x^2-a^2})=\dfrac{1}{2}log_a(x^2-a^2)$이다.

$u=x^3-a^2$이라 하면 $y=\dfrac{1}{2}log_a u$

$\dfrac{du}{dx}=2x$이고 $\dfrac{dy}{du}=\dfrac{1}{2}\dfrac{1}{u}\dfrac{1}{\log_e a}$이므로 $y'=f'(u)g'(x)=\dfrac{dy}{du}\dfrac{du}{dx}$에서

$\dfrac{dy}{dx}=\dfrac{x}{(\log_e a)(x^2-a^2)}$이다.

4. 미분의 응용

정의 3-1 **평균값의 정리**

함수 $f(x)$가 $[a,b]$에서 연속이고 (a,b)에서 미분 가능이면 $\dfrac{f(b)-f(a)}{b-a}=f'(\xi)$가 되는 ξ가 (a,b) 안에 하나 존재한다.

예제 $f(x)=x^3$의 $[-1,2]$에서 평균값의 정리를 만족하는 ξ를 구하시오.

solution 정의 3-1에 의해서 $\dfrac{f(b)-f(a)}{b-a}=\dfrac{2^3-(-1)^3}{2-(-1)}=3$

또는 $f'(x)=3x^2$이므로 $3\xi^2=3$ $\therefore\ \xi^2=1$

$-1<\xi<2$이므로 $\xi=1$

Chapter 3 적분

1. 부정적분

함수 $f(x)$를 도함수로 갖는 $F(x)$, 즉 $\frac{d}{dx}(Fx) = f(x)$를 만족하는 $F(x)$를 $f(x)$의 원시함수 또는 부정적분이라 하고 이를 $\int f(x)dx$로 표시한다. $F(x)$를 구하는 것을 $f(x)$를 적분한다고 하고 $\int$를 적분기호, $f(x)$를 피적분함수, x를 적분변수라고 한다. 예를 들면, $(x^2)' = 2x$이므로 적분의 정의에 의해 $\int 2xdx = x^2$이다. 따라서 $F(x)$가 $f(x)$의 부정적분이고 c가 임의의 상수이면 $f(x)$의 모든 부정적분은 $F(x)+c$로 표시된다. 결국, $\int f(x)dx = F(x) + c$(c는 임의의 상수) 이 때 c를 적분상수라고 한다.

정 리 **부정적분 공식**

(1) $\int x^n dx = \frac{x^{n+1}}{n+1} + c$

(2) $\int \frac{1}{x} dx = \log_e |x| + c$

(3) $\int a^x dx = \frac{a^x}{\log_e a} + c \ (a > 0,\ a \neq 1)$

(4) $\int e^x dx = e^x + c$

(5) $\int \sin x dx = -\cos x + c$

(6) $\int \cos x dx = \sin x + c$

(7) $\int \sec^{2x dx =} \tan x + c$

(8) $\int \frac{dx}{\sqrt{x^2+1}} = \tan^{-1} x + c$

(9) $\int \frac{dx}{\sqrt{1-x^2}} = \sin^{-1} x + c$

(10) $\int \sqrt{a^2 - x^2}\, dx = \frac{1}{2}\left(x\sqrt{a^2-x^2} + a^2 \sin^{-1}\frac{x}{a}\right) + c \ (a > 0)$

예제 다음 부정적분을 구하시오.

(1) $\int x^5 dx = \frac{x^6}{6} + c$

(2) $\int \sqrt{x}\, dx = \int x^{1/2} dx = \frac{x^{3/2}}{\frac{3}{2}} = \frac{2x\sqrt{x}}{3} + c$

(3) $\int x^{\frac{1}{3}} dx = \int x^{-3} dx = -\frac{x^{-2}}{2} + c = -\frac{1}{2x^2} + c$

(4) $\int \frac{1}{\sqrt{x}} dx = \int x^{\frac{-1}{2}} dx = \frac{x^{\frac{1}{2}}}{\frac{1}{2}} + c = 2\sqrt{x} + c$

solution $f(x)$, $g(x)$의 원시함수를 $F(x)$, $G(x)$라 하면 $(kF(x))' = kF'(x) = kf(x)$ (k : 상수) 이고 $(F(x) \pm G(x))' = F'(x) \pm G'(x) = f(x) \pm g(x)$이므로 다음 법칙이 성립한다.

(1) $\int kf(x)dx = k\int f(x)dx$ (k : 상수)

(2) $\int f(x) \pm g(x)dx = \int f(x)dx \pm \int g(x)dx$

예제 다음 부정적분을 구하시오.

(1) $\int 4\cos x - \sin x dx = 4\int \cos x dx - \sin x dx = 4\sin x + \cos x + c$

(2) $\int 2x^2 - 5x + 10x dx = 2\int x^2 dx - 5\int x dx + \int 10 dx = 2 \cdot x^3 - 5\frac{x^2}{2} + 10x + c$

(3) $\int \sin^2\frac{x}{2} dx = \int \frac{1-\cos x}{2} dx = \frac{1}{2}\int 1 - \cos x dx = \frac{1}{2}(x - \sin x) + c$

1-1 부분적분

정 리 부분적분

(1) $\int f'(x)g(x)dx = f(x)g'(x) - \int f(x)g'(x)dx$

(2) $\int f(x)g'(x)dx = f(x)g(x) - \int f'(x)g(x)dx$

예제 $I=\int x\sin x\,dx$를 구하시오.

solution $f'(x)=\sin x$, $g(x)=x$라 놓으면 $f(x)=-\cos x$, $g'(x)=1$이다.

따라서 $I=\int f'(x)g(x)dx=f(x)g'(x)-\int f(x)g'(x)dx$이므로

$-x\cos x+\int \cos x\,dx=-x\cos x+\sin x+c$

예제 $I=\int x\log_e x dx$를 구하시오.

solution $f'(x)=x$, $g(x)=\log_e x$라 놓으면

$f(x)=\int f'(x)dx=\frac{1}{2}x^2$, $g'(x)=\frac{1}{x}$이다.

$I=\int f'(x)g(x)dx=f(x)g'(x)-\int f(x)g'(x)dx=\frac{1}{2}x^2\log_e x-\int \frac{1}{2}x^2\frac{1}{xdx}$

$=\frac{1}{2}x^2\log_e x-\frac{1}{4}x^2+c$

1-2 치환적분

함수 $F'(t)$와 $t=g(x)$가 미분 가능하고, $F'(t)=f(t)$일 때 합성함수 $F(g(x))$를 미분하면 $(F(g(x))'=F'(g(x))g'(x)=f(g(x)g'(x)$이다. 양변을 x로 미분하면 $F(g(x))=\int f(g))g'(x)dx$를 얻으며 이를 치환적분법이라 한다.

예제 $\int (3x+5)^5$를 적분하시오.

solution $3x+5=t$로 치환하고 x에 관해 미분하면

$3=\frac{dt}{dx}$, $dx=\frac{1}{3}dt$이므로

$\int (3x+5)^5dx=\int t^5\frac{1}{3}dt=\frac{1}{3}\int t^5dt=\frac{1}{3}\times\frac{1}{6}t^5+c=\frac{1}{18}(3x+5)^6+c$

예제 $\int \sin(5x)dx$를 적분하시오.

solution $5x=t$로 치환하고 x에 관해 미분하면

$5dx=dt$, $dx=\frac{1}{5}dt$이므로

$\int \sin(5x)dx=\frac{1}{5}\int \sin t dt=-\frac{1}{5}\cos t+c-\frac{1}{5}\cos(5x)+c$

예제 $\int \frac{5}{5x+3}dx$를 적분하시오.

solution $5x+3=t$로 놓으면 $5dx=dt$, $dx=\frac{1}{5}dt$

따라서 $\int \frac{5}{5x+3}dx = \int \frac{5}{t}\frac{dt}{5} = \int \frac{1}{t}dt = \log_2 |t| + c = \log_e |5x+3| + c$

1-3 삼각함수의 적분

예제 다음 적분을 구하시오.

(1) $\int \sin^2 x dx$　　(2) $\int \sin^3 x dx$

solution (1) $\sin^2 x = \frac{1-\cos 2x}{2}$이므로

$$\int \sin^2 x = \int \frac{1-\cos 2x}{2}dx = \frac{1}{2}x - \frac{1}{4}\sin(2x) + c$$

(2) $I = \int \sin^3 x\, dx = \int \sin^2 x \sin x\, dx$

$g(x) = \sin^2 x$, $f'(x) = \sin x$라 놓으면 $g'(x) = 2\sin x \cos x$, $f(x) = -\cos x$

부분적분법에 의하여

$$I = \int f'(x)g(x)dx = f(x)g'(x) - \int f(x)g'(x)dx$$

$$= -\cos x \sin^2 x + \int 2\sin x \cos^2 x$$

$I_1 = \int 2\sin x \cos^2 x$를 구하기 위해 $\cos x = t$로 놓고 x에 관해 미분하면

$-\sin x dx = dt$

따라서 $I_1 = \int -2t^2 dt = -\frac{2}{3}t^3 + c = -\frac{2}{3}cos^3 x + c$

따라서 $I = -\cos x \sin^2 x - \frac{2}{3}\cos^3 x + c$

2. 정적분

2-1 정적분의 기본성질

정 리 정적분의 기본성질

(1) $\int_a^b [f(x) \pm g(x)]dx = \int_a^b f(x)dx \pm \int_a^b g(x)dx$

(2) $\int_a^b kf(x)dx = k\int_a^b f(x)dx$ (k : 상수)

(3) $\int_a^b f(x)dx = \int_a^c f(x)dx + \int_c^b f(x)dx$, $a < c < b$

(4) $f(x) \geq 0$이면 $\int_a^b f(x)dx \geq 0$이다.

(5) $a \leq x \leq b$일 때 $f(x) \geq g(x)$이라면 $\int_a^b f(x)dx \geq \int_a^b g(x)dx$

(6) $\int_a^b |f(x)|dx \geq \left|\int_a^b f(x)dx\right|$

정 리 정적분에 관한 평균값의 정리

함수 $f(x)$가 $[a,\ b]$에서 연속이면 $[a,\ b]$상에 한 점 ξ가 존재하여

$$\int_a^b f(x)dx = f(\xi)(b-a)$$

정 리 $f(x)$의 한 부정적분을 $F(x)$라고 하면

$$\int_a^b f(x)dx = F(b) - F(a)$$

예제 다음 적분값을 구하시오.

(1) $\int_{-1}^{1} (x^3 - x + 1)dx$

(2) $\int_0^{\frac{\pi}{2}} \sin dx$

(3) $\int_1^e \frac{1}{x}dx$

(4) $\int_0^{\frac{\pi}{2}} \cos^2 x dx$

solution

(1) $\int_{-1}^{1}(x^3-x+1)dx=\left[\frac{x^4}{4}-\frac{x^2}{2}+x\right]^{1}_{-1}=\left(\frac{1}{4}-\frac{1}{2}+1\right)-\left(\frac{1}{4}-\frac{1}{2}-1\right)=2$

(2) $\int_{0}^{\frac{\pi}{2}}\sin dx=[-\cos x]_0^{\frac{\pi}{2}}-(-\cos 0)=1$

(3) $\int_{1}^{e}\frac{1}{x}dx=[\log_e x]_1^e=\log_e e-\log_e 1\ =1$

(4) $\int_{0}^{\frac{\pi}{2}}\cos^2 x dx=\int_{0}^{\frac{\pi}{2}}\frac{1+\cos 2x}{2}dx=\frac{1}{2}\left[x+\frac{1}{2}\sin 2x\right]_0^{\frac{\pi}{2}}=4$

2-2 정적분법

정 리 **치환적분법에 의한 정적분**

함수 $f(x)$가 α와 β 사이에서 $g'(t)>0$ (또는 $g'(t)<0$)인 연속인 도함수를 갖고 $a=g(\alpha)$, $b=g(\beta)$이면 $\int_a^b f(x)dx=\int_\alpha^\beta f(g(t)g'(t)dt$이다.

예제 다음 정적분을 하시오.

(1) $\int_0^1 x\sqrt{1-x}\,dx$ (2) $\int_0^{\pi/4}\tan x\,dx$

solution (1) $1-x=t$라 놓으면 $x=1-t$이고 $dx=-dt$이다.

또 x가 0에서 1로 변하는 동안 t는 1에서 0으로 변한다.

따라서

$$\int_0^1 x\sqrt{1-x}\,dx=\int_1^0(1-t)\sqrt{t}(-1)dt=\int_0^1\sqrt{t}-t\sqrt{t}\,dt=\left[\frac{2}{3}t^{3/2}-\frac{2}{5}t^{5/2}\right]_0^1$$

(2) $\tan x=\frac{\sin x}{\cos x}$이므로 $\cos x=t$라 두면 $-\sin x\,dx=dt$이고

x가 0일 때 $t=\cos 0=1$, x가 $\frac{\pi}{4}$일 때 $t=\frac{\cos\pi}{4}=\frac{1}{\sqrt{2}}$이다.

따라서

$$\int_0^{\pi/4}\tan x\,dx=\int_1^{\frac{1}{\sqrt{2}}}-\frac{dt}{t}=[-\log_e t]_1^{\frac{1}{\sqrt{2}}}=-\log_e\frac{1}{\sqrt{2}}=\log_e\sqrt{2}=\frac{2}{3}-\frac{2}{5}=\frac{4}{15}$$

정 리 **부분적분법에 의한 정적분**

구간 $[a,b]$에서 $f(x)$, $g(x)$가 미분 가능하고 $f'(x)$, $g'(x)$가 적분 가능이면

$$\int_a^b f'(x)g(x)\,dx = \left[f(x)g(x)\right]_a^b - \int_a^b f(x)g'(x)dx$$

예제 다음 적분값을 구하시오

(1) $\int_1^e \log_e x dx$ (2) $\int_0^{\frac{1}{2}} \sin^{-1}x dx$

solution (1) $f'(x)=1$, $g(x)=\log_e x$라 하면 $f(x)=x$, $(x)=\frac{1}{x}$이다.

부분적분법에 의해

$$\int_1^e \log_e x\,dx = \left[x\log_e x\right]_1^e - \int_1^e x\cdot\frac{1}{x}dx$$
$$=(e-0)-(e-1)=1$$

(2) $f(x)=1$, $g(x)=\sin^{-1}x$라 하면 $f(x)=x$, $g'(x)=\frac{1}{1-x^2}$이다.

따라서

$$\int_0^{\frac{1}{2}} \sin^{-1}x dx = \left[x\sin^{-1}x\right]_0^{\frac{1}{2}} - \int_0^{\frac{1}{2}} \frac{x}{\sqrt{1-x^2}}dx$$
$$=\frac{1}{2}\sin^{-1}\frac{1}{2}+\left[\sqrt{1-x^2}\right]_0^{\frac{1}{2}}$$
$$=\frac{1}{2}\cdot\frac{\pi}{6}+\frac{\sqrt{3}}{2}-1=\frac{\pi}{12}+\frac{\sqrt{3}}{2}-1$$

기초물리

P·A·R·T

2

Chapter 4 차원(Dimension)과 단위(Unit)

1. 차원(Dimension)과 단위(Unit)

1-1 차원

① 물질, 변위, 시간에 대한 특징을 규정하는 기본량

$[Q] = [A^{\alpha} \cdot B^{\beta} \cdot C^{\gamma} \cdots]$

② 차원식

- MLT계 차원 : 질량 M, 길이 L, 시간 T
- FLT계 차원 : 힘 F, 길이 L, 시간 T

예제 질량을 [M], 길이 [L], 시간을 [T]라 할 때 운동량의 차원을 나타내시오.

solution 운동량 $F = m \cdot v$이므로 $[kg_f] = [kg_m \cdot m/s]$

따라서 $F = [M \cdot L \cdot T^{-1}]$

1-2 단위 : 물리량을 나타내는 단위

① 절대단위계

- MKS 단위계 : m, kg, sec
- CGS 단위계 : cm, g, sec
- MKS 단위계에서 힘의 단위

  N (Newton) : 질량 1 kg의 물체에 m/s^2의 가속도를 생기게 하는 힘

  $1\ N = 1\ kg \times 1\ m/s^2 = 1\ kg \cdot m/s^2$
- CGS 단위계에서 힘의 단위

  dyne : 질량 1g의 물체에 $1\ cm^2/s^2$의 가속도를 생기게 하는 힘

  $1\ dyne = 1\ g \times 1\ cm/s^2 = 1\ g \cdot cm/sec^2 = 10^{-5}\ N$

예제 200 g의 무게는 몇 뉴튼(Newton)인가?

solution 200 [g_f] = 0.2 [kg_f] = 0.2 × 9.8 [N] = 1.96 [N]

② 공학단위계(중력단위계)

- 중량, 길이, 시간을 기본 단위량
- 1 [kg_f] = 1 [kg] × 9.8 [m/s^2] = 9.8 [$kg \cdot m/s^2$] = 9.8 [N]

③ 국제단위계(SI 단위계)

- 기본단위 : 길이[m], 질량[kg], 시간[s], 전류[A], 온도[K], 물질량[mol], 광도[cd]
- 보조단위 : 평면각[rad], 입체각[sr]
- 유도단위 : 주파수[Hz], 힘[N], 압력[Pa], 일[J=N · m], 동력[W=J/s]

④ FPS 단위(영국단위계)

- 길이[ft], 질량[lb], 시간[s]

표 4.1 SI 기본단위

물리변수	명칭	기호	물리변수	명칭	기호
질량	킬로그램	kg	열역학적 온도	캘빈	K
길이	미터	m	광도	칸델라	cd
시간	초	s	물질의 양	몰	mol
전류	암페어	A			

표 4.2 단위의 명칭과 기호

물리변수	명칭	기호	정 수
힘	뉴우튼	N	$kg \cdot m \cdot s^{-2}$
압력	파스칼	Pa	$kg \cdot m^{-1} \cdot s^{-2}(N \cdot m^{-2})$
에너지	주울	K	$kg \cdot m^2 \cdot s^{-2}$
마력	와트	W	$kg \cdot m^2 \cdot s^{-3}(J \cdot s^{-1})$
전하	쿨롱	C	$A \cdot s$
전위차	볼트	V	$kg \cdot m^2 \cdot s^{-3} \cdot A^{-1}(J \cdot C^{-1})$
전기저항	오옴	Ω	$kg \cdot m^2 \cdot s^{-3} \cdot A^{-2}(V \cdot A^{-1})$
전기전도	시멘스	S	$kg^{-1} \cdot m^{-2} \cdot s^3 \cdot A^2(V^{-1} \cdot A)$
주파수	헤르츠	Hz	s^{-1}

예제 다음을 계산하시오(단, 표준 중력 가속도는 $g = 9.8\,\text{m/s}^2$이다).

1) 질량 5 kg인 물체를 무게단위로 환산하시오.
2) 질량 5 kg과 속도 10 m/s를 갖는 물체의 운동에너지를 SI단위와 공학단위로 나타내시오.
3) 질량 5 kg인 물체가 10 m 높이에 있을 때 위치에너지를 J과 공학단위인 cal로 나타내시오.

solution (1) 중력환산계수[$9.8(\text{kg}\cdot\text{m}/\text{kg}_f\cdot\text{s}^2)$]를 이용하여

$$5\,\text{kg} = 5\,\frac{\text{kg}}{9.81\,\text{kg}\cdot\text{m}/\text{kg}_f\cdot\text{s}^2} = 0.51\,\text{kg}_f\cdot\text{s}^2/\text{m}$$

(2) SI단위 : $E_k = \dfrac{mv^2}{2} = 5\,\text{kg} \times \dfrac{10^2[\text{m/s}^2]}{2} = 250\,\text{kg}[\text{m/s}^2]\text{m} = 250\,\text{J}$

공학단위 : $E_k = \dfrac{5}{9.81}\,\text{kg}_f\cdot\text{s}^2/\text{m} \times \dfrac{10^2[\text{m/s}^2]}{2} = 25.5\,\text{kg}_f\cdot\text{m}$

(3) Joule 단위 : $E_p = mgh = 5\,\text{kg} \times 9.81\,\text{m/s}^2 \times 10\,\text{m} = 490\,\text{J}$

calory 단위 : $E_p = \dfrac{490}{4.2}\,\text{cal} = 117\,\text{cal}$

2. 온도(Temperature)와 열량(Quantity of heat)

2-1 온도

① 섭씨온도(t℃)

$$t℃ = T\,°\text{K} - 273.16,\quad t℃ = \frac{5}{9}(t°\text{F} - 32)$$

② 화씨온도(t°F)

$$t°\text{F} = \frac{5}{9}(t℃ + 32)$$

③ 절대온도(Kelvin 온도)

$$t\,°\text{K} = t℃ + 273.16$$

④ 란킨온도(Rankine 온도)

$$t\,°\text{R} = t°\text{F} + 460$$

2-2 열량

열에너지를 물리량으로 나타낸다.

① 1 kcal

0℃, 1 atm의 표준상태 하에 있는 물 1 kg을 14.5℃에서 15.5℃까지 1℃ 상승시키는 데 필요한 열량

② 1 J

1 N의 힘을 작용시켜서 1 m의 변위가 일어나게 하는 N·m의 일에 상당하는 에너지

$$1\,\mathrm{J} = \frac{1}{4.186}\,\mathrm{cal},\ 1\,\mathrm{kcal} = 4.186\,\mathrm{J}$$

③ 1 BTU : 영국열량단위(British Thermal Unit)

순수한 1 Lb 물을 1°F 올리는데 필요한 열량

④ 1 PCU

1 Lb의 순수한 물을 1℃ 높이는데 필요한 열량

2-3 압력

① 압력

단위 면적에 작용하는 수직방향의 힘

② 압력의 단위

- SI단위계 : 파스칼[Pa]

  $$1\,\mathrm{Pa} = 1\,\frac{\mathrm{N}}{\mathrm{m}^2}$$

  공학[bar]

  $1\ \mathrm{bar} = 10^5\ \mathrm{Pa} = 10^5\ \mathrm{N/m^2}$

- 물리압력(atm)·공학압력(at)과 SI압력 관계

  $1\ \mathrm{atm} = 1.0332\ [\mathrm{kg_f/cm^2}] = 1.013 \times 10^5\ \mathrm{Pa}$

- 영국·미국 압력단위[psi]

  1 psi : 1 in^2 당 1 lb의 힘이 작용하고 있을 때 압력

  $1\ \mathrm{bar} = 10^6\ \mathrm{dyn/cm^2} = 10^5\ \mathrm{N/m^2} = 10^5\ \mathrm{Pa}$

$1\ N = 1\ kg_m/m^2$, $1\ N/m^2 = 1\ Pa = 10^{-5}\ bar$

$1\ kg_f/cm^2 = 0.980665 \times 10^6\ dyn/cm^2 = 0.980665 \times 10^5\ Pa$

$1\ atm = 760\ mmHg = 29.92\ inHg = 10.33\ mH_2O$

$= 1.013\ bar = 101.3\ kpa = 0.10132\ Mpa = 1.033\ at$

$1\ psi = 1\ lb/in^2 = 0.07\ kg_f/cm^2$

예제 1기압은 760 mmHg의 수은주에 해당된다. 1기압을 수주의 높이와 Pa로 환산하시오. 단, 수은의 밀도는 13.6 g/cm^{3}이다.

solution $1\ atm = 760\ mmHg = 29.92\ inHg = 10.33\ mH_2O = 1.013\ bar = 101.3\ kpa$
$= 0.10132\ Mpa = 1.033\ at$ 이므로

수주높이 $1\ atm = 760\ mmHg \times 13.6\ H_2O/Hg \times 10336\ mmH_2O = 10.336\ mH_2O$

Pa : $13.6 \times 10^{-3} \times 10^6\ kg/m^3 \times 0.76\ m \times 0.8\ m/s^2 = 101300\ pa = 101.3\ kPa$

참고 : 스칼라와 벡터

- 스칼라 : 적절한 단위를 가지고 단위의 수로 기술되는 양
  예) 질량, 거리, 시간, 속력
- 벡터 : 크기와 방향을 가지고 있는 양
  예) 변위, 속도
- 변위 : 한 점에서 다른 점까지의 벡터, 거리와 방향에 의해 표시됨
- 단위벡터와 벡터성분
  단위벡터는 방향을 나타내어 주는 크기가 1인 차원이 없는 벡터이고 단위벡터 i, j, k는 x, y, z 좌표계의 축을 따라 있고 평면에 있는 벡터는 크기와 방향 또는 성분들에 의해 표기 가능하다. 성분들은 크기와 방향으로부터 구할 수 있다.

$$A_x = A\cos\theta$$

$$A_y = A\sin\theta$$

크기와 방향은 성분들로부터 구할 수 있는데

$$A = \sqrt{A_x^2 + A_y^2}$$

$$\tan\theta = \frac{A_x}{A_y}$$

3차원에서 벡터는 $F = F_x i + F_y j + F_z k$의 성분들로서 표시된다.

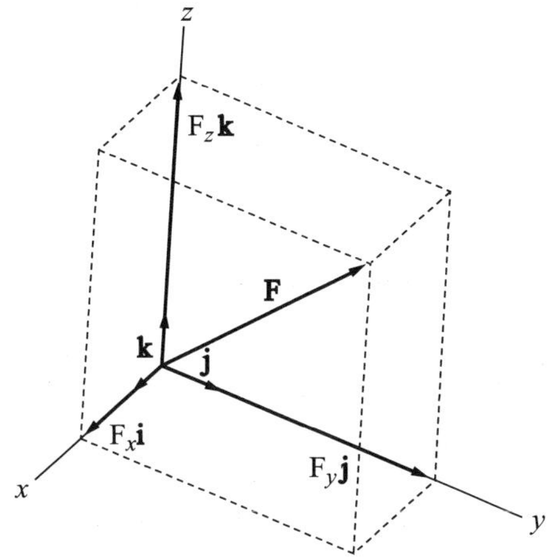

그림 4.1 x, y, z을 따르는 단위 벡터 i, j, k

3. 기체의 성질

3-1 이상기체

(1) Boyle의 법칙(압력변화의 영향)

기체는 액체와 고체에 비하여 매우 압축될 수 있는 물질로서 일정 온도 하에서 기체의 부피기 압력에 반비례한다.

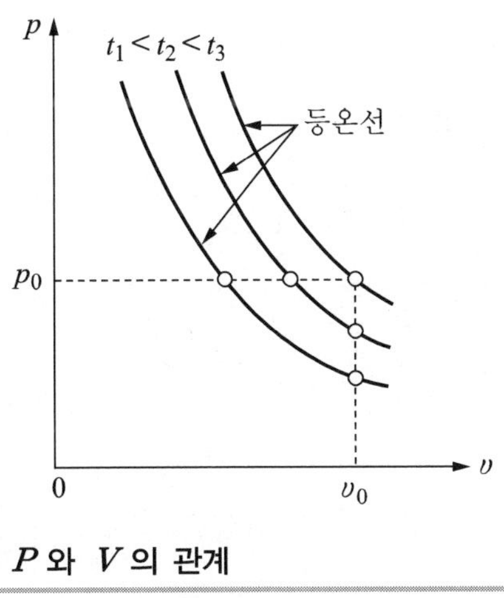

그림 4.2 일정온도 하의 P와 V의 관계

$$V \propto \frac{1}{P} \text{ 또는 } V = k\frac{1}{P} \text{ (보일의 법칙)}$$

여기서, k : 비례상수

예제 공기가 1 atm의 압력에서 1,000 cm^3의 부피를 차지하고 있다.
(1) 10 atm에서 부피는 얼마인가?
(2) 이것을 1 cm^3로 압축하기 위해서는 어느 정도 압력이 필요한가?

solution $P_1V_1 = P_2V_2 \quad (T = C)$

(1) $V_2 = \left(\frac{P_1}{P_2}\right)V_1 = (1\,\text{atm}/10\,\text{atm}) \times 1000\,\text{cm}^3 = 100\,\text{cm}^3$

(2) $P_2 = \left(\frac{V_1}{V_2}\right)P_1 = (1000\,\text{cm}^3/1\text{cm}^3) \times 1\,\text{atm} = 1000\,\text{atm}$

(2) Gay-Lussac의 법칙(온도변화의 영향)

압력이 일정하다면 온도 t 하에서 기체 부피는

$$V_t = V_0 + V_0at = V_0(1+at)$$

여기서, a : 기체의 열팽창계수(1/273)
V_0 : 0℃에서 기체의 부피

$$V_t = V_0\left(1+\frac{t}{273}\right) = V_0\left(\frac{273+t}{273}\right)$$

$$T = t + 273$$

여기서, T : Kelvine 온도, 절대온도

Gay-Lussac 법칙을 수학적으로 표기한 것은

$$V_t = V_0\left(\frac{T}{T_0}\right) \text{ 또는 } \frac{V_1}{T} = \frac{V_0}{T_0} = k$$

여기서, k : 상수

예제 어떤 공정에서 질소를 일정부피의 용기 중에서 500 K로 가열할 필요가 있었다. 만일 가열 전 이 용기에 압력 100 atm, 온도 300 K로 보관되어 있었다고 한다면 가열 후 용기의 압력은 얼마나 되는가? 단, 이상기체로 가정한다.

solution 이상기체이므로 $P_2 = \dfrac{T_1}{T_2} \times P_1$ (V=일정) $= \dfrac{500}{300} \times 100 = 167\,\text{atm}$

(3) Boyle-Charles의 법칙

이상기체의 압력과 온도를 동시에 변화시킬 때 일어나는 부피변화를 나타내면 압력 P_1, 온도 T_1, 부피 V_1에서 기체의 새로운 상태($T_1 = T_2$조건) 압력 P_2, 부피 V_1, 온도 T_2가 얻는다(Boyle의 법칙).

또 일정 압력 하에서 온도가 변화하면 Gay-Lussac 법칙($P_3 = P_2$조건) $\dfrac{V_2}{T_2} = \dfrac{V_3}{T_3}$으로 표현되므로 최종상태는 P_3 V_3 T_3가 된다. 이들의 관계에서 압력과 온도의 동시변화가 부피변화에 대한 영향을 표현할 수 있다.

$$\frac{P_1}{P_2} = \frac{V_2}{V_1}, \quad V_1 = \frac{P_2 V_2}{P_1} \tag{a}$$

및

$$\frac{V_2}{T_2} = \frac{V_3}{T_3} \tag{b}$$

(b)식을 (a)식에 대입하면

$$V_1 = \frac{P_2 T_2 V_3}{P_1 T_3} \quad \text{또는} \quad \frac{P_1 V_1}{T_2} = \frac{P_2 V_3}{T_3}$$

여기서, $T_2 = T_1$, $P_2 = P_3$이므로

$$\frac{P_1 V_1}{T_1} = \frac{P_3 V_3}{T_3} \quad \text{또는} \quad \frac{PV}{T} = K \text{ (Boyle-Charles 법칙)}$$

여기서, K : 상수

또한 일정 압력과 온도에서 이상기체의 부피는 기체의 몰수에 n에 비례하고 상수 K도 기체의 몰수에 비례한다. 즉,

$$K \propto n \quad \text{또는} \quad K = nR$$

여기서, R : 기체상수

$$\frac{PV}{T} = nR \rightarrow PV = nRT \text{ : 이상기체 상태방정식}$$

표 4.3 이상기체 상수 R의 값

상 수	단 위	비 고
8.31431	J/K · mol	(SI단위)
1.98717	cal/K · mol	
0.0820575	l · atm/K · mol	
8.31431×10^7	erg/K · mol	

예제 부피 25 L의 실린더에 압력 6.78×10^6 Pa에서 온도 25℃의 기체가 들어있다. 이상기체라고 가정한다면 실린더 속에 들어있는 기체의 몰수는 얼마인가?

solution $P = 6.78 \times 10^6 \text{Pa}, \ V = 25\,L = 2.5 \times 10^{-2} \text{m}^3, \ T = 298\,\text{K}$

이상상태 방정식 $PV = nRT$

$$n = \frac{PV}{RT} = \frac{(6.78 \times 10^6 \text{N/m}^2)(2.5 \times 10^{-2} \text{m}^3)}{(8.314\,\text{J/Kmol})(298\,\text{K})} = 68.4\,\text{mol}$$

※ $1\,\text{Pa} = 1\,\text{N/m}^2, \ 1\,\text{J} = 1\,\text{N} \cdot \text{m}$

예제 25℃ 1기압의 10 L의 기구의 온도가 −10℃, 압력이 500 mmHg와 같은 고도까지 상승했다. 이 고도에서 기체의 부피는 얼마나 되는가?

solution $P_1 = 1\,\text{atm} = 760\,\text{mmHg}, \ T_1 = 298\,\text{K}, \ V_1 = 10\,\text{L}, \ P_2 = 500\,\text{mmHg}, \ T_2 = 263\,\text{K}, \ V_2 = ?$

Boyle-Charles 법칙

$$\frac{P_1 V_1}{T_1} = \frac{P_2 V_2}{T_2} \quad \rightarrow \quad V_2 = \frac{P_1 V_1 T_2}{P_2 T_1} = \frac{(760) \times (10) \times (263)}{(298) \times (500)} = 13.4\,\text{L}$$

(4) 분자량의 결정법

① 이상기체의 법칙을 알고 있을 때

$$n = \frac{m}{M}$$

여기서, n : 기체의 몰수

m : 기체의 g 수

M : 기체의 분자량

$$PV = nRT = \frac{m}{M}RT$$

② 화합물의 실험식을 알고 있을 때

밀도의 개념을 추가하여 사용

$$PV = nRT = \frac{m}{M}RT$$

$\rho = \frac{m}{V}$ 이므로

$$M = \frac{\rho RT}{P}$$

예제 벤젠을 하학 분석한 결과, 수소 1원자에 대하여 탄소 1원자가 들어 있다는 사실을 알았다. 만일 100℃, 1 atm에서 2.58 g의 벤젠 증기가 1 L를 차지한다면 벤젠의 분자식은 무엇인가?

solution $M = \frac{mRT}{PV} = \frac{(2.58)(0.0821)(373)}{1 \times 1} = 78.9$

$C_1H_1 = 13$이므로 벤젠의 분자식은 78.9에 가장 가까운 배수를 구하면 C_6H_6이다.

Chapter 5 열역학

1. 계와 주위

1-1 열역학적 계(system)

해석 및 연구의 대상이 되는 물질의 일정한 양 또는 어떤 한정된 공간 내의 구역

1-2 주위(surroundings)

경계(boundary)의 외측에 있는 모든 물질

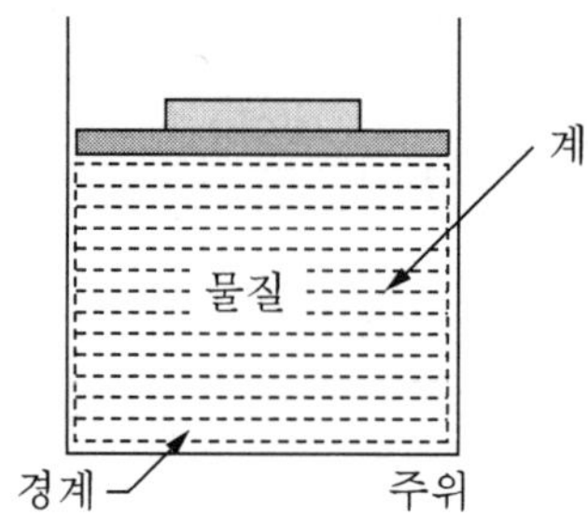

그림 5.1 계, 주위, 경계

(1) 계(system)

① 밀폐계(closed system) : 비유동계(nonflow system)

계의 경계를 통하여 동작유체(working fluid)가 이동하지 않고 에너지만을 교환하는 계, 즉 열이나 일의 형태로 에너지는 경계를 지나 주위와 교환하여도 질량의 이동을 수반하지 않고 변화하는 경우이므로 이를 비유동계(nonflow system)라 하며, 또한 동작유체의 질량이 일정한 계

② 개방계(open system) : 유동계(flow system)

에너지가 열과 일의 형태로 계와 주위사이를 이동될 뿐만 아니라 동시에 물질도 경계를 통하여 유입되거나 유출되는 계

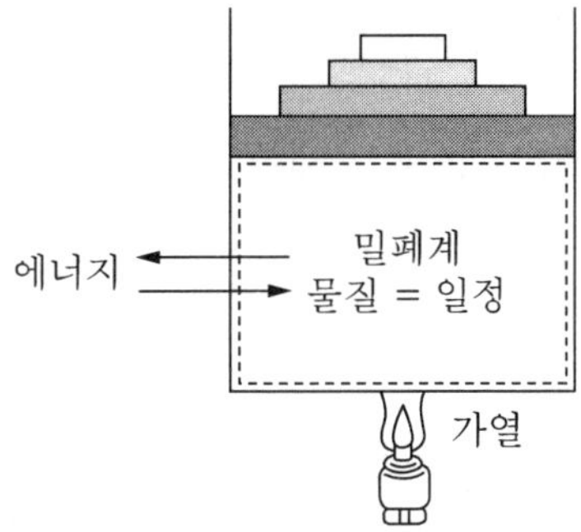

그림 5.2 밀폐계

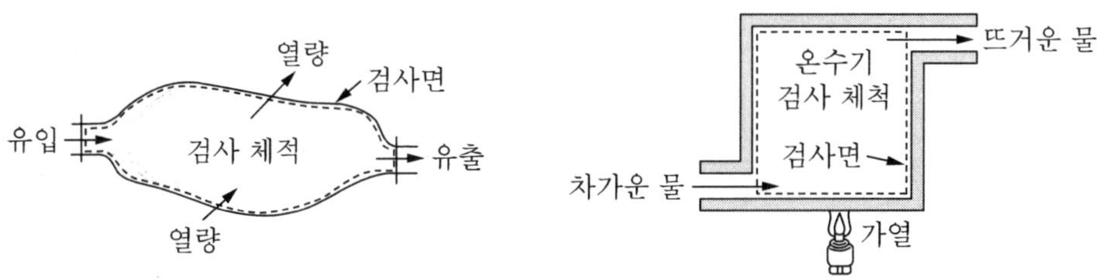

그림 5.3 개방계(유동계)

2. 물질의 상태량과 상태변화

2-1 상태량(quantity of state)

압력(P), 비체적(v), 절대온도(T), 비내부에너지(u), 비엔탈피(h), 비엔트로피(s) 등과 같이 물질의 특정한 상태를 나타내는 물리량

① 강도성 상태량(intensive property)

물질의 양(질량)과 관계없는 성질, 즉 질량변화에 무관한 변화량

예) 압력(P), 비체적(v), 절대온도(T), 비내부에너지(u), 비엔탈피(h), 비엔트로피(s)

② 종량성 상태량(extensive property)

물질의 질량에 비례하는 성질, 즉 질량변화에 따라서 변하는 상태량

예) 체적 V, 내부에너지 U, 엔탈피 H, 엔트로피 S

2-2 상태변화(change of state)

계 내의 동작 유체가 한 상태에서 다른 상태로 바뀌는 것을 상태변화라고 하고 이때의 변화 경로가 연속적인 것을 과정(process)이라고 한다.

① 가역변화(reversible process)

한 계가 임의의 과정을 거쳐서 한 상태로부터 다른 상태로 변화할 경우 그 변화를 반대방향으로도 주위에 어떤 변화를 남기지 않고 원래상태로 되돌아 갈 수 있는 변화

② 비가역변화(irreversible process)

어떤 변화를 남기지 않고 원래 상태로 되돌아갈 수 없는 현실적인 변화

예) 물체의 영구변화, 마찰을 수반하는 일로부터 열로의 에너지 전환, 고온체에서 저온체로 열이동 등

3. 열량(Quantity of heat)

3-1 정의

물체가 보유하고 있는 열의 양, 즉 열에너지의 양

SI 단위계에서는 J를 사용하고 중력단위계에서는 kcal를 사용

- 1 kcal = 4.2 J = 3.9671 BTU
- J =1 N · s, 1W =1 J/s

3-2 열의 종류

(1) 현열(sensible heat)

물질의 상태변화 없이 온도변화가 일어날 때 필요한 열을 말한다. 질량 m(kg)의 물체에 열량 dQ(kJ)가 주어졌을 때 온도상승을 dt(℃)라 하면

$$dt \propto \frac{dQ}{m}$$

$$dQ = mCdt$$

여기서, C : 비열(specific heat) [kJ/kg · ℃] [kJ/kg · K]

참고 : 비열(specific heat)

어떤 물질 1 kg을 1℃ 변화시키는 데 필요한 열량

① 정압비열(Cp) : 기체의 압력을 일정하게 유지하면서 가열할 때의 비열

② 정적비열(Cv) : 기체의 체적을 일정하게 유지하면서 가열할 때의 비열

$$Cp - Cv = AR$$

정압비열(Cp)은 항상 정적비열(Cv)보다 크다.

③ 비열비(k) : $\dfrac{Cp}{Cv} > 1$로 표시

비열비가 크면 기체를 압축 후 토출가스 온도가 높아진다.

참고 : 열량, 일, 동력의 SI단위계

① 1 J : 1 N의 힘을 작용시켜 1 m 움직였을 때의 일

1 J = 1 N · m

② 1 W : 매초 1 J의 일을 발생하는 동력

1 W = 1 J/S

③ 일과 동력의 관계

1 J = 1 N · m = 1 W · s

④ 비열의 중력단위와 SI 단위 관계

kcal/kg · ℃ = 1 BTU/lb · °F = 4.186 kJ/kg · K

(2) 잠열(latent heat)

물질의 온도변화 없이 상태(phase)가 변화될 때의 열을 말한다.

$$Q = W \cdot \Delta H_l$$

여기서, Q : 잠열량(Kcal, kJ)

W : 물질의 질량

ΔH_l : 물질의 잠열(Kcal/kg, kJ/kg)

참고 : 물의 잠열

- 물의 응고잠열 및 융해잠열 : 79.68 Kcal/kg
- 물의 증발잠열 및 수증기의 응축잠열 : 539 Kcal/kg

예제 500 W의 전열기로 0.8 L의 물을 15℃에서 100℃까지 가열하는 데 20분이 걸린다. 외부로 방출되는 열량은 몇 %인가?

solution 1 Kw = 1 KJ/s이므로 20분간 사용열량은

0.5 × 1 × 20 × 60 = 600 kJ

이다. 물 0.8 L를 154℃에서 100℃로 올리는데 필요한 열량은 $dQ = mCdt$에서(물의 평균비열 4.2 kJ/kg・K로 함)

0.8 × 4.2 × (100 − 15) = 285.6 kJ

따라서 외부로 방출된 열량은

[(600 − 285.6) / 600] × 100 = 52.4%

4. 단위환산

① 힘의 단위환산

- 1 kg_f (공학단위) : 질량 1 kg에 작용하는 가속도 9.81 m/s^2
- 1 N(SI단위) : 질량 1 kg에 작용하여 1 m/s^2의 가속도를 주는 힘
- 1 kg_f = 9.81 N

② 일의 단위환산

- 1 kg_f・m(공학단위) : 1 kg의 힘으로 1 m 움직이는 일
- 1 N・s(SI단위) = 1 J = 10^7 dyn・cm = 10^7 erg

③ 열량의 단위환산

- 1 kcal(공학단위) : 순수한 물 1 kg_f의 온도를 15℃의 부근(14.5 → 15.5)에서 1℃ 올리는데 필요한 열량

  $1\ \text{kcal} = \frac{1}{860}\ \text{kWh}$

- $1\ J$(SI단위) $= 1\ N \cdot m = 1\ W \cdot s = 2.78 \times 10^{-7}\ kWh$

④ 동력(일률)의 단위환산

- 1 ps(미터마력) : 1초간에 $75\ kg_f \cdot m$의 일을 할 때의 동력

  $1\ ps = 75\ kg_f \cdot m/s = 735.5\ W = 735.5\ J/s = 632.3\ kcal/h$

  $1\ ps \cdot h = 2648\ kJ$

- 1 W(SI단위) : 1초간에 일을 할 때의 동력

  $1\ kW = 860\ kcal/h = 1.36\ ps = 102\ kg_f \cdot m/s$

⑤ 비열의 단위환산

- $1\ kcal/kg_f \cdot C = 1\ BTU/lb_f \cdot {}^\circ F = 4.2\ kJ/kg \cdot K$

5. 열역학 제1법칙(=에너지보존의 법칙)

5-1 개요

열은 본질상 에너지의 일종이며 결과 일은 서로 상호전환이 가능하다. 이때 열과 일은 일정한 비례관계가 성립한다.

$$Q = A \cdot W$$

$$W = \frac{Q}{A} = J \cdot Q$$

여기서, A : 일의 열당량 $\quad A = \frac{1}{427}\,\mathrm{kcal/kg_f \cdot m}$

J : 열의 일당량$(J = \frac{1}{A})$ $\quad J = 427\,\mathrm{kg_f \cdot m/kcal}$

예제 어떤 엔진의 1 Hph당 연료소모율이 1.96 N이면 이 엔진의 열효율은 얼마인가?
(단, 가솔린의 발열량은 4.714 KJ/N이다)

solution $\eta = \frac{W}{q} = \frac{632 \times 4.2}{4.714 \times 1.96} = 0.2873 = 28.73\%$

5-2 내부에너지(internal energy)

한 계(system)에 외부로부터 열이나 일을 가할 경우, 그 계가 열을 주고받지 않고 또한 외부에 일을 하지 않았다면 이 에너지는 그 계의 내부에 저장되는데 이 저장된 에너지를 말한다. 즉, 내부에너지는 계의 총 에너지에서 기계적 에너지를 뺀 나머지 에너지이다.

$$\Delta U = Q - W$$

여기서, U : 내부에너지(kJ)

예제 어느 계에 50 kJ를 공급했다. 만약 이 계가 외부에 대하여 20,000 N · m의 일을 하였다면 내부에너지의 증가량은 얼마인가?

solution $\Delta U = Q - W = 50\,\mathrm{kJ} - 20{,}000\,\mathrm{N \cdot m}\,(1\,\mathrm{J} = 1\,\mathrm{N \cdot m}) = 50{,}000 - 20{,}000 = 30{,}000\,J = 30\,\mathrm{kJ}$

예제 내부에너지 170 kJ를 보유하는 물체에 열을 가했더니 내부에너지가 188 kJ 증가하였다. 외부에 0.98 kJ의 일을 하였을 때 가해진 열량은 몇 kJ인가?

solution $Q = \Delta U + W = (188 - 170) + 0.98 = 18.98\,\mathrm{kJ}$

5-3 엔탈피(enthalpy)

어떤 상태의 유체 1 kg이 가지는 열에너지, 유체가 갖는 내부에너지와 체적을 차지하기 위한 유동일(flow work)의 합

$$h = u + pv$$

$$H = U + PV$$

여기서, H : 엔탈피[kJ]

h : 비엔탈피[kJ/kg]

예제 1 kg의 가스가 압력 50 kPa, 체적 2.5 m^3의 상태에서 압력 1.25 MPa, 체적 0.2 m^3의 상태로 변화하였다. 만약 가스의 내부에너지가 일정하다고 하면 엔탈피의 변화량은 얼마인가?

solution $h = u + pv,\ h_2 - h_1 = (u_2 - u_1) + (p_2 v_2 - p_1 v_1),\ u_1 = u_2$

$h_2 - h_1 = (p_2 v_2 - p_1 v_1) = (1.25 \times 10^6) \times 0.2 - (50 \times 10^3) \times 2.5$

$= 115{,}000\,\mathrm{N \cdot m/kg} = 115{,}000\,\mathrm{J/kg} = 115\,\mathrm{kJ/kg}$

6. 열역학 제2법칙(=엔트로피 증가법칙)

6-1 개요

열과 일의 변환에 대한 방향성을 제시하는 법칙, 열이 일로 전환되는 비가역적인 현상

(1) Clausius 표현

열은 스스로 다른 물체에 아무런 변화도 주지 않고 저온물체에서 고온물체로 이동하지 않는다.

(2) Kelvin-Plank 표현

자연계에 아무런 변화도 남기지 않고 어느 열원의 열을 계속해서 일로 바꿀 수 없다. 즉, 고온물체의 열을 계속해서 일로 바꾸려면 저온물체로 열을 버려야 한다.

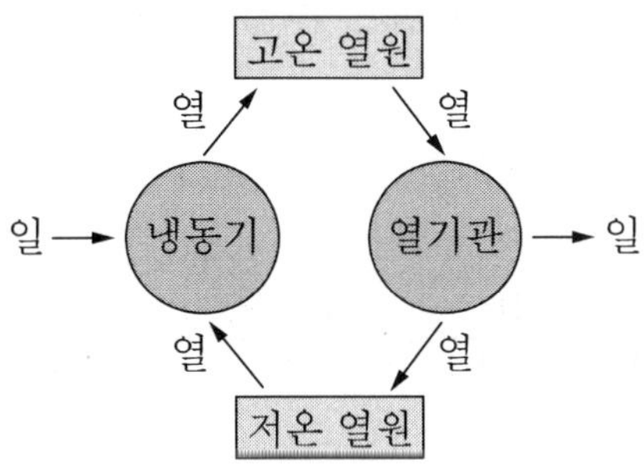

그림 5.4 열역학 제2법칙의 표현

6-2 카르노 사이클(Carnot cycle)

완전가스를 작업물질로 하는 2개의 단열과정과 2개의 등온과정을 갖는 사이클 카르노사이클을 $p-v$, $T-s$ 선도상에 표시하면 다음과 같다.

1 → 2 : 동온팽창(열량 Q_1을 받아 등온 T_1을 유지하면서 팽창하는 과정)

2 → 3 : 단열팽창 과정

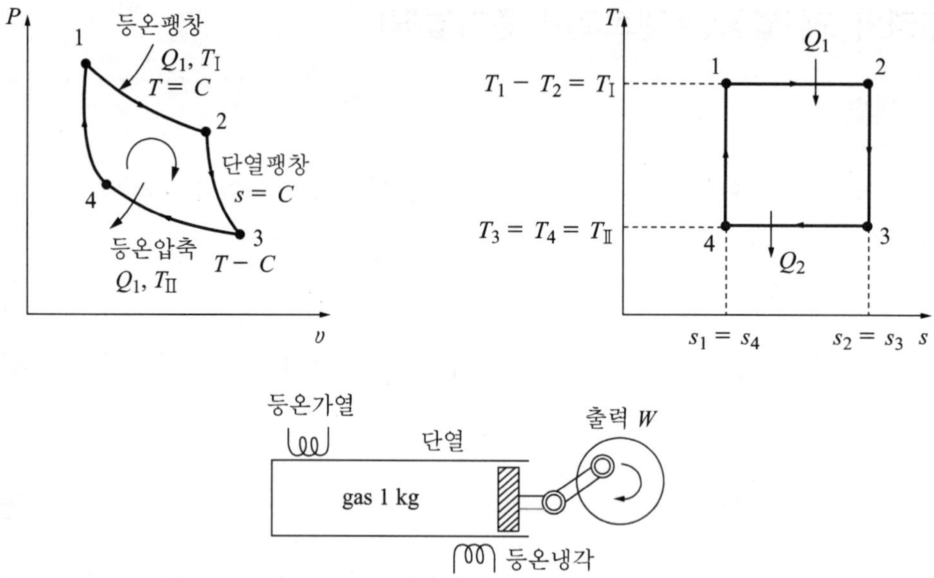

그림 5.5 카르노 사이클의 $p-v$, $T-s$선도

3 → 4 : 등온압축(열량 Q_2를 방출하면서 등온 T_1를 유지하면서 압축하는 과정)

4 → 1 : 단열압축과정

유효한 일 $H = Q_1 - Q_2$

열효율 $\eta_c = \dfrac{\text{유효일}(W)}{\text{공급열량}(Q_1)} = \dfrac{Q_1 - Q_2}{Q_1} = 1 - \dfrac{Q_2}{Q_1} = 1 - \dfrac{T_2}{T_1}$

예제 고열원 350℃, 저열원 15℃에서 작동하는 카르노 사이클이 1사이클 당 3.36 kJ의 열을 받는다면 이 카르노 사이클의 1사이클 당 일량은 얼마인가?

solution

$$\eta_c = \frac{W}{Q_1} = 1 - \frac{Q_2}{Q_1} = 1 - \frac{T_2}{T_1} = 1 - \frac{15 + 273}{350 + 273} = 0.5377$$

$$W = \eta_c \cdot Q_1 = 0.5377 \times 3.36 = 1.807\,\text{kN}\cdot\text{m} = 184.35\,\text{kg}_\text{f}\cdot\text{m} = 1809\,\text{N}\cdot\text{m}$$

예제 카르노 열기관이 700℃의 고열원으로부터 600 kcal의 열량을 받아서 30℃인 저열원에 방열하는 경우 다음 요구사항을 계산하시오.

(1) 열효율(η_c)

(2) 저열원에 방열하는 열량(Q_2)

solution (1) $\eta_c = 1 - \dfrac{Q_2}{Q_1} = 1 - \dfrac{T_2}{T_1} = 1 - \dfrac{30+273}{700+273} = 0.689$

공급받은 열량의 68.9%가 일로 변환됨

(2) 발열량 Q_2

$\eta_c = 1 - \dfrac{Q_2}{Q_1}$ 에서 $Q_2 = Q_1(1-\eta_c) = 600(1-0.680) = 186.6\,\text{kcal}$

따라서 고열원으로부터 받은 열량 600 kcal 중 186.6 kcal를 방열함

6-3 엔트로피(entropy)

무질서도를 나타내는 상태량으로 엔트로피는 에너지도 아니고 열량의 이용가치를 나타낸 측정할 수 없는 물리학상의 상태량이다. 어느 물체에 열을 가하면 엔트로피는 증가하고 냉각하면 감소하는 상상적인 양이다.

그림 3-5는 $P-v$ 선도상의 가역사이클에 $1a2b1$을 표시한 것으로 클라우지스 적분은 $\oint \dfrac{dQ}{T} = 0$이다. 이 적분의 경로 $1a2b1$는 가역사이클이므로 $\int_{1\to a}^{2} \dfrac{dQ}{T} - \int_{1\to b}^{2} \dfrac{dQ}{T} = 0$이다.

$$\int_{1\to a}^{2} \frac{dQ}{T} = \int_{1\to b}^{2} \frac{dQ}{T}$$

$$\int_{1}^{2} \frac{dQ}{T} = const$$

여기서 점 1을 정점인 기준점으로 하고 점 2를 정하면 $\int_{1}^{2} \dfrac{dQ}{T}$의 값은 가역변화의 경로에 관계없이 결정된다.

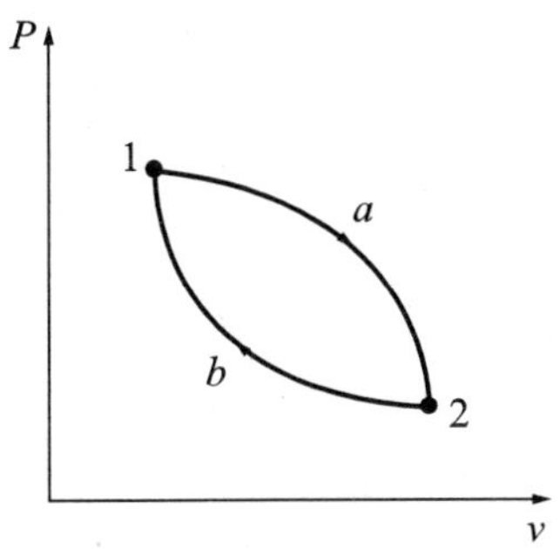

그림 5.6 $P-v$ 선도

그림에서 $1-a-2-b-1$의 경로를 따라 이루어질 때 $1 \rightarrow a \rightarrow 2$는 가역변화, $2 \rightarrow b \rightarrow 1$은 비가역변화라고 하면 $\int_{1 \rightarrow a}^{2} \frac{dQ}{T} + \int_{1 \rightarrow b}^{2} \frac{dQ}{T} < 0$이 된다. 상태 1, 2의 엔트로피를 S_1, S_2라고 하면

$$S_2 - S_1 = \int_{1 \rightarrow arev}^{2} \frac{dQ}{T} > \int_{1 \rightarrow b}^{2} \frac{dQ}{T}$$

또 가역단열 변화이면 $dS = 0$, 비가역 단열변화이면 $dS > 0$이므로

$$dS = \frac{dQ}{T} > 0$$

단열계에서는 $dQ = 0$이므로

$$dS \geq 0$$

엔트로피는 감소하지 않으며 가역이면 불면, 비가역이면 증가한다. 실제 자연계에서 일어나는 상태변화는 비가역변화를 동반하게 되므로 엔트로피는 증가할 뿐이고 감소하는 일은 없다.

7. 열전달(Heat transfer)

열이 이동할 때는 온도차가 필요하며, 온도가 다른 두 물체를 접촉시키면 온도가 높은 물체에서 낮은 물체로 열전달이 일어나 마침내 열평형이 이루어져 두 온도가 같게 될 것이다. 이러한 열전달이 이루어진 이유는 온도차이다. 열전달의 방법에는 3가지가 있는데 전도, 대류, 복사에 의하여 일어난다.

7-1 전도(conduction)

(1) 개요

물체에 부분적으로 온도차가 있을 때 그 물체를 통하여 고온부에서 저온부로 전해지는 것

이다. 이 현상은 온도차가 있으면 반드시 생기는 일로서, 기체나 액체 중에서 일어나지만 기체나 액체에 있어서는 온도차로써 밀도차가 생기고 그 결과 유체의 유동이 생기며 그에 따라 열이 운반되는 경우도 있으므로 순수한 열전도는 고체내부에서만 일어난다고 해도 좋다. 여기서 전해지는 열량은 물질의 열전도계수(thermal conductivity)와 온도차에 비례한다.

- 고온부 : 분자의 운동활발 → 근처의 분자 자극 → 열전달
  예) 뜨거운 커피 속의 티스푼

$$\frac{q}{A} \sim \frac{\partial T}{\partial x} \quad \Rightarrow \quad q = -kA\frac{\partial T}{\partial x}$$

여기서, q : 전열량

$\frac{\partial T}{\partial x}$: 온도구배

k : 열전도계수

dx : 벽의 두께

여기서 $(-)$의미는 dt가 열의 흐름 방향으로 dx만큼 증가하면 온도가 감소하므로 전열량 q를 양으로 하기 위함이다. 전해지는 열량은 물질의 열전달계수와 온도차에 비례한다(정상상태의 열전도). 위의 식을 열전달의 Fourier법칙이라 한다.

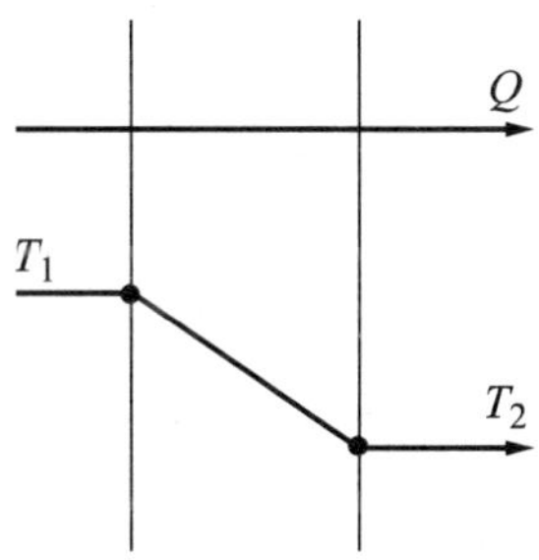

그림 5.7 온도와 거리의 관계

(2) 열관류 및 열저항

다음 그림과 같은 다층 평면벽과 서로 다른 공기에 접하고 있는 벽을 통과하는 열량을 구해보자.

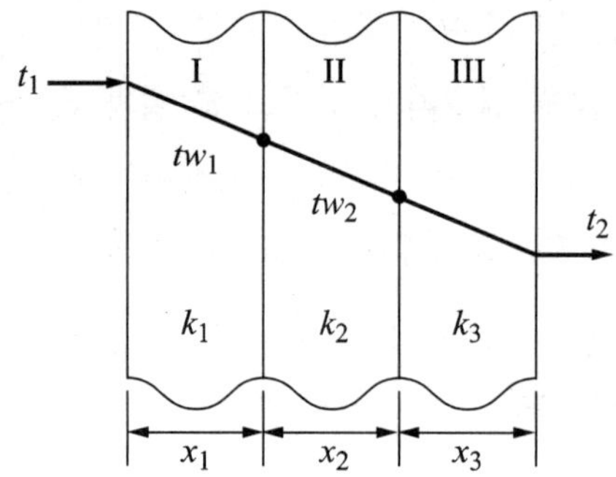

그림 5.8 다층벽의 전열

$$q = kA\frac{t_1 - t_2}{L} = A\frac{t_1 - t_2}{\frac{L}{k}} = A\frac{(t_1 - t_2)}{R}$$

$$R = \frac{L}{k}\ (\mathrm{m^2h℃/kcal})$$

$$\alpha = \frac{1}{R} = \frac{k}{L}$$

여기서, R : 열저항

α : 격막계수

또한, 다층벽일 때 전열량은(단위 면적당 열전도, $A=1$이라고 가정) Fourier 법칙 식을 이용하자.

$$q = k\frac{dt}{dx} = k\frac{t_1 - t_2}{L}$$

다층벽일 때는

$$q_n = k_1\frac{t_1 - t_2}{L_1} + k_2\frac{t_2 - t_3}{L_2} + k_3\frac{t_3 - t_4}{L_3} + \ \cdots\ + k_n\frac{t_{n-1} - t_n}{L_n}$$

$$= \frac{t_1 - t_2}{\frac{L_1}{k_1}} + \frac{t_2 - t_3}{\frac{L_2}{k_2}} + \frac{t_3 - t_4}{\frac{L_3}{k_3}} + \ \cdots\ + \frac{t_{n-1} - t_n}{\frac{L_n}{k_n}}$$

$$= \frac{t_1 - t_2}{R_1} + \frac{t_2 - t_3}{R_2} + \frac{t_3 - t_4}{R_3} + \ \cdots\ + \frac{t_{n-1} - t_n}{R_n} = \frac{\Sigma t_1 - t_n}{\Sigma R_i}$$

7-2 대류(convection)

고체온도가 유체 온도보다 높다고 하면 고체에서 유체로 열전달이 일어나서 유체는 따뜻해진다. 그러나 유체가 흐르고 있으면 따뜻해진 유체는 하류로 이동한다. 대류란 유체에 의한 열의 운반이 일어나는 전열을 말한다.

- 자연대류(free of natural convection) : $\delta t \rightarrow \delta\rho$
  유체 내의 온도차에 기초를 두고 밀도차로 일어나는 대류
- 강제대류(forced convection)
  유체가 강제적으로 유동되어 일어나는 대류

(1) 유체의 점성(viscosity)

① Newton 점성법칙

$$\tau = \mu\frac{du}{dx}$$

여기서, τ : 전단응력(shear stress)

μ : 점성계수(viscosity coefficient)

$\frac{du}{dx}$: 속도기울기(velocity gradient)

(2) 유체의 흐름(flow)

① 층류(laminar flow)

유체의 입자들이 서로 층을 형성하여 층과 층이 미끄러지면서 상호 서로 뒤섞임이 없이 질서정연하게 흐르는 상태를 말한다. 예를 들면, 아주 느린 속도로 유체가 흐를 때 서로 이웃하는 유체의 층 사이에는 유체입자의 분자교환은 없으므로 회전운동이 일어나지 않은 규칙적인 운동상태가 된다.

② 난류(turbulent flow)

유체입자들이 극히 불규칙한 경로를 따라 회전하는 불규칙한 운동을 말하며, 상호간에 격렬하게 운동량을 교환하면서 흐르는 상태를 말한다.

③ Reynolds Number

레이놀드는 유리관의 지름을 여러 종류로 바꾸어 가면서 여러 가지 액체에 대하여 실험을 한 결과 레이놀즈 수(Reynolds number, Re)라는 유동현상을 연구하는 데 중요한 무차원 수를 발견하여 다음과 같이 정의하였다.

$$Re = \frac{\rho VD}{\mu} = \frac{V \cdot D}{\nu} = \frac{\text{관성력}}{\text{점성력}}$$

여기서, ρ : 밀도

V : 속도

μ : 점성계수

ν : 동점성계수

- Newton 냉각법칙

$$dQ = \alpha(T_w - T_o)\,ds\,dt \ \text{(kcal)}$$

여기서, dQ : 전열량

ds : 미소면적

dt : 미소시간

T_w : 고체표면 온도

T_o : 유체표면 온도

7-3 복사(radiation)

빛과 마찬가지로 열에너지가 전자파의 형으로 되어 물체에서 방출되고 이것이 다른 물체에 닿아 흡수되면 열로 바뀌는 현상이다. 열복사선은 물질을 구성하는 분자의 운동에너지에 따라 방출되는 것이므로 진동하는 부분에 따라 파장이 달라진다.

일반적으로 이 운동이 전자 자체에 의한 것은 파장이 짧고 분자 내의 원자진동에 의한 것은 파장이 길게 되며, 결정의 격자 진동에 의한 것은 매우 파장이 긴 영역에 속한다. 열복사에서 문제가 되는 것은 0.3～10μ 정도이다. 전열에서 문제가 되는 것은 가시광선보다도 파장이 긴 적외선 영역에 있고 열선이라고 한다. 이 열선은 전자파이므로 그 속도는 $c=$

2.997925×10^{10} cm/s와 일치한다. 이 열 복사 에너지가 물체에 닿으면 그 일부는 표면에서 반사되고 일부는 흡수되며 나머지가 투과된다.

입사에너지 가운데 반사되는 비율, 흡수되는 비율, 투과되는 비율을 반사율(reflectivity) r, 흡수율(absorptivity) a, 투과율(transmissivity), t 라고 하면 관계식은

$$r + a + t = 1$$

고체나 액체에서는 투과되지 않는다고 생각할 수 있어 $t = 0$이므로

$$r + a = 1$$

이다. 특히 $a = 1$, $r = 0$, 즉 입사에너지를 모두 흡수하는 물체를 완전흑체(absolute black body)라고 하며 반대로 입사에너지를 모두 반사하는 물체($a = 0$, $r = 1$)를 완전백체(absolute white body)라고 한다. 일반적으로 물체는 입사에너지의 일부를 반사하고 일부를 흡수한다. 이와 같은 물체를 회색체(gray body)라고 한다.

완전흑체의 복사에너지는 다음 식으로 표시된다.

$$E_b = \sigma T^4 = C_b \left(\frac{T}{100} \right)^4 \text{ (kcal/m}^2\text{)}$$

여기서, σ : Stefan-Boltzmann상수, 4.88×10^{-8}(kcal/m^{2}hk^4)

T : 흑체표면의 절대온도(°K)

C_b : 흑체복사상수, 4.88(kcal/m^{2}hk^4)

이 식을 Stefan-Boltzmann법칙이라 한다.

그리고 회색체와 완전흑체와의 사이에는 다음과 같은 관계가 성립한다. 회색체의 복사에너지를 E_b라고 하면

$$E = \epsilon E_b = a E_b$$

여기서, E_b는 완전흑체로부터 나오는 복사에너지이고, E는 회색체로부터 나오는 복사에너지이며 ϵ은 같은 온도, 표면상태에서 나오는 복사율(emissivity)이고, a는 흡수율이다.

또한, 물체의 복사율과 흡수율은 같아진다. 이것을 Kirchhoff법칙이라고 한다.

기초화학

P·A·R·T

3

Chapter 6 화학의 기본개념

1. 기본개념

1-1 분자(molecule)와 원자

(1) 분자

순물질(단체, 화합물)의 특성을 띠고 있는 가장 작은 입자

(2) 아보가드로 분자설

① 물질은 분자라고 부르는 작은 입자가 모인 것이다.
② 물질이 같으면 분자도 같고 물질이 다르면 분자도 다르다.
③ 같은 물질의 분자는 그 크기, 모양, 무게 등이 모두 같다.
④ 분자는 또 다시 나눌 수 있는데 다시 더 나누면 그 물질의 특성이 없어진다.

(3) 원자(atom)

물질을 이루는 기본이 되는 성분을 원소라고 하고 원소를 구분하는 기초가 되는 입자를 원자라고 한다.

(4) 달턴(Dalton)의 원자설

① 모든 물질은 원자라고 하는 작은 입자가 모여서 이루어진 것이다.
② 원소는 제각기 고유한 원자를 가지고 있다. 같은 원소의 원자는 그 모양, 크기, 무게가 같고 원소가 달라지면 그 원자도 달라진다(동위원소의 발견으로 같은 원소일지라도 모든 점에서 같지 않음이 밝혀졌다).
③ 원자는 화합력이라고 하는 힘으로써 다른 원자와 결합할 수 있다.
④ 원자는 더 나눌 수 없다. 그러므로 원자가 결합할 때에는 그 하나하나가 단위로 된다(오늘날에는 더 작은 소립자로 나눌 수 있게 되었다).

(5) 원자구조에 대한 기초용어

① 원자번호 : 양성자수이며 핵의 전자수와 같다. 각 원소의 일정고유한 번호이다.

② 질량수 : 양성자수와 중성자수의 합이다.

③ 동위원소(isotope) : 질량수는 다르나 원자번호가 같은 원소

예) U^{235}, U^{238}는 원자번호 92의 U의 동위원소

④ 동중원소(isobar) : 질량수는 같으나 원자번호가 다른 원소

예) C_6, N_7는 질량수 14로 동중원소

예제 Bi^{214}_{83}의 양성자수, 중성자수, 전자수를 구하시오.

solution 원자번호(양성자수) : 83, 질량수 : 214
중성자수 = 질량수 − 양성자수 = 214 − 83 = 131
전자수 = 양성자수 = 83

예제 탄소 12 g을 공기 중에서 완전연소하면 이산화탄소 44 g이 연소한다. 이때 공기 중의 산소는 몇 g이 반응하는가?

solution 반응물질의 질량의 합은 생성물질의 질량의 합과 같다.

$$C + O_2 \rightarrow CO_2$$
$$12\,g + x = 44\,g$$
$$\therefore\ x = 32\,g$$

1-2 원자량, 분자량 및 이온

(1) 원자량

① 원소기호(atom symbol)가 나타내는 것

- H라고 하면 수소원소를 표현하고 원자량 1.00794도 표시한다.
- 2H라고 하면 수소원자 2개를 표시한다.
- H라 하면 수소원자 1개, 수소 1 g원자를 표시한다.
- H_2O라 하면 수소원자 2개와 산소원자 1개가 결합된 입자인 물분자를 표시한다.

② 원자량과 g원자량

원자 1개의 무게는 아주 작아서 실제로 이용하기가 어려우므로 어떤 한 원자의 일정한 질

량과 각 원자의 질량을 비교함으로써 상대적으로 원자량을 표시한다. 즉, 질량수 12인 탄소 원자 C_6^{12}의 질량값을 12로 정하고, 이것과 비교한 각 원소의 상대의 질량값을 원자량이라 하며 무차원이다.

③ g원자(gram atom)

원자량에 g을 붙인 값을 1 g원자 또는 1몰이라 한다. 원자에서는 원자의 종류 여하를 막론하고 6.02×10^{23}개의 원자의 모임을 단위로 하며, 이만한 개수의 무게는 각각의 원자의 원자량을 g단위로 표시한 값과 같다. 이 값이 1 g원자(또는 원자 1몰)에 해당한다. 예를 들면, 수소 및 산소 1 g원자는 각각 1.008 g 및 16.00 g이며, 이 질량은 수소 및 산소원자 각각 6.02×10^{23}개의 질량에 해당한다. 이때 6.02×10^{23}개의 수를 아보가드로(Avogadro)의 수라 한다.

(2) 분자량

① 분자량(molecular weight)

분자의 상대적 질량을 분자량이라고 하며 다음과 같이 정의한다. 즉, 질량수 12.000인 탄소원자 C_6^{12}의 질량값을 12.000으로 정하고, 이것과 비교한 각 분자의 상대적 질량의 값을 분자량이라 한다. 따라서 분자량은 각 분자를 구성하는 성분원소의 원자량의 총합과 같다.

예제 다음 각 물질의 분자량을 구하라

① $K_2Cr_2O_7$ ② $KMnO_4$

solution ① $K_2Cr_2O_7 = 2C + 2Cr + 7O = 2\times39.0983 + 2\times51.9961 + 7\times15.9994 = 294.1846$

② $KMnO_4 = K + Mn + O_4 = 39.0983 + 54.93805 + 4\times15.9994 = 158.0340$

② g분자

분자량에 g을 붙인 값을 1 g분자 또는 1몰이라고 한다. 분자도 원자의 경우와 마찬가지로 6.02×10^{23}개의 분자인 모임을 하나의 단위로 하며, 이것의 실제 중량이 1 g분자에 해당된다. 그러므로 CO_2 1 g분자(1 mol)는 44 g이며 이 질량은 CO_2 분자 6.02×10^{23}개의 질량에 해당된다. 이와 같은 개념은 모든 물질에 해당된다.

$$n = \frac{W}{Mw}$$

여기서, n : 몰수, W : 무게(질량), Mw : 분자량

예제 수소기체 28.2 g이 있다.
(1) 몇 mol인지를 구하라.
(2) 수소원자의 개수를 구하라.
(3) 수소분자의 개수를 구하라.

solution (1) $n = \frac{W}{Mw} = \frac{W}{2H} = \frac{28.2\,g}{2 \times 1.008\,g/mol} = 14.0\,mol$

(2) $H_2 = 2H = 2 \times 14.0 \times 6.022 \times 10^{23} = 1.69 \times 10^{25}$

(3) $14.0 \times 6.022 \times 10^{23}$개

③ 공기의 평균 분자량

공기는 산소 21%, 질소 78%, Ar 1%로 이루어진 혼합기체이므로 공기의 분자량은 생각할 수 없으나 다른 기체와의 비교에 편리할 때가 많으므로 다음과 같은 방법으로 가상분자량을 구하여 다른 기체의 분자량 측정에 이용할 수 있다.

- 공기의 분자량 = $32 \times 0.21 + 28 \times 0.78 + 40 \times 0.01 = 29$

(4) 이온

① 전해질

어떤 물질을 물에 녹였을 때 그 수용액이 전기를 잘 통하는 물질을 말한다.

예) NaCl, KOH

② 비전해질

어떤 물질을 물에 녹였을 때 그 수용액이 전기가 통하지 않은 물질을 말한다.

예) 설탕(포도당), 알코올

③ 양이온과 음이온

원자나 원자단이 전하를 띠고 있는 상태를 이온(ion)이라 하고, 중성원자가 전자를 잃고 생긴 양(+)전하를 띠고 있는 이온을 양이온(catiom)이라 하며, 전자를 얻어서 생긴 음(−)전하를 띤 이온을 음이온(anion)이라 한다. 또 비이온 물질에서 이온이 생성되는 형상을 이온화라고 한다.

예) $NaCl + H_2O \rightarrow Na^{+}$(양이온) $+ Cl^{-}$(음이온)

④ 이온 1 mol의 질량

이온 1 mol(g이온)은 그 이온량을 g단위로 표시한 값이며 모든 이온 6.02×10^{23}개의 질량에 해당된다. 수소이온(H^+)은 수소원자(H)가 전자 1개를 잃은 것으로 전자 1개의 질량은 그 원자 전체에 비하여 극히 작기 때문에 이온의 질량이나 원자의 질량은 같다고 본다. 예를 들면, HCl 1 mol(36.46 g)이 물에 용해되어 분자 전부가 전리되어 이온으로 되었다고 하면 H^+ 1 mol, Cl^- 1 mol이 생긴다.

HCl	→	H^+	+	Cl^-
1 mol(6.02×10^{23})	→	1 mol(6.02×10^{23})	+	1 mol(6.02×10^{23})
(36.461 g)		(1.008 g)		(35.453 g)

따라서 H^+ 1.008 g을 H^+ 1 mol(1 g 이온)이라 하며, H^+ 6.02×10^{23}개의 질량에 해당된다.

⑤ 기(group)

두 개 이상의 원자가 결합하여 한 원자의 이온처럼 행동하는 원자의 집단을 기 또는 원자단이라고 한다. 예를 들면,

$$H_2SO_4 + Zn \rightarrow ZnSO_4 + H_2$$

여기서 SO_4^{2-}는 마치 한 원자와 같은 행동을 하는데 이것을 황산기라고 한다.

표 6.1 여러 가지 원자단

기명	이온식	기명	이온식	기명	이온식
암모늄이온	NH_4^+	염소산이온	ClO_3^-	인산이온	PO_4^{3-}
수산화이온	OH^-	탄산이온	CO_3^{2-}	과망간산이온	MnO_4^-
사이안화이온	CN^-	황산이온	SO_4^{2-}	크롬산이온	CrO_4^{2-}
질산이온	NO_3^-	붕산이온	BO_3^{2-}	중크롬산이온	CrO_7^{2-}
아질산이온	NO_2^-	페로시안이온	$Fe(CN)_6^{4-}$	페리시안이온	$Fe(CN)_6^{3-}$

⑥ 기체 1몰이 차지하는 부피

기체가 차지하는 부피는 그 기체가 운동하는 공간을 말하므로, 작고 가벼운 H_2보다 크고 무거운 CO_2의 1몰이 차지하는 부피는 같다. 그 이유는 보다 작고 가벼운 H_2는 빠른 운동을 하여 많은 공간을 차지하고, 보다 무거운 CO_2는 느린 운동을 하여 큰 공간을 차지하지 않기

때문이다. 그러므로 H_2나 CO_2는 같은 부피를 차지한다. 물질 1 mol(1 g분자)을 취하면 그 분자수는 아보가드로수와 같다. 실험결과 1 mol의 분자가 차지하는 부피는 일정하다.

모든 기체 1 mol은 표준상태에서(0℃, 1 atm에서 22.4 L의 부피를 차지하며 이 속에는 아보가드로 수(6.02×10^{23})의 분자가 들어있다. 즉, 온도와 압력이 같을 때 같은 부피 속에는 같은 수의 분자수가 존재한다. 이것을 아보가드로의 법칙이라고 한다.

예제 NH_3의 분자량은 17.0이다. 다음 물음에 답하시오.

(1) NH_3 1.00 g은 표준상태에서 몇 L인가?

(2) 표준상태에서 NH_3의 밀도를 구하시오

(3) NH_3 하나의 분자 질량을 구하시오.

solution

(1) NH_3 1몰 = 17.0 g = 22.4 L = 6.22×10^{23}개 NH_3

$17.0 : 1.0 = 22.4 : x$

$$x = \frac{1.0\,\text{g} \times 22.4\,\text{L}}{17.0\,\text{g}} = 1.32\,\text{L}$$

(2) $22.4\,\text{L} : 17.0 = 4.00\,\text{L} : x$

$$x = \frac{1.00\,\text{L} \times 17.0\,\text{g}}{22.4\,\text{L}} = 0.759\,\text{g/L}$$

(3) 6.022×10^{23}개 : 17.0 = 1개 : x

$$x = \frac{1.00 \times 17.0\,\text{g}}{6.022 \times 10^{23}} = 2.82 \times 10^{-23}\,\text{g}$$

2. 화학식과 화학반응식

2-1 원자가, 당량 및 화학식

(1) 원자가(valence)

어떤 원소의 원자 한 개가 수소원자 몇 개와 결합 또는 치환할 수 있는가를 나타내는 수로 원자의 예를 들면, HCl에서의 원자가는 1가, H_2O에서의 원자가는 2가, NH_3에서의 원자가, $AlCl_3$에서의 원자가, Fe_2O_3에서의 Fe의 원자가는 모두 3가이다.

수소원자는 다른 원자와 결합할 때 결합수가 1개 있으므로 수소의 수가 원자가의 단위로 된다.

• 원자가와 화학식의 관계

화합물은 전체가 중성이므로 원자가를 알면 다음과 같이 구한다.

(+)원자가 × 원자수 = (−)원자가 × 원자수

(예) 원자가가 +3가인 Al과 원자가가 −2인 O의 화학식은 다음과 같이 구한다.

Al^{+3}가와 O^{-2}가 → $Al_2^{+3}\ O_3^{-2} = Al_2O_3$

(2) 당량

• 원소의 당량

수소 1 g(1/2몰) 또는 산소 8 g(1/4몰)과 결합하거나 치환되는 다른 원소의 양, 즉 수소 원자 1개의 원자량과 결합하는 원소의 양으로서 원자가 1에 해당하는 원소의 양

$$당량 = \frac{원자량}{원자가}$$

※ 원자량 = 당량 × 원자가

예제 CO_2에서 탄소(C)의 g당량은?

solution $g당량 = \frac{12}{4} = 3g$

• 1 g 당량

수소 1 g(1/2몰, 11.2 L) 또는 산소 8 g(1/4몰, 5.6 L)와 결합 또는 치환하는 원소의 g수

(3) 화학식

화학식에는 실험식, 분자식, 구조식이 있다.

① 실험식(조성식)

물질의 조성을 원소기호로서 간단하게 표시한 식

• 분자가 없는 물질인 경우(즉, 이온화합물인 경우)

예) NaCl, Al_2O_3

- 분자가 있는 물질일 경우

예) 물질 분자식조성식

물질	분자식	조성식
물	H_2O	H_2O (분자식과 조성식이 같다)
과산화수소	H_2O_2	HO (조성식을 정수배하면 분자식으로 된다)
벤젠	C_6H_6	CH

- 조성식을 구하는 방법

화학식 $A_mB_nC_p$ 라고 하면

$$m : n : p = \frac{A\text{의 질량}(\%)}{A\text{의 원자량}} + \frac{B\text{의 질량}(\%)}{B\text{의 원자량}} + \frac{C\text{의 질량}(\%)}{C\text{의 원자량}}$$

즉, 화합물성분 연소의 질량 또는 백분율을 알면 그 조성식을 알 수 있으며, 조성식을 정수배하면 분자식이 된다.

② 분자식

- 분자를 구성하는 원자의 종류와 그 수를 나타낸 식, 조성식에 양수를 곱한 식

조성식 × n

예제 비타민 C의 실험식이 $C_3H_4O_3$이고 분자량이 180 g이라면 분자식을 구하시오.

solution 실험식량 결정

$(120 \times 3) + (1.01 \times 4) + (16.0 \times 3) = 88.0$ g이므로 약 90 g이다.

따라서 실험식량 × n = 88.0 × n = 180 g이므로 n = 2이다.

결국 비타민 C의 분자식은 $(C_3H_4O_3) \times 2 = C_6H_8O_6$이다.

③ 시성식

분자식 속에 원자단(라디칼) 등의 결합상태를 나타낸 식으로 물질의 성질을 나타낸 것

예) C_2H_6O − C_2H_5OH : 에타놀, R-OH (알코올)

− CH_3OCH_3 : 디메틸에테르, R-O-R' (에테르)

참고 : 원자단(라디칼, radical, 기)

화학변화가 일어날 때 분해되지 않고 한 분자에서 다른 분자로 이동하는 원자의 모임을 원자단(기)이라 하며, 이는 마치 한 개의 원자처럼 작용하는 집단으로 물질의 성질을 나타낸다.

④ 구조식

분자 내의 원자의 결합상태를 원소기호와 결합선을 이용하여 표시한 식

예)

물질	NH_3	CH_3COOH	H_2SO_4	H_2O
구조식	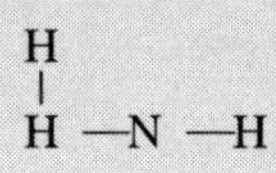	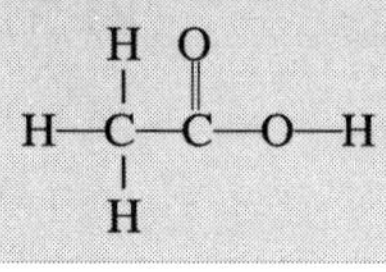	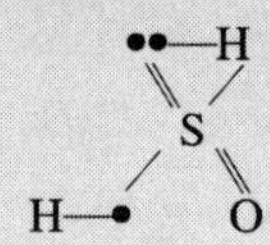	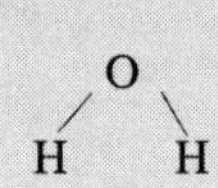

2-2 화학반응식

(1) 화학반응식 개요

화학반응식이란 물질의 화학변화에서 반응물질과 생성물질을 화학식으로 이용하여 나타내는 것을 말하며 화학반응 전후의 정성적, 정량적 관계를 나타냄으로써 이를 이용하여 생성물질의 몰수 및 분자수, 질량 또는 부피를 알 수 있다.

결과적으로 화학반응식으로부터 다음의 내용을 알 수 있다.

- 어떤 물질이 반응하고 어떤 물질이 만들어지는가?
- 화학반응에 참여하는 물질들의 화학양론적 관계
- 물질의 상태

예) 화학반응식이 나타내는 의미

반 응 식		$2H_2 + O_2 \rightarrow 2H_2O$	
물질명	수소	산소	물
몰(mole)	2 mole	1 mole	2 mole
분자수	$2 \times 6.02 \times 10^{23}$개	$1 \times 6.02 \times 10^{23}$개	$2 \times 6.02 \times 10^{23}$개
부피	2 × 22.4 L	1 × 22.4 L	2 × 22.4 L
질량	2 × 2 g	1 × 32 g	2 × 18 g

화학반응식은 반응물과 생성물을 반드시 알아야 한다. 예를 들면, 비타민 C의 화학식 $C_6H_8O_6$의 연소결과 CO_2와 H_2O가 생성된다는 것을 알았다면 이를 이용하여 화학반응식으로 쓰는 방법을 따라 수행하면 쉽게 해결할 수 있다.

① 우선 화학반응식에는 반응물을 화살표 왼쪽에 생성물을 화살표 오른쪽에 표기한다.

반응물 → 생성물

② 완결되지 않은 화학반응식 쓰기

$C_6H_8O_6 + O_2 \rightarrow CO_2 + H_2O$

③ 반응식 완결

②의 반응은 양론계수가 결정되지 않은 미완성 화학반응식이다. 따라서 양론계수가 결정되지 않은 미완성 화학반응식이다. 따라서 양론계수를 결정하기 위해여 가장 손쉽고 안전한 방법인 미정계수법을 사용하여 양론계수를 결정한다.

$aC_6H_8O_6 + bO_2 \rightarrow cCO_2 + dH_2O$

질량보존의 법칙에 의하여

C : $6a = c$ H : $8a = 2d$ O : $6a + 2b = 2c + d$

가장 간단하게 처리하는 방법은 $a=1$로 놓고 계산하는 방법이다.

따라서 $a = 1$이라면 c는 6이 된다. $a=1$이므로 역시 $d=4$ 이 결과를 마지막 식인 산소의 계산에 대입하면 $6+2b = 12 + 4$, 결국 $2b=10$이므로 $b=5$이다. 이 결과를 화학반응식에 대입하면 다음과 같은 화학반응식이 완결된다.

$C_6H_8O_6 + 5O_2 \rightarrow 6CO_2 + 4H_2O$

참고 : 화학반응식에서 사용되는 기호들

기호	용 도
+	반응물 혹은 생성물들의 화학식 사이에 사용, 반응시킨다는 의미
→	반응물과 생성물 사이에 반응이 진행된다는 의미로 사용
=	화살표와 같은 의미로 사용
⇆	화학반응이 가역적으로 발생한다는 의미
(g)	반응물 또는 생성물의 물리적상태가 기체상태
↑	때때로 기체생성물을 나타내기 위해 사용
(s)	반응물이나 생성물이 고체상태임을 표시
↓	고체생성물이 형성되는 경우 사용
(l)	반응물 또는 생성물이 액체상태임을 표시
(aq)	반응물이나 생성물이 수용액 내에 존재(물에 용해)한다는 의미
$\xrightarrow{\triangle}$	반응을 시키기 전에 가열을 해야 하는 경우 사용
$\xrightarrow{\text{촉매}}$	반응을 촉진시킬 목적으로 가하는 촉매를 사용할 경우 화살표 상단에 원소나 화합물을 표기 가끔은 용매를 표식하기도 함

(2) 화학반응식에서 몰(mol)과 질량사이의 관계

완결된 화학반응식은 화학반응에 참여하는 물질의 양자 관계를 의미한다. 즉, 화학반응식에서의 계수는 반응물과 간의 상대적 몰수를 나타낸다. 예를 들면,

$C_6H_8O_6 + 5O_2 \rightarrow 6CO_2 + 4H_2O$

이는 간단히 다음과 같은 관계가 성립한다.

$C_6H_8O_6$ 1개 + O_2 5개 → CO_2 6개 + H_2O 4개

이를 점차 확대해서 아보가드로 수 N까지 확장한다면

$C_6H_8O_6$ 1N개 + O_2 5N개 → CO_2 6N개 + H_2O 4N개

Avogadro 수는 물질 1 mol을 의미하므로

$C_6H_8O_6$ 1 mol + O_2 5 mol → CO_2 6 mol + H_2O 4 mol

따라서 이를 정리하면 다음과 같이 설명할 수 있다.

$C_6H_8O_6$ 1 mol은 O_2 5 mol과 반응한다.

⇒ ① $C_6H_8O_6$ 1 mol은 6 mol의 CO_2를 생성한다.
② $C_6H_8O_6$ 1 mol은 4 mol의 H_2O를 생성한다.
③ O_2 5 mol은 CO_2 6 mol를 생성한다.
④ O_2 5 mol은 H_2O 4 mol를 생성한다.

예제 프로판(C_3H_8) 기체가 순수한 산소 속에서 연소하면 이산화탄소와 액체상태의 물이 생성된다. 이를 화학반응식으로 나타내어라.

solution
(1) 반응물질과 생성물질을 확인한다.
반응물질 : 프로판 기체, 산소
생성물질 : 이산화탄소, 물
(2) 반응에 관여한 물질의 화학식과 물질의 상태를 쓴다.
$C_3H_8(g) + O_2(g) \rightarrow CO_2(g) + H_2O(l)$
(3) 지수를 맞춘다.
$aC_3H_8(g) + bO_2(g) \rightarrow cCO_2(g) + dH_2O(l)$
좌측과 우측의 원자수가 같아야 하므로

	좌측	우측
C	$3a$	c
H	$8a$	$2d$
O	$2b$	$2c+d$

여기서 좌측과 우측을 등식으로 하고 a를 1로 하면
$3a=c,\ c=3,\ 8a=2d,\ d=4,\ 2b=2c+d,\ b=5$
따라서 완결된 화학반응식은 $C_3H_8(g)+5O_2(g)\ \rightarrow\ 3CO_2(g)+4H_2O(l)$

2-3 용액과 용액의 농도

(1) 용액(solution)의 정의

두 종류의 순물질이 균일 상태에 섞여 있는 것으로 용매(녹이는 물질)와 용질(녹는 물질)로 이루어진 것을 용액이라고 한다.

(예) 설탕물(용액) = 설탕(용질) + 물(용매)

(2) 용액의 분류

① 포화용액(saturated) : 용질이 용매에 녹을 수 있는 최대량이 녹아 있는 상태(흔히 평형). 일정한 온도, 압력 하에서 일정량의 용매에 최대한 녹아있는 용액(용해속도 = 석출속도)

② 불포화용액(unsaturated) : 포화용액보다 용질이 덜 녹아있는 상태(용해속도 > 석출속도)

③ 과포화용액 : 용질이 한도 이상으로 녹아있는 용액(용해속도 < 석출속도)

(3) 용해도(solubility)와 용해도 곡선

① 용해도의 정의

일정한 온도에서 용매 100 g에 녹을 수 있는 용질의 최대 g수

$$용해도 = \frac{용질의\ g수}{용매의\ g수} \times 100$$

② 용해도 곡선

온도변화에 따른 용해도의 변화를 나타낸 것, 즉 용해도 곡선에서 곡선의 점(B)은 모

두 포화상태, 온도를 올려 곡선보다 오른쪽인 점(C)은 불포화상태, 포화상태(B)보다 온도를 내려 곡선보다 왼쪽인 점(A)은 과포화상태이다.

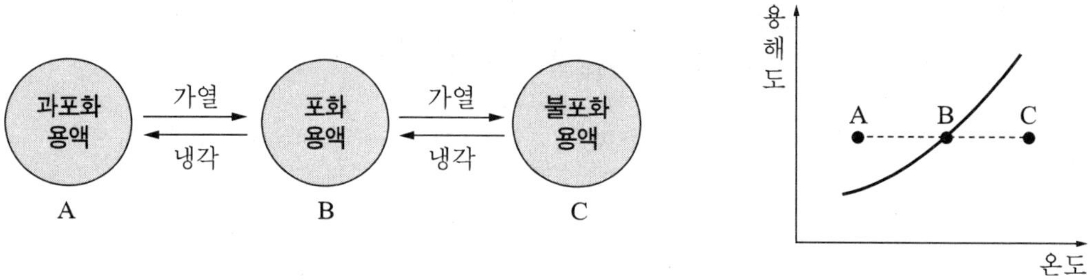

그림 6.1 용해도 곡선

③ 고체, 액체, 기체의 용해도

ⓐ 고체의 용해도

대부분이 온도상승에 따라 용해도가 증가하며 압력의 영향은 거의 받지 않는다. 용해과정이 흡열과정인 경우에 온도를 높이면 용해도가 증가하고 온도를 낮추면 용해도는 감소한다. 그러나 NaCl의 용해도는 거의 온도의 영향을 받지 않으며 $Ca(OH)_2$ 등은 발열반응이므로 온도가 상승함에 따라 오히려 용해도는 감소하는 경향이 있다.

ⓑ 액체의 용해도

액체의 용해도는 용매와 용질의 극성유무에 관계가 깊다. 즉, 극성물질은 극성용매에 잘 녹고 비극성물질은 비극성용매에 잘 녹는다.

- 극성용매 : 물(H_2O), 아세톤(CH_3COCH_3)
  예) 극성물질 : NF, HCl, NH_3, H_2S 등
- 비극성용매 : 벤젠(C_6H_6), 사염화탄소(CCl_4) 등
  예) 비극성물질 : CH_4, CO_2, H_2, O_2, N_2

ⓒ 기체의 용해도

기체의 용해도는 온도가 올라감에 따라 줄어드나 압력을 올리면 용해도는 커진다.

㉮ 용해도에 대한 압력의 영향

압력이 용해도에 영향을 주는 경우는 기체－액체계에 대해서만 영향을 미친다.

㉯ 헨리(Henry)의 법칙

일정온도에서 압력이 증가하면 기체의 용해도는 증가한다. 즉, 일정량의 용매에 용해하는 그 기체의 질량은 정비례한다. 그러나 부피는 보일의 법칙에 따라 압력

에 반비례하므로 결국 녹아있는 기체의 부피는 항상 일정하다. 헨리의 법칙은 용해도가 큰 기체에서는 잘 적용되지 않는다.

- 적용되는 기체(물에 대한 용해도가 적다)
  예) CH_4, CO_2, H_2, O_2, N_2 등
- 적용되지 않는 기체(물에 대한 용해도가 크다)
  예) NF, HCl, NH_3, H_2S 등

(4) 용액의 농도(concentration)

수용액이란 용질(solute)이 용매(solvent)인 물에 녹아있는 상태를 말하며 농도란 주어진 양의 용액 속에 용질이 얼마나 존재하는가를 나타내는 것이다. 용액 속의 농도표시는 보통 4가지 농도, 즉 퍼센트농도, 몰농도, 몰랄농도, 노말농도로 나타낸다.

① 퍼센트(백분율) 농도(%농도)

용액 속에 녹아있는 용질의 g수를 나타낸 농도(즉, 용액 100 g 중 용질의 g수)

$$\%\text{농도} = \frac{\text{용질의 질량(g)}}{\text{용매의 질량} + \text{용질의 질량}} = \frac{\text{용질의 질량(g)}}{\text{용액전체의 질량}} \times 100$$

② 몰농도(M, mole)

몰농도는 화학에서 가장 많이 사용하는 농도 단위로서 용액 1 L에 들어있는 용질의 몰수를 나타낸 농도

$$\text{몰농도} = \frac{\text{용질의 무게(W)(g)}}{\text{용질의 분자량(M)}} \times \frac{1{,}000}{\text{용액의 부피(mL)}} = \frac{\text{용질의 몰수}}{\text{용액1L}}$$

예제 NaOH 20.0 g을 물에 녹여 부피가 482 cm^3이었다면 이 용액의 몰농도는 얼마인가?

solution NaOH의 몰수를 구하면

NaOH 1몰의 무게 = 23.0 g + 16 g + 1.0 g = 40.0 g

따라서 NaOH의 몰수 = $20.0\,g \times \frac{1\,mol}{40.0\,g} = 0.50\,mol$

$1\,L = 1000\,cm^3$이므로

용액의 리터수 = $482\,cm^3 \times \frac{1\,L}{1000\,cm^3} = 0.482\,L$

몰농도 $M = \frac{0.5000\,mol}{0.482\,L} = 1.04\,mol/L$

③ 몰랄농도(m농도, molality농도)

용매 1 kg(1000 g)에 녹아있는 용질의 몰수(용질의 무게/용질의 분자량)를 나타낸 농도

$$m\text{농도} = \frac{\text{용질의 무게(W)(g)}}{\text{용질의 분자량(M)(g)}} \times \frac{1{,}000}{\text{용매의 무게(g)수}} = \frac{\text{용질의 몰수}}{\text{용매의 무게(g수)}}$$

④ 규정농도(노말농도, normality, N)

용액 1 L 속에 녹아있는 용질의 g당량수를 나타낸 농도

$$\text{N} = \frac{\text{용질의 무게(W)(g)}}{\text{용질의 분자량(M)(g)}} \times \frac{1{,}000}{\text{용매의 부피(mL)}} = \frac{\text{용질의 당량수}}{\text{용액의 } 1\,L}$$

예제 황산 98.08 g을 1 L의 물에 녹여서 가지고 있다면
(1) 이 용액의 M는 얼마인가?
(2) 또 노말농도는 얼마인가?

solution (1) 몰농도를 결정하기 위해서는 황산의 분자량을 알아야 한다.
황산의 분자량은 98.08 g이므로 제시된 황산의 질량은 1 mol에 해당한다.

$$\text{황산의 mol 수} = \frac{98.08}{98.08} = 1\,\text{mol}$$

따라서 1 mol이 1 L 용액에 존재하므로 이 황산용액의 몰농도는 1 mol/1 L = 1 M이다.

(2) 노말농도를 구하기 위해서는 황산의 당량수를 알아야 한다.
황산은 양성자를 2개 가지고 있으므로 1 mol이 2당량으로 적용한다.
따라서 황산 98.08 g은 2당량이다(황산 1 g당량=49.04 g).
그러므로 2당량/1 L = 2(N) 노말농도이다.

(5) 묽은 용액과 콜로이드 용액의 성질

① 묽은 용액의 비등점 상승과 빙점강하

소금이나 설탕 등과 같은 비휘발성 물질을 녹인 용액의 증기압은 용매의 증기압보다 작다. 그 이유는 비휘발성 용질이 녹아있어 증발이 어렵기 때문이다. 따라서 비휘발성 물질이 녹아 있는 용액의 비등점은 순수한 용매(순수한 물 등)일 때보다 높고 빙점은 낮아진다. 예를 들어, 18.0 g의 포도당을 포함하는 100 g의 물은 1기압 하에서 100.52℃에서 끓고 −1.86℃에서 언다(순수한 물은 100℃에서 끓고 0℃에서 언다).

② 비등점 상승도(ΔT_b)와 빙점강하도(ΔT_f)(라울의 법칙)

묽은 용액에서의 비등점 상승도(ΔT_b)와 빙점 강하도(ΔT_f)는 그 물질의 몰랄농도(m)에 비례한다.

비등점상승도(ΔT_b) = m(몰랄농도) × K_b(분자상승, 몰 오름)
빙점강하도(ΔT_f) = m(몰랄농도) × K_f(분자강하, 몰 내림)

ΔT_b = 용액의 비등점 − 순용매의 비등점
ΔT_f = 순용매의 빙점 − 용액의 빙점

포도당의 예를 들면

$\Delta T_b = 100.52℃ - 100℃ = 0.52℃$
$\Delta T_f = 0.00 - (-1.86) = 1.86℃$

비등점 상승은 증기압력의 강하의 직접적인 영향 때문이다. 즉, 어떤 온도에서 용액은 순수한 용매보다 낮은 증기압을 소유한다. 따라서 용액이 끓는 현상이 일어나려면 용액의 증기압력이 외부압력과 같아야 하기 때문에 순수한 용매의 비등점보다 더 높은 온도에 도달해야만 외부압력과 같아져 끓는 현상이 발생한다. 그림 3.2는 순수한 액체와 용액의 증기압곡선(비휘발성용액을 녹인 용액)을 나타낸 것이다.

빙점 강하현상도 용질에 의한 용매의 증기 압력강하 때문으로, 그림에서 보면 빙점이란 용액 중 용매의 증기압력과 고체용매의 증기압력이 같아지는 온도를 발한다.

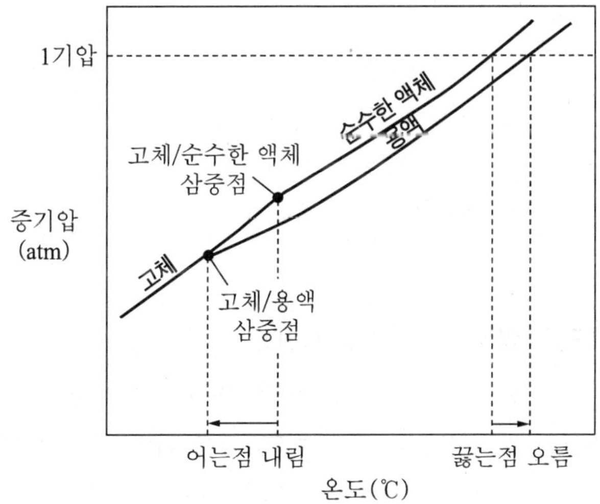

그림 6.2 순수한 액체와 용액의 증기압곡선

참고

- 몰랄농도(m농도, 중량 몰농도) : 용매 1,000 g에 녹아 있는 용질의 몰수를 나타낸 농도
- 몰오름(K_b) : 1몰랄농도 용액의 비등점 상승도(용매가 물인 경우, K_b=0.52℃)
- 몰내림(K_f) : 1몰랄농도 용액의 빙점강하도(용매가 물인 경우, K_f=1.86℃)
- 비전해질 분자량 측정법

라울의 법칙에 의해 비전해질과 비휘발성 물질의 용액이 비등점 상승도(ΔT_b)와 빙점강하도(ΔT_f)는 몰랄농도(m농도)에 비례하므로 분자량을 계산할 수 있다.

$$\Delta T_b = m \times K_b$$

$$m\text{농도} = \frac{\text{용질의 무게}(W)\,(\text{g})}{\text{용질의 분자량}(M)\,(\text{g})} \times \frac{1,000}{\text{용매의 무게(g)수}}$$

$$\Delta T_b = \frac{W}{M} \times \frac{100}{A},\ \text{결국}\ M(\text{분자량}) = \frac{1,000 \times W \times K_b}{A \times \Delta T_b}$$

예제 물 2.0×10^{-1} kg에 에틸렌글리콜($C_2H_6O_2$)이 6.5 g이 들어있는 용액의 빙점과 비등점은 몇 도인가?

solution 용액의 몰랄농도를 구하면 $C_2H_6O_2$의 몰수는

$$6.5\,\text{g} \times \frac{1\,\text{mol}\ C_2H_6O_2}{6.21\,\text{g}\ C_2H_6O_2} = 0.105\,\text{mol}\ C_2H_6O_2$$

이고 몰랄농도는 다음과 같다.

$$\frac{0.15\,\text{mol}\ C_2H_6O_2}{0.200\,\text{kg}\ H_2O} = 0.525\,\text{m}\ C_2H_6O_2$$

물에 대해서는 $K_f = 1.86\,℃/\text{m}$, $K_b = 0.52\,℃/\text{m}$ 이므로

$$\Delta T_f = (0.86℃/\text{m}) \times (0.525\text{m}) = 0.979℃$$

$$\Delta T_b = (0.52℃/\text{m}) \times (0.525\text{m}) = 0.273℃$$

③ 삼투압과 반트호프의 법칙(Van't Hoff law)

- 반투막을 사이에 두고 용매와 용액을 접촉시킬 경우 양쪽의 농도가 같게 되려고 용매가 용액 쪽으로 침투하는 현상을 삼투라고 하고, 이때 나타나는 압력을 삼투압이라 한다.
- 반트호프의 법칙

비전해질의 묽은 용액의 삼투압(P)은 용매와 용질의 종류에 관계없이 용액의 몰농도와 절대온도에 비례한다. 따라서 어떤 물질 n몰이 V(L) 중에 녹아있을 때의 농도는 n/V (mol/L)이 되므로 관계식은 다음과 같다.

$$\therefore \ PV = nRT = \frac{W}{M}RT$$

여기서, P : 삼투압

일반적으로 반트호프에 의한 삼투압은 단백질, 녹말, 고무 등의 고분자 물질의 분자량 측정에 이용된다.

④ 콜로이드(Colloid) 용액

ⓐ 콜로이드 용액

진용액(용존물질)과 현탁액(부유물질)의 중간 크기(1 mμ~0.1μ : 10^{-7}~10^{-5} cm) 정도의 입자로서 한 물질의 입자들(분산상 ; dispersed phase)이 다른 물질 또는 용액(연속상) 전체에 분산되어 있는 용액

콜로이드 용액 = 분산매 + 분산질

ⓑ 콜로이드 종류

콜로이드 상태는 분산매와 분산질의 혼합에 의해 분류된다. 이 중에서 분산매가 액체여서 전체가 액상인 것이 콜로이드 용액으로서 이를 졸(sol)이라 한다.

- 소수콜로이드 : 콜로이드 용액에 전해질을 넣으면 콜로이드 입자는 엉김이 일어나서 침전이 생기는 콜로이드 용액. 물과의 친화력이 작고 소량의 전해질에 의해 응석이 일어나는 콜로이드
  (예 : 주로 무기물질로서 금, 백금, 탄소, 황, $Fe(OH)_3$, $Al(OH)_3$ 등)
- 친수 콜로이드 : 소량의 전해질에 의해 엉김이 일어나지 않는 콜로이드를 친수성 콜로이드라고 한다. 물과의 친화력이 크고 입자는 물분자와 강력한 인력이 작용하고 있으므로 입자의 표면에 물분자가 둘러싸여 침전이 되기 어렵고 안정한 유기물의 콜로이드이다.
  (예 : 주로 유기물질로서 녹말, 단백질, 비누, 젤라틴 등의 콜로이드)
- 보호 콜로이드 : 소수콜로이드는 불안정하므로 여기에 친수성 콜로이드를 가하면 친수 콜로이드가 소수 콜로이드를 둘러싸서 안정하게 되며 전해질을 가하여도 응석이 잘 일어나지 않도록 하는 콜로이드
  (예 : 먹물 속의 아교, 잉크 속의 아라비아고무 등)
- 서스펜션(suspension)과 에멀션(emulsion)
  콜로이드 입자보다 큰 입자가 분산되어 흙탕물과 같이 고체가 분산되어 있을 때를 시스펜션이라고 하고, 우유와 같이 액체가 분산되어 있을 때를 에멀션이라고

한다.

ⓒ 콜로이드 용액 성질

- 틴들(tyndall)현상 : 콜로이드 입자의 산란성에 의해 빛의 진로가 보이는 현상
- 브라운(Brown) 운동 : 콜로이드 입자가 용매분자의 불균일한 충돌을 받아서 불규칙한 운동을 하는 현상
- 투석(다이알리시스, dialysis) : 반투막을 이용하여 보통 분자나 이온과 콜로이드 입자를 분리시키는 조작방법
- 흡착 : 콜로이드 입자는 그 무게에 비하여 표면적이 대단히 크므로 흡착력이 강해 수질오염의 정제에 이용하는 방법
- 전기영동(electrophoresis) : 콜로이드 용액에 (+), (−)의 전극을 넣고 직류전압을 걸어 주면 콜로이드 입자가 어느 한쪽 극으로 이동하는 현상
- 응석과 염석 : 콜로이드 용액에 전해질을 넣어 주었을 때 침전하는 현상

3. 원자의 구조 및 화학결합

3-1 원자의 구조

① 원자는 (+)전기를 띤 원자핵과 그 주위에 구름처럼 퍼져 있는 (−)전기를 띤 전자로 구성되었다(원자의 크기는 10^{-82} cm 정도임).

표 6.2 원자의 구성입자

소립자		전하	실제질량	원자량단위	기호	발견자	비고
원자핵	양성자 (proton)	(+)	1.673×10^{-24} g	1 (가장)	P or $1H^1$	러더퍼드 (1919)	원자번호
	중성자 (neutron)	중성	1.675×10^{-24} g	1	n 또는 $1n^1$	채드윅 (1932)	
전자(electron)		(−)	9.11×10^{-28} g	양성자의 $\frac{1}{1,840}$	e^-	톰슨 (1898)	

② 원자핵은 (+)전기를 띤 양성자와 전기를 띠지 않는 중성자로 되어 있다(크기는 10^{-12} cm 정도).

양성자는 수소원자의 질량과 거의 같은 질량을 갖는다. 따라서 양성자의 질량수를 1로 하고 전하는 +1로서 전자의 전하량과 절대값은 같다.

중성자(neutron)는 양성자의 질량과 거의 같지만(질량수=1) 전하는 갖지 않은 입자다.

3-2 원자번호와 질량수

① 원자번호

중성원자가 갖는 양성자 수

원자번호 = 양성자수 = 중성자수

② 질량수

원자핵의 무게로 양성자와 중성자의 무게를 각각 1로 했을 경우 상대적인 질량값

질량수 = 양성자수 + 중성자수

3-3 동위원소(동위체)와 동중원소(동중체)

① 동위원소(동위체)

양성자수는 같으나 질량수가 다른 원소, 즉 중성자수가 다른 원소이다. 즉, 동위원소는 핵의 전자수가 같으므로 화학적 성질은 같고 질량수가 서로 달라 물리적 성질은 다르다.

예) 수소의 동위원소 : $1\,H^1$(경수소), $1\,D^2$(중수소), $1\,T^4$(삼중수소)

② 동중원소(동중체)

원자번호(양성자 수)는 다르지만 질량수(양성자 수와 중성자 수의 합)는 같은 원자핵

예) $6\,C^{14}$, $7\,N^{14}$

예제 45101 Rh에는 각각 몇 개씩의 양성자와 전자가 있는가?

solution Rh의 원자번호는 45이므로 양성자수는 45이다. 중성원자이므로 전자의 수는 양성자수와 같아서 45개이다. 질량수 = 양성자수 − 중성자수이므로 중성자수 = 101 − 45 = 56개이다.

3-4 전자(electron)

원자를 구성하는 소립자가 존재한다는 최초의 증거는 Crookes 실험이다. 그림 6-3처럼 이 실험은 방전관 속에 낮은 압력의 기체를 넣고 전기를 방전시키면 음극으로부터 미지의 입자가 방출된다는 실험적 사실을 얻었다. 이 때 얻어진 음극선에 대한 실험 사실은 다음과 같다.

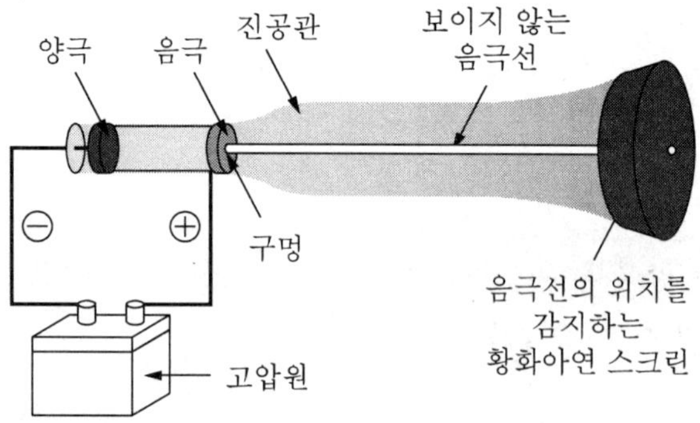

그림 6.3 Crookes 음극선 실험장치

- 통로에 바람개비를 놓으면 바람개비가 회전한다.
- 음극에서 발생된 입자는 직선으로 진행한다.
- 그늘을 만든다.
- 두 전극사이에 금속박을 놓으면 가열된다.
- 전기장과 자기장 영향 하에서 음극선은 +극 쪽으로 진로가 휘어진다.
- 관에 채운 기체의 종류에 관계없이 항상 일정하다.

Crookes는 이 실험에서 음극선은 하전된 입자라는 것을 결론을 얻을 수 있다.

① 전자껍질

원자핵을 중심으로 하여 에너지 준위가 다른 몇 개의 전자층을 이루는데 이 전자층을 전자껍질이라 하며 주전자껍질(K, L, M, N 껍질)과 부전자껍질(s, p, d, f 껍질)로 나눈다.

전자껍질	K껍질($n=1$)	K껍질($n=2$)	M껍질($n=3$)	N껍질($n=4$)
최대전자수($2n^2$)	2	6	18	32
부전자껍질	$1s^2$	$2s^2$, $2p^6$	$3s^2$, $3p^6$, $3d^{10}$	$4s^2$, $4p^6$, $4d^{10}$, $4f^{14}$

- 부전자껍질(s, p, d, f)에 수용할 수 있는 전자수는 s는 2개, p는 6개, d는 10개, f는 14개이다.
- 주기율표의 족의 수=가전자수(화학적 성질을 결정)
  주기율표의 주기수 = 전자껍질의 수

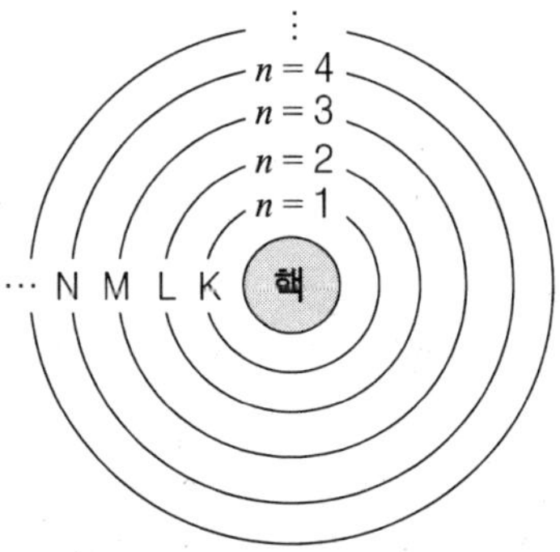

그림 6.4 전자껍질

② 전자의 에너지 준위

전자껍질을 전지의 에너지 상태로 나타낼 때를 전자의 에너지 준위라 한다.

- 주전자껍질은 핵에서 가까운 층으로부터 에너지 준위(n : 주양자수) 1, 2, 3, 4 … 또는 K, L, M, N … 층으로 나눈다.
- 각 층에 들어갈 수 있는 전자의 최대수는 $2n^2$이다.
- 전자의 에너지 준위 크기는 $K < L < M < N$ … 순이다.

③ 가전자(최외각전자)

전자껍질에 전자가 채워졌을 때 제일 바깥 전자껍질에 들어있는 전자로서 최외각 전자라고 하며 그 원자의 화학적 성질을 결정한다.

④ 이온(ion)

그리스어의 "움직인다"는 개념을 갖는 이온은 하전된 입자는 전하량 때문에 전기장이나 자기장내에서 이동할 수 있는 능력이 생긴다. 중성원자에서 전자를 잃어서 양으로 하전된 입자를 양이온(cation)이라고 하고, 전자를 얻어서 음으로 하전된 입자를 음이온(anion)이라고 한다. 또 비이온 물질에서 이온이 생성되는 형상을 이온화라고 한다.

예) $NaCl + H_2O \xrightarrow{\text{이온화}} Na^+$(양이온) Cl^-(음이온)

참고 : 팔우설(octetrule)

모든 원자들은 주기율표 0족에 있는 비활성기체(Ne, Ar, Kr, Xe 등)와 같이 최외각 전자 8개를 가져서 안정하려는 경향(단, He은 2개의 가전자를 가지고 있으며 안정하다)이 있다.

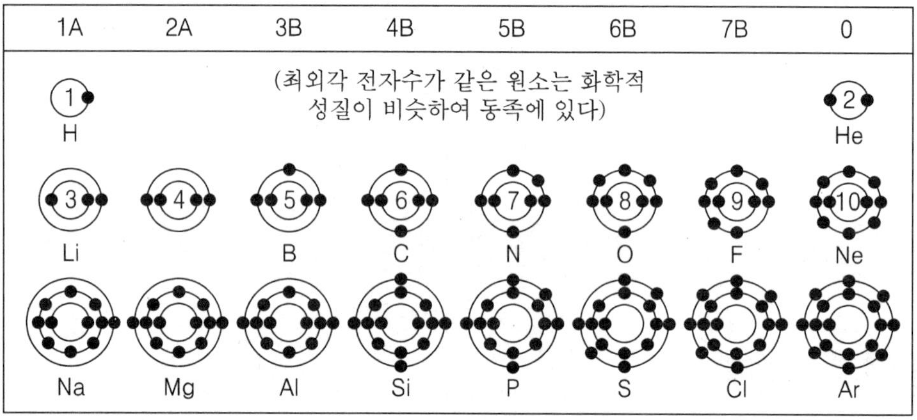

그림 6.5 원자의 전자배열(1, 2, 3 … 은 주기율표의 족변화)

⑤ 궤도함수(orbital)

원자핵 주위에 분포되어 있는 전자의 확률적 분포상태이다.

궤도이름	s궤도	p궤도	d궤도	f궤도
전자수	2	6	10	14
궤도표시법	s^2	p^6	d^{14}	f^{14}
	⇅	⇅ ⇅ ⇅	⇅ ⇅ ⇅ ⇅ ⇅ ⇅	⇅ ⇅ ⇅ ⇅ ⇅ ⇅ ⇅

⑥ 궤도 전자배열

원자의 전자배열 순서(에너지 준위 순서)는 다음과 같다.

$1s < 2s < 3s < 3p < 4s < 3d < 5s$ 순으로 전자가 채워진다.

⑦ 훈트(Hunt)의 법칙

같은 에너지 준위의 오비탈(궤도함수)이 여러 개 있고, 여러 개의 전자가 들어갈 때에는 모든 오비탈에 분산되어 들어가는 성질을 말한다.

- p 오비탈에 전자가 채워지는 순서

① ④	② ⑤	③ ⑥

- 부대전자 : s, p, d, f 등의 오비탈에 전자가 들어갈 때 쌍을 이루지 않고 혼자 있는 전자

 예) 8O : $1s^2$, $2s^2$, $2p^4$

⇅	⇅	⇅	↑	↓

 : 부대전자 2개

3-5 화학결합

(1) 이온결합(ionic bond)

① 정의

양이온과 음이온의 정전인력(전기적 인력이 작용하여 쿨롱의 힘)에 의해 결합하는 화학결합으로서 이온결합은 금속성이 강한 원소(1A, 2A족)와 비금속성이 강한 원소(6B, 7B족)간의 결합을 말한다.

예) NaCl, KCl, MgO, CaO

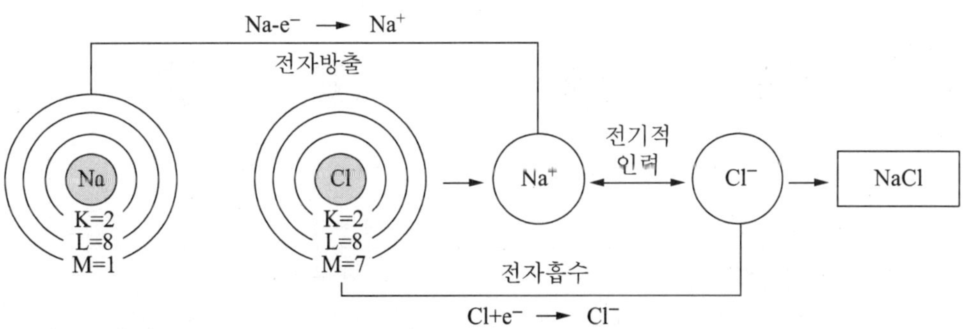

그림 6.6 이온결합

② 특성

- 결합되는 물질은 분자가 존재하지 않은 이온성 결정으로 전기 전도성이 없으나 용융이나 수용액 상태에서는 전기 전도성이 크다.
- 쿨롱의 힘에 의한 강한 결합이므로 융점이나 비등점이 높다.
- 극성용매(물, 암모니아 등)에 잘 녹는다.

(2) 공유결합(covalent bond)

① 정의

안정된 물질형태의 비활성기체(0족 원소)의 전자배열을 이루기 위해 결합되는 두 원자 가 서로 전자 1개 또는 그 이상을 제공하여 전자쌍을 서로 공유함으로써 이루어지는 결합이다. 주로 전기음성도가 같은 비금속 단체나 전기음성도 차이가 심하지 않은 비금속과 비금속간의 결합을 말한다.

② 종류

- 극성 공유결합 : 전기음성도가 다른 두 원자 사이에 결합이 이루어질 때 전기 음성도가 큰 쪽의 원자가 더 강하게 전자쌍을 잡아당기게 되어 두 원자 사이에는 전기적인 극성을 가지고 결합하는 것. 주로 비대칭 구조로 이루어진 분자
  예) HF, HCl, NH_3, CH_3COCH_3 등
- 비극성 공유결합 : 전기음성도가 같거나 비슷한 원자들 사이의 결합으로 극성을 지니지 않아 전기적인 중성인 결합으로서 단체(동종 이원자분자) 및 대칭구조로 이루어진 분자
  예) Cl_2, O_2, F_2,CO_2,CCl_4, C_6H_6 등

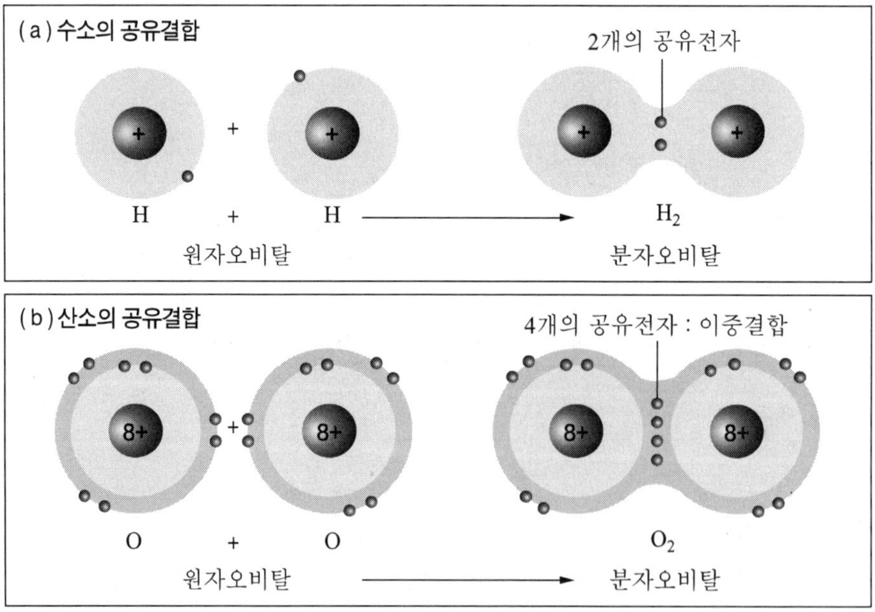

그림 6.7 공유결합

③ 특성

- 분자성 물질이므로 분자간의 인력이 약하여 융점과 비등점이 낮다. 다만, 그물구조를 이루고 있는 다이아몬드, 수정 등의 공유결합물질은 원자성 결정이므로 융점 및 비등점이 높다.
- 반응속도가 느리다.

(3) 배위결합(배위공유결합, Coordinate Covalent bond)

① 정의

공유할 전자쌍을 한쪽 원자에서만 일방적으로 제공하는 형식의 공유결합으로 착이온을 형성하는 물질이다(단, 배위결합을 하기 위해서는 반드시 비공유전자쌍을 가진 원자나 원자단이 있어야 한다).

공유결합의 일종으로 한 쪽의 원자가 2개의 전자(고립전자대, Lone Pair)를 제공하고 다른 원자는 빈 전자궤도를 제공하여 2개의 원자가 2개의 전자를 공유하고 있는 결합을 말한다.

② 종류

NH_4^+, H_3O^4, NO_3^-, SO_4^{2-} 등

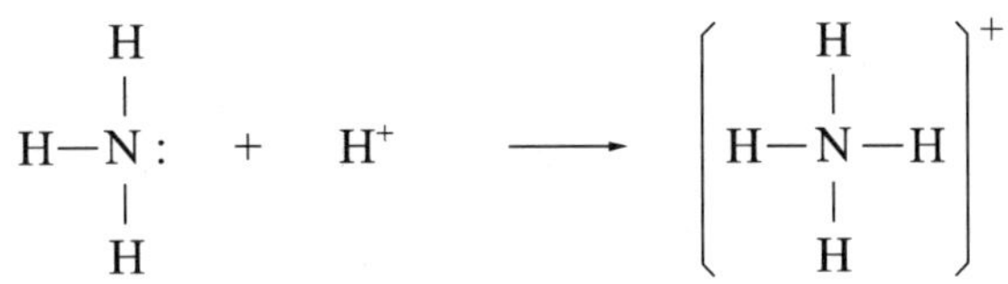

암모니아 수소 이온 암모늄 이온

그림 6.8 배위결합

(4) 금속결합(metallic bond)

① 정의

금속 결정 속의 원자는 각각의 원자가전자를 포함하는 오비탈이 겹쳐질 정도로 서로 접근하면 원자가전자가 이 겹쳐진 오비탈을 따라 자유롭게 이동할 수 있게 된다. 즉, 이들 원자가 전자는 인접한 많은 원자에 의하여 공유된다고 볼 수 있다. 이렇게 되면 원자가전자는 자유롭게 이동하면서 금속 양이온들을 단단하게 결합시키는 역할을 한다. 이는 전자의 바다에 금속의 양이온이 떠 있는 것과 같아진다. 결과적으로 금속의 양이온이 자유전자(free electron)

에 의해 원자를 결합시키는 결합이다.

② 특성

- 자유전자에 의해 열·전기의 전도성이 크다.
- 일반적으로 융점이나 비등점이 높다.
- 금속광택이 있고 연성, 전성이 크지만 자유전자에 의한 결합이므로 방향성이 없다.

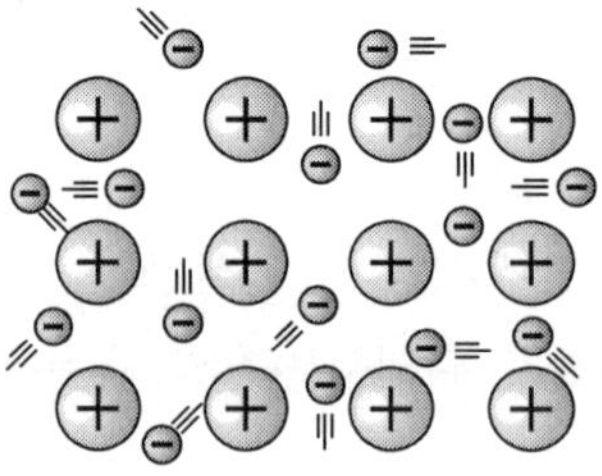

그림 6.9 금속결합

참고 : 자유전자(free electron)

원자 내 전자들이 핵과의 인력에 의해 고정되어 있는데 반해 금속에는 자유전자가 있어서 상온에서도 자유롭게 움직인다. 금속원자의 가장 바깥껍질의 전자는 이러한 자유전자이며, 자유전자를 제외한 금속의 양이온이 마치 자유전자의 바다에 떠있는 것과 같다. 금속이 전기전도성, 열전도성이 좋은 이유는 모두 금속에 포함되어 있는 자유전자 때문이다.

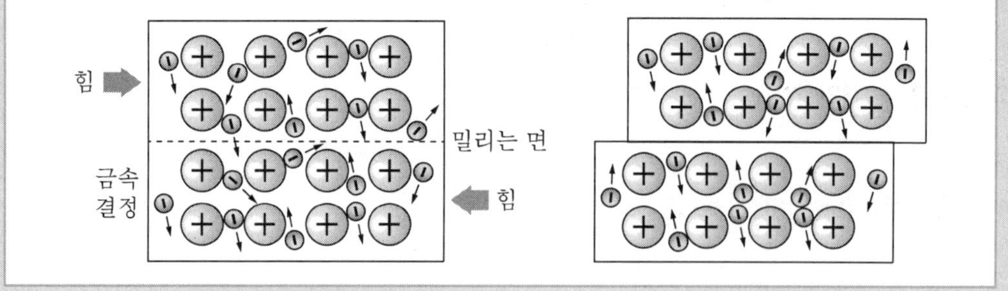

(5) 수소결합(hydrogen bond)

① 정의

일반적으로 수소결합은 O・N・F 등 전기음성도가 강한 2개의 원자 사이에 수소원자가 들어감으로써 생기는 약한 화학결합이다. 수소를 매개로 한 X−H…Y형으로 표시되고, 이것은 X−H…Y라는 결합에서는 X−H가 공유결합이라도 X의 강한 전기음성에 의하여 수소원자의 전자가 X쪽에 강하게 끌리는 것을 뜻한다.

예) HF, H_2O, NH_3, CH_3OH, CH_3COOH

② 특성

- 전기음성도의 차이가 클수록 극성이 커지며 수소결합이 강해진다.
- 분자간의 인력이 커져서 같은 족의 다른 수소화합물보다 비등점이 높고 증발열도 크다.

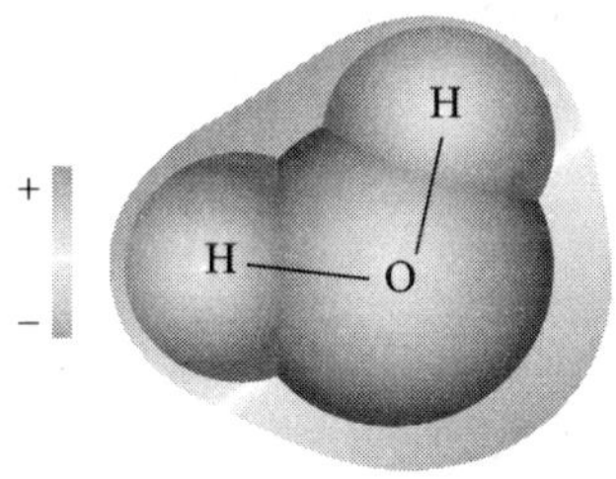

그림 6.10 수소결합

(6) 반데르발스 결합(van der Waals bond)

① 정의

분자와 분자사이에 약한 전기적 쌍극장에 의해 생기는 반 데르 발스 힘으로 액체나 고체를 이루는 분자간의 결합

예) I_2, 드라이아이스, 나프탈렌, 장뇌 등의 승화성 물질

② 특성

- 결합력이 약하여 가열하면 쉽게 떨어지는 승화성을 갖는다.
- 분자간의 결합력이 약해 융점이나 비등점이 일반적으로 낮다.

소방관련 건축

P·A·R·T

4

Chapter 7 소방과 관련된 건축용어

1. 건축용어

(1) 건축물 정의

건축물이란 토지에 정착하는 공작물 중 지붕과 기둥 또는 벽이 있는 것과 이에 딸린 시설물, 지하나 고가의 공작물에 설치하는 사무소・공연장・점포・창고 그 밖에 대통령령으로 정하는 것을 말한다.

(2) 공작물

- 지상이나 지중・해중에 인공을 가하여 제작한 물건, 건축물・다리・터널・정원・전신주・우물 같은 것을 말한다.
- 지하나 고가의 공작물 : 지하도나 고가 구조물 자체는 건축물이 아니다. 그러나 지하가의 공작물의 용도가 사무소, 공연장, 점포 등에 쓰일 때 건축법상건축물로 정의한다.

(3) 지하층

건축물의 바닥이 지표면 아래에 있는 층으로서 바닥에서 지표면까지 평균 높이가 해당 층 높이의 1/2 이상인 것을 말한다.

(4) 거실

① 건축법상 거실 정의

건축물 안에서 거주・집무・작업・집회・오락 등의 목적으로 사용되는 방

② 거실로 보는 것

- 주택 : 침실・서재・대청・응접실・주방・식당・가사실 등
- 사무소 : 사무실・응접실・역원실・회의실・숙직실 등
- 점포 : 매장・사무실・조리실 등
- 공장 : 작업장・식당・사무실・조리실 등

- 공장 : 작업장 · 식당 · 사무실 · 휴게실 등
- 병원 : 병원 · 진찰실 · 수술실 · 간호사실 · 의사실 등

③ 거실이 아닌 것

현관, 복도, 계단, 화장실, 세면소, 기계실, 차고, 창고 등

(5) 주요구조부

① 주요구조부

내력벽, 기둥, 바닥, 보, 지붕틀 및 주계단을 말한다.

② 주요구조부가 아닌 것

비내력벽, 사이기둥, 최하층 바닥, 차양, 옥외계단 기초

(6) 건축

① 정의

건축물을 신축 · 증축 · 개축 · 재축하거나 건축물을 이전하는 것을 말한다.

② 신축

- 건축물이 없는 대지에 새로 건축물을 축조하는 것
- 부속건축물만 있는 대지에 새로 주된 건축물을 축조하는 것
- 기존 건축물을 철거하고 그 대지에 종전의 기존 건축물 규모를 초과하여 다시 축조하는 것
- 기존 건축물이 재난으로 인하여 멸실된 대지에 종전의 기존건축물 규모를 초과하여 다시 축조하는 것

③ 증축

기존 건축물이 있는 대지에서 건축물의 건축면적, 연면적, 층수 또는 이를 증가시키는 행위를 말한다.

④ 개축

다음의 어느 하나에 해당하는 것을 말한다.

- 기존 건축물의 전부를 철거하고 그 대지에 종전의 기존건축물 규모 안에서 건축물을 다시 축조하는 것

- 기존 건축물 내력벽 · 기둥 · 보 · 지붕틀 중 셋 이상을 포함한 일부를 철거하고, 그 대지에 종전의 기존 건축물 규모 안에서 건축물을 다시 축조하는 것

⑤ 재축

천재지변이나 재해로 멸실된 경우에 그 대지에 기존건축물 규모 안에서 건축물을 다시 축조하는 것을 말한다. 재축은 개축과 결과적으로 동일한 축조로 보나, 개축은 자위 또는 기타 행위에 의하여 건축물을 철거하고 다시 축조하는 데 반하여, 재축은 재난으로 인하여 멸실된 건축물을 타의에 의하여 축조하는 것이 다르다.

⑥ 이전

건축물의 주요 구조부를 해체하지 아니하고 같은 대지의 다른 위치로 변경하는 것을 말한다. 건축물의 위치를 다른 대지의 위치로 바꾸는 경우, 그 다른 대지에 대하여 그 다른 대지가 건축물이 없는 대지이면 신축이 되고, 기존건축물이 있는 대지이면 증축으로 해석된다.

(7) 대수선

① 정의

건축법상 대수선이란 건축물의 기둥, 보, 내력벽, 주계단 등의 구조나 외부형태를 수선 · 변경하거나 증설하는 것으로서 대통령령으로 정하는 것을 말한다.

② 대수선의 범위

다음의 어느 하나에 해당하는 것으로서 증축 · 개축 · 재축에 해당하지 않은 것을 말한다.

- 내력벽을 증설 또는 해체하거나 내력벽의 벽면적을 30 m^2 이상 수선 변경하는 것
- 기둥을 증설 또는 해체하거나 기둥을 3개 이상 수선 변경하는 것
- 보를 증설 또는 해체하거나 보를 3개 이상 수선 변경하는 것
- 지붕틀을 증설 또는 해체하거나(한옥에서는 지붕틀의 범위에서 써가래 제외) 지붕틀을 3개 이상 수선 변경하는 것
- 방화벽 또는 방화구획을 위한 바닥 또는 벽을 증설 해체하거나 수선 변경하는 것
- 주계단 · 피난계단 또는 특별피난계단을 증설 해체하거나 수선 변경하는 것
- 다가구 주택의 가구 간 경계벽 또는 다세대주택의 세대 간 경계벽을 해체하거나 수선 변경하는 것
- 미관지구 안에서 건축물의 외부형태(담장포함)를 변경하는 것

(8) 내화구조

내화구조란 화재시 일정 시간동안 건물이 강도 및 그 성능을 유지할 수 있는 것을 말한다. 부연설명을 하면 철근콘크리트, 연화조, 기타 유사한 구조로서 화재시 쉽게 연소가 되지 않음은 물론, 상당한 시간 동안에 구조상 내력을 감소시키지 않고, 보통 방화구획 내에서 진화되어 인접부분에 화기의 전달을 차단할 수 있으며 또한 최종적 단계에서 전소해도 수리하여 재사용할 수 있는 구조이다.

(9) 방화구조

화염의 확산을 막을 수 있는 성능을 가진 구조이다.

(10) 불연재료 · 준불연재료 · 난연재료

① 불연재료 : 불에 타지 않는 성질을 가진 재료
 예) 콘크리트 · 석재 · 벽돌 · 기와 · 석면판 · 철망 · 알루미늄 유리 · 시멘트 모르타르 · 회 등
② 준불연재료 : 불연재료에 준하는 방화성능을 가진 재료
③ 난연재료 : 불에 잘 타지 않는 성능을 가진 재료

(11) 고층 · 준초고층 · 초고층 건축물 · 발코니

① 고층건축물 : 층수가 30층 이상이거나 높이가 120 m 이상인 건축물
② 준초고층 건축물 : 고층건축물 중 초고층 건축물이 아닌 것
③ 초고층 건축물 : 층수가 50층 이상이거나 높이가 300 m 이상인 건축물
④ 발코니(balcony) : 건축물의 내부와 외부를 연결하는 완충공간으로서 전망이나 휴식 등의 목적으로 건축물 외벽에 부가적으로 설치되는 공간으로 층별로 가구별 면적이 똑같은 아파트 등에서 집집마다 똑같이 건물 외벽으로부터 1.5 m 가량씩 튀어나오게 지어진 공간

참고 : 베란다(veranda)

공동주택에서 위층이 아래층보다 면적이 작아 아래층 지붕 위에 생긴 공간을 말하며, 베

란다를 발코니와 같이 만들기 위해서는 지붕을 씌우고 벽체를 설치하는 등 새로운 공간을 만들어야 한다.

(12) 다중이용건축물

① 다음 용도로 사용되는 바닥면적의 합계가 5천 m^2 이상인 건축물
- 문화 및 집회시설(전시장 및 동·식물원 제외)
- 종교시설, 판매시설, 운수시설(여객용시설만 해당)
- 의료시설 중 종합병원
- 숙방시설 중 관광숙박시설

② 16층 이상인 건축물

(13) 바닥면적

건축물의 각 층 또는 그 일부로서 벽·기둥 기타 이와 유사한 구획의 중심선으로 둘러싸인 부분의 수평 투영면적으로 건축물대장이나 등기부등본 등 공부상 등재되는 연면적의 산정과 용적율 산정을 위한 기준이 되며, 방화 및 피난에 관한 규정 중 방화구획 및 옥외로의 출구의 넓이 등을 신정하는 기준이 된다.

(14) 연면적

하나의 건축물의 각 층(지하층 포함)의 바닥면적의 합계를 말한다.

(15) 층고

방의 바닥구조체로부터 윗면으로부터 위층 바닥 구조체의 윗면까지의 높이로 한다.

(16) 건폐율과 용적율

① 건폐율

대지면적에 대한 건축 바닥면적(대지에 둘 이상의 건축물이 있는 경우에는 이들 건축면적의 합계)의 비율을 의미한다. 즉, 수평적 건축 밀도를 말한다.

② 용적율

대지면적에 대한 건축물의 연면적(1개의 대지에 둘 이상의 건축물이 있는 경우에는 이들 연면적의 합계)의 비율을 말한다. 즉, 입체적(수직적)인 건축면적과 밀도를 말한다.

(17) 설계도서

건축물의 건축 등에 관한 공사용의 도면과 구조계산서 및 시방서, 건축설비 계산관계서류, 토질 및 지질 관계서류, 기타공사에 필요한 서류를 말한다.

Chapter 8 건축물의 행정행위

1. 건축허가 및 신고

1-1 건축허가 대상

(1) 시장 · 군수 · 구청장이 허가

- 원칙 : 건축물을 건축 또는 대수선하고자 하는 자는 시장 · 군수 · 구청장이 허가를 받아야 한다.
- 단서 : 21층 이상의 건축물 등 대통령령으로 정하는 용도 및 규모의 건축물을 특별시나 광역시에 건축하려면 특별시장이나 광역시장의 허가를 받아야 한다.

(2) 특별시장 · 광역시장이 직접허가

다음 중 어느 하나의 건축물을 특별시 또는 광역시에 건축하고자 할 때에는 특별시장 또는 광역시장의 허가를 받아야 한다.

- 원칙 : 층수가 21층 이상이거나 연면적의 합계가 10만 m^2 이상인 건축물(공장, 창고 등 제외)
- 단서 : 연면적의 3/10 이상을 증축하여 층수가 21층 이상으로 되거나 연면적의 합계가 10만 m^2 이상으로 되는 경우를 포함한다.

(3) 도지사의 승인 후 시장 · 군수가 허가

시장 · 군수는 다음 하나에 해당하는 건축을 허가하는 경우 미리 건축계획서와 기본설계도서를 첨부하여 도지사의 승인을 얻은 후 허가하여야 한다.

- 다음 어느 하나의 건축물을 특별시 또는 광역시 이외에 건축할 경우
  - 층수가 21층 이상이거나 연면적의 합계가 10만 m^2 이상인 건축물
  - 자연환경 또는 수질보호를 위하여 지정 · 공고하는 구역 안에 건축하는 3층 이상 또는 연면적 합계가 1천 m^2 이상인 건축물로서 공동주택, 제2종 근린생활시설, 업무시설, 숙박시설, 위락시설에 해당한 건물
  - 주거환경 또는 교육환경 등 주변환경의 보호상 필요하다고 인정하여 도지사가 지정 · 공고하는 구역 안에 건축하는 건물로서 숙박시설 및 위락시설의 건축물

1-2 건축신고

(1) 건축신고로서 건축허가를 대신하는 건축물

① 바닥면적의 합계가 85 m^2 이내의 증축 · 개축 · 재축

② 국토의 계획 및 이용에 관한 법률에 의한 관리지역 · 농림지역 또는 자연환경보전 지역 안에서 연면적 200 m^2 미만인 건축

③ 대수선(연면적이 200 m^2 미만이고 3층 미만인 건축물의 대수선에 한함)

④ 주요 구조부의 해체가 없는 대수선 등 대통령령으로 정하는 대수선은 건축신고로 가능

1-3 건축허가와 신고사항의 변경

건축허가를 받았거나 신고한 사항을 변경하려면 변경하기 전에 허가를 받거나 신고를 하여야 한다. 다만, 신축 · 증축 · 개축 · 재축 · 이전 · 대수선 또는 용도변경에 해당하지 않은 경미한 변경에 대해서는 그러하지 않다.

표 8.1 건축허가 및 신고사항 변경

• 바닥면적의 합계가 85 m^2를 초과하는 부분에 대한 증축·개축에 해당하는 변경	• 허가권자의 허가를 받아야 함
• 그 밖의 경우	• 특별자치도지사 또는 시장·군수·구청장에게 신고하여야 한다.
• 신고로서 허가를 갈음하는 건축물의 경우에는 변경 후의 건축물의 연면적이 각각 신고로서 허가에 갈음할 수 있는 규모 안에서 변경	• 앞의 규정에도 불구하고 특별자치도지사 또는 시장·군수·구청장에게 신고하여야 한다.
• 건축주·공사시공자 또는 공사감리자를 변경하는 경우	• 특별자치도지사 또는 시장·군수·구청장에게 신고하여야 한다.

1-4 용도변경 허가 또는 신고

사용승인을 받은 건축물의 용도를 변경하고자 하는 자는 다음 구분에 따라 특별자치도지사 또는 시장·군수·구청장의 허가를 받거나 신고를 하여야 한다.

표 8.2 용도변경 허가 또는 신고

용도변경시설군	각 시설군별 건축물의 용도	비 고
1. 자동차관련시설군	자동차관련시설	상위(건축기준강한)시설군
2. 산업 등의 시설군	가. 운수시설 나. 창고시설 다. 공장 라. 위험물저장 및 처리시설 마. 분뇨및 쓰레기처리시설 바. 묘지관련시설 사. 장례식장	아래로 내려갈수록 건축기준이 약한 시설군임
3. 전기통신시설군	가. 방송통신시설 나. 발전시설	
4. 문화및 집회시설군	가. 문화 및 집회시설 나. 종교시설 다. 위락시설 라. 관광휴게시설	
5. 영업시설군	가. 판매시설 나. 운동시설 다. 숙박시설	
6. 교육및 복지시설군	가. 의료시설 나. 교육연구시설 다. 노유자시설 라. 수련시설	
7. 근린생활시설군	가. 제1종 근린생활시설 나. 제2종 근린생할시설	
8. 주거업무시설군	가. 단독주택 나. 공동주택 다. 업무시설 라. 교정및 군사시설	
9. 그 밖의 시설군	가. 동물 및 식물관련시설	하위(건축기준약한)시설군

① 표 8.2에서 각 호의 하나에 해당하는 시설군에 속하는 건축물의 용도를 상위군(건축기준이 강한 시설군)에 해당하는 용도로 변경하는 경우

예) 제2종 근린생활시설을 교육연구시설로 용도변경하면 허가대상이 된다.

② 신고대상

표 8.2에서 각 호의 어느 하나에 해당하는 시설군에 속하는 건축물의 용도를 하위군(건축 기준이 약한 시설군)에 해당하는 용도로 변경하는 경우

예) 종교시설을 의료시설로 용도변경하면 신고대상이 된다.

③ 동일한 시설군 내에서 용도를 변경하는 경우

특별자치도지사 또는 시장·군수·구청장에게 건축물대장 기재사항의 변경을 신청

예) 단독주택에 속하는 다가구 주택을 공동주택에 속하는 다가구주택으로 용도변경하는 경우

1-5 건축물의 착공신고

(1) 착공신고 절차

① 허가를 받거나 신고를 한 건축물의 공사를 착수하고자 하는 건축주는 허가권자에게 그 공사계획을 신고하여야 한다.

② 공사감리의무대상 건축물의 경우 공사감리자 및 공사시공자가 신고서에 함께 서명하여야 한다.

(2) 착공신고에 필요한 서류 및 설계도서

착공신고서에 다음의 서류 및 도서를 첨부한다.

① 건축 관계자 상호간의 계약서 사본(해당사항이 있는 경우)

② 시방서, 실내마감도, 건축설비도, 토지굴착 및 옹벽도(공장인 경우)

③ 토지굴착 및 옹벽도 중 흙막이구조도(지하 2층 이상 지하층을 설치하는 경우)

1-6 건축물의 사용승인

① 건축주

- 공사완료 후 그 건축물을 사용하고자 하는 경우 사용승인 신청
- 건축주가 공사감리자를 지정한 경우 공사감리자가 작성한 공사감리 완료보고서 첨부

② 시장・군수・구청장(허가권자)

사용승인 신청을 받은 경우 7일 이내에 사용승인을 위한 검사를 실시하고 검사에 합격된 건축물에 대하여는 사용승인서를 교부하여야 한다. 다만 조례로 정하는 건축물은 사용검사를 위한 검사를 생략할 수 있다.

③ 사용승인을 얻은 후가 아니면 건축주가 그 건물을 사용하거나 타인에게 사용하게 할 수 없다.

1-7 건축물의 공사감리

(1) 건축사를 공사감리자로 지정하여야 하는 건축물

① 건축허가를 받아야 하는 건축물
② 건축물을 리모델링하는 경우

(2) 다중이용건축물의 공사감리

① 다중이용건축물의 공사감리는 건설기술관리법에 따른 건축감리 전문회사 또는 종합감리전문회사를 공사감리자로 지정하여야 한다.
② 건설기술관리법시행령에 따라 감리원을 배치하는 경우 건축사를 공사감리자로 지정할 수 있다.

(3) 공사감리자가 이행할 사항

① 감리일지를 기록・유지하여야 한다.
② 공사(하나의 대지에 둘 이상의 건축물이 있는 경우에는 각각의 건축물)의 공정이 다음 하나에 해당에 다다를 때에는 감리중간보고서를 건축주에게 제출하여야 한다.

ⓐ 철근콘크리트조 · 철골조 · 철골철근콘크리트조 · 조적조 · 보강콘크리트블럭조

- 기초공사 : 기초의 철근배치를 완료한 경우
- 지붕공사 : 지붕슬래브 배근을 완료한 경우
- 3층 이상의 건축물 : 지상 5개층마다 상부슬래브 배근을 완료한 경우

ⓑ 그 밖의 구조

- 거푸집 또는 주축돌의 설치를 완료할 경우

Chapter 9 건축물의 유지와 관리

1. 건축물의 유지와 관리

건축물의 소유자나 관리자는 건축물, 대지, 건축설비를 유지 관리하여야 한다.

1-1 정기점검 및 수시점검

다음에 해당하는 건축물의 소유자나 관리자는 사용 승인일을 기준으로 10년이 지난날부터 2년마다 한 번 정기점검을 실시하여야 한다.

① 다중이용건축물

② 집합건축물의 소유 및 관리에 관한 법률의 적용을 받는 집합건축물로서 연면적의 합계가 3,000 m^2 이상인 건축물[다만 공동주택은 제외]

③ 다중이용업소 안전관리에 관한 특별법에 따른 다중이용업의 용도로 쓰는 건축물서 특별자치도 또는 시 · 군 · 구의 건축조례로 정하는 건축물

1-2 건축물의 철거신고

건축물의 소유자 또는 관리자는 건축물의 철거 또는 멸실신고를 다음 기간 이내에 시장 ·

군수・구청장에게 신고하여야 한다.

① 건축물을 자의로 철거하는 경우 : 철거 예정일 7일 전까지
② 건축물의 재해로 인하여 멸실된 경우 : 멸실 후 30일 이내

1-3 건축물대장

① 건축물대장 기재 및 보관의 목적

- 건축물의 소유・이용 및 유지・관리상태를 확인
- 건축정책의 기초자료로 사용

② 대상

- 건축법에 의한 사용승인서를 교부한 경우
- 건축허가(신고포함)대상 건축물 외의 건축물의 공사를 완료한 후 그 건축물에 대하여 기재의 요청이 있는 경우
- 건축법에 따른 건축물의 유지・관리에 관한 사항
- 그 밖에 대통령령이 정하는 경우

2. 건축물의 구조 및 재료

2-1 건축물의 구조 및 구조안전의 확인

건축물은 고정하중・적재하중・풍압・지진 기타의 진동 및 충격 등에 안전한 구조로 해야 한다.

2-2 건축물 대수선 시 구조 확인

다음 각 호에 해당하는 건축물을 대수선하는 경우 해당건축물의 설계자는 국토교통부령으로 정하는 구조기준 등에 따라 그 구조의 안전을 확인하여야 한다.

① 층수가 3층 이상인 건축물
② 연면적이 1천 m^2인 건축물. 다만 창고, 축사, 작물재배사 및 표준설계도서에 따라 건축하는 건축물은 예외
③ 높이가 13 m 이상인 건축물
④ 처마높이가 9 m 이상인 건축물
⑤ 기둥과 기둥사이의 거리(기둥이 없는 경우 내력벽과 내력벽사이거리)가 10 m 이상인 건축물
⑥ 국가적 문화유산으로 보존할 가치가 있는 건축물로서 국토해양부령이 정하는 것

3. 건축물의 피난시설 및 용도제한 등

3-1 건축물의 피난에 관한 기준에 관한 용어

① 피난층

직접 지상으로 통하는 출입구가 있는 층으로 지형 등에 따라 여러 개의 피난층이 있을 수 있다. 그림에서는 1층과 4층이 피난층이 된다.

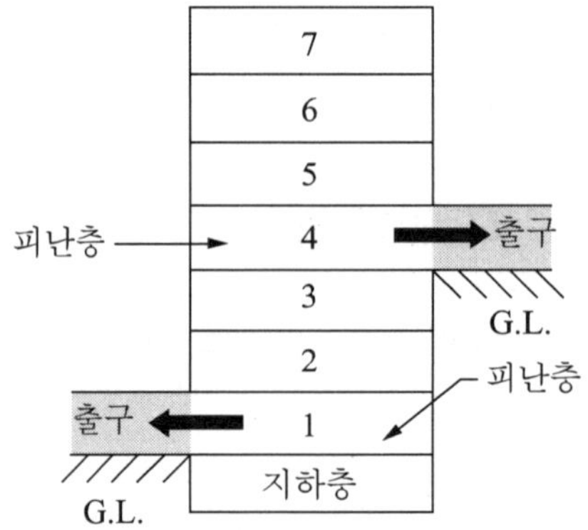

그림 9.1 피난층

② 직통계단

건축물의 어떤 층에서 피난층 또는 지상까지 이르는 경로가 계단과 계단참만을 통하여 오

르내릴 수 있는 직통된 계단을 말하며 그 경로가 명백하여 쉽게 피난층까지 이를 수 있는 것이다. 그러나 지하층에 전용되는 계단 C는 계단 B와는 직통되지 않았으나 피난층까지 직통되었으므로 건축법상 직통계단으로 해석된다.

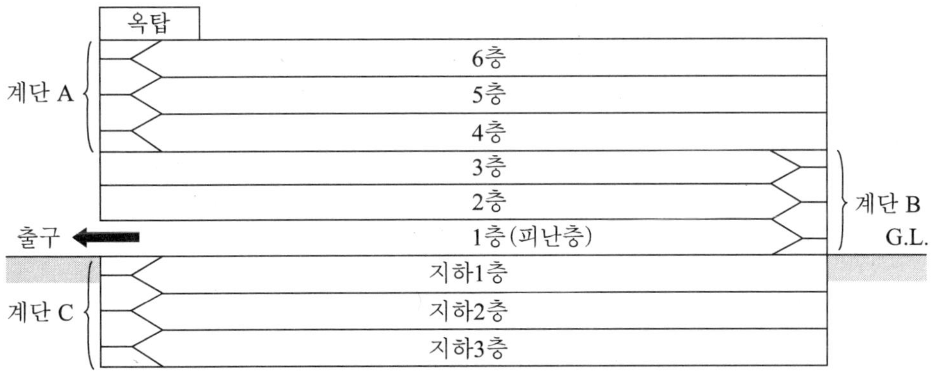

*직통계단에 대한 해석상의 견해 차이가 있을 수 있으므로
국토교통부의 유권해석인 질의 · 회신란을 참고하기 바란다.

그림 9.2 직통계단

③ 피난계단 · 특별피난계단

- 피난계단

  직통계단에 주로 방화 및 배연시설에 대한 기준을 강화한 것으로 옥내피난계단 과 옥외피난계단이 있다.

- 특별피난계단

  직통계단으로서 피난계단보다 더욱 안전한 피난을 위해 부속실이나 노대(발코니)가 딸린 계단을 말한다. 그림에서 거실 3의 출입구로부터 가장 먼 위치인 a점에서 피난층에 통하는 직통계단까지의 거리는 계단 A쪽이 더 가까우며 거실 4의 b점의 경우는 계단 B쪽이 더 가깝다.

이와 같이 어느 거실의 출입구로부터 가장 먼 어느 점으로부터 가까운 직통 계단까지의 길이를 말하며, 화재나 폭발시고 등 피난시에 직통계단에 이르는 보행거리가 너무 길면 도중에 질식하는 등 피해가 많게 되므로 보행거리에 대한 규정을 두고 있다.

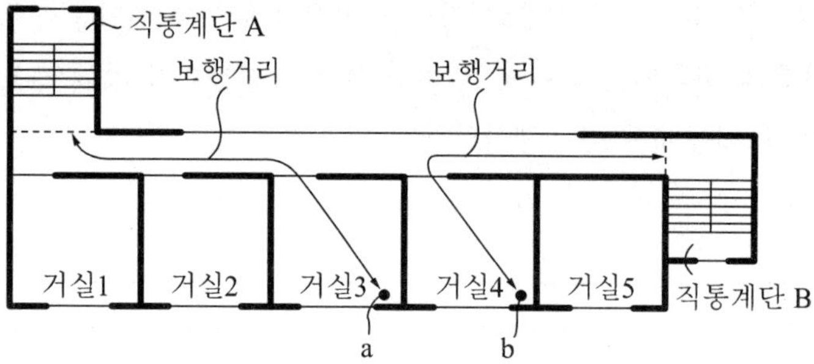

그림 9.3 보행거리

3-2 직통계단의 설치

(1) 직통계단까지의 보행거리

건축물의 피난층 외의 층에 있어서 피난층 또는 지상으로 통하는 직통계단(경사로 포함)은 각 부분으로부터 계단(거실로부터 가장 가까운 거리에 있는 계단)에 이르는 보행거리를 다음 값 이하가 되도록 설치하여야 한다.

- 일반원칙 : 30 m 이하
- 단서규정

건축물(지하층에 설치하는 것으로서 바닥면적의 합계가 300 m^2 이상인 공연장 · 집회장 · 관람장 및 전시장 제외)의 주요 구조부가 내화구조 또는 불연재료로 된 건축물은 다음과 같이 할 수 있다.

- 층수가 16층 이상인 공동주택 : 40 m 이하
- 일반용도의 건축물 : 5 m 이하
- 자동식 소화설비를 설치한 공장으로서 반도체 및 디스플레이 패널을 제조하는 공정 : 75 m 이하(무인화공장인 경우 100 m 이하)

(2) 직통계단의 출입구

피난에 지장이 없도록 일정한 간격을 두어 설치하고, 각 직통계단 상호간에는 각각 거실과 연결된 복도 등 통로를 설치하여야 한다.

(3) 2개소 이상의 직통계단 설치의무

다음의 각호에 해당하는 건축물은 피난층 또는 지상으로 통하는 직통계단(경사로 포함)을 2개소 이상 설치해야 한다.

표 9.3 2개소 이상의 직통계단 설치의무 대상

해당 용도와 층	거실의 바닥면적의 합계	
1. 문화 및 집회시설(전시장 및 동·식물원 제외), 종교시설, 장례식장의 위락시설 중 주점영업 또는 장례식장의 용도로 쓰는 층	그 층의 해당용도로 쓰는 바닥면적의 합계	200 m^2 이상인 것
2. 단독주택 중 다중주택·다가구주택, 제2종 근린생활시설 중 학원·독서실, 판매시설, 운수시설, 의료시설, 교육연구시설 중 학원, 노유자시설 중 아동관련시설·노인복지시설, 수련시설 중 유스호스텔, 숙박시설 또는 장례식장 용도로 쓰는 3층 이상의 층	그 층의 해당용도로 쓰는 바닥면적의 합계	200 m^2 이상인 것
3. 공동주택(층당 4세대 이하인 것은 제외) 또는 업무시설 중 오피스텔의 용도로 쓰는 층	그 층의 해당용도로 쓰는 바닥면적의 합계	300 m^2 이상인 것
4. 제1호 내지 3호에 규정된 용도에 해당하지 않은 3층 이상의 층	그 층의 거실 바닥면적의 합계	400 m^2 이상인 것
5. 지하층	그 층의 거실 바닥면적의 합계	200 m^2 이상인 것

(4) 피난안전구역의 설치의무

- 초고층 건축물에는 피난층 또는 지상으로 통하는 직통계단과 직접 연결되는 피난 안전구역(건축물의 피난·안전을 위하여 건축물 중간층에 설치하는 대피 공간)을 지상층으로부터 최대 30개 층마다 1개소 이상 설치
- 준초고층 건축물에는 피난안전구역을 해당 건축물 전체의 층수의 1/2에 해당하는 층으로부터 상하 5개층 이내에 1개소 이상 설치
- 지하연계 복합건축물 피난안전구역의 설치기준
  16층 이상 29층 이하인 지하연계 복합건축물의 피난안전구역은 지상층별 거주밀 도가 1.5명/m^2 초과하는 층은 해당층의 사용형태별 면적의 합이 1/10에 해당하는 면적을 피난안전구역으로 설치할 것

(5) 피난안전구역의 설치기준

초고층 건축물 및 준초고층 건축물의 피난안전구역은 해당 건축물의 1개층을 대피공간으로 하며, 대피에 장애가 되지 않은 범위에서 기계실, 전기실 등 건축설비를 설치하기 위한 공간과 같은 층에 설치할 수 있다. 피난안전구역은 건축설비가 설치되는 공간과 내화구조로 구획하여야 한다.

- 피난안전구역에 연결되는 특별피난계단은 피난안전구역을 거쳐서 상·하층으로 갈 수 있는 구조로 설치하여야 한다.

(6) 피난안전구역의 구조 및 설비 기준

- 피난안전구역의 바로 아래층 및 위층은 적합한 단열재를 설치할 것
- 피난안전구역의 내부 마감재료는 불연재료로 설치할 것
- 건축물의 내부에서 피난안전구역으로 통하는 계단은 특별피난계단의 구조를 가질 것
- 비상용승강기는 피난안전구역에서 승하차 할 수 있는 구조로 설치할 것
- 피난안전구역에는 식수공급을 위한 급수전을 1개 이상 설치하고 예비전원에 의한 조명설비를 할 것
- 관리사무소 또는 방재센터 등과 긴급연락이 가능한 경보 및 통신시설을 설치할 것
- 피난안전구역의 높이는 2.1 m 이상일 것
- 배연설비를 설치할 것
- 소방방재청이 정하는 소방 등 재난관리를 위한 설비를 갖출 것

(7) 피난계단의 설치

다음에 해당하는 건축물은 그 층의 위치에 따라 그 층으로부터 피난층 또는 지상으로 통하는 직통계단은 피난계단 또는 특별피난계단을 설치하여야 한다.

표 9.4 피난계단 또는 특별피난계단 설치대상

층의 위치 및 용도	설치해야 할 계단의 종류	비고
① • 5층 이상의 층 • 지하 2층 이하의 층	피난계단 또는 특별피난계단(판매시설의 용도에 쓰이는 층의 경우 그 중 1개소 이상은 특별피난계단)	주요구조부가 내화구조 또는 불연재료로 된 건축물로서 다음의 경우에는 예외 • 5층 이상의 층의 바닥면적 의 합계가 200 m^2 이하인 경우 • 5층 이상의 층의 바닥면적의 합계가 200 m^2 이내마다 방화구획이 되어 있는 경우
② 앞의 ①항의 경우에 판매시설의 용도에 쓰이는 층	직통계단 중 1개소 이상은 특별피난계단으로 해야 함	
③ • 11층(공동주택은 16층 이상)의 층 • 지하 3층 이하의 층	앞의 ①항의 규정에도 불구하고 특별피난계단으로 함	• 갓복도식 공동주택 제외 • 바닥면적이 400 m^2 미만인 층 제외
④ 5층 이상의 층으로서 문화 및 집회시설 중 전시장 및 동·식물원, 판매시설, 운수시설(여객용시설만 해당), 운동시설, 관광휴게시설(다중용), 수련시설중 생활권 수련시설의 용도로 쓰는 층	• 피난계단 또는 특별피난계단(직통계단) + $\dfrac{(\text{그 층의 바닥면적 합계} - 2{,}000\,\text{m}^2)}{2{,}000\,\text{m}^2}$	직통계단 외에 그 층의 해당 용도의 바닥면적의 합계가 2,000 m^2를 넘는 2,000 m^2 이내마다 1개소의 비율로 4층 이하의 층에 쓰이지 않도록 설치

※ 갓복도식 공동주택 : 각 층의 계단실 및 승강기에서 각 세대로 통하는 복도의 한쪽 면이 외기에 개방된 구조의 공동주택을 말함

예제 각 층의 바닥면적이 6,000 m^2인 6층의 문하 및 집회시설 중 전시장을 건축하는 경우에 5층 이상의 층에서만 전용으로 사용하게 하는 피난계단 또는 특별피난계단은 최소 몇 개소가 필요한가?

solution

$$\text{피난계단의 수} = \frac{(\text{그 층의 바닥면적 합계} - 2{,}000\,\text{m}^2)}{2{,}000\,\text{m}^2}$$

$$= \frac{6{,}000\,\text{m}^2 - 2{,}000\,\text{m}^2}{2{,}000\,\text{m}^2} = 2\text{개소}$$

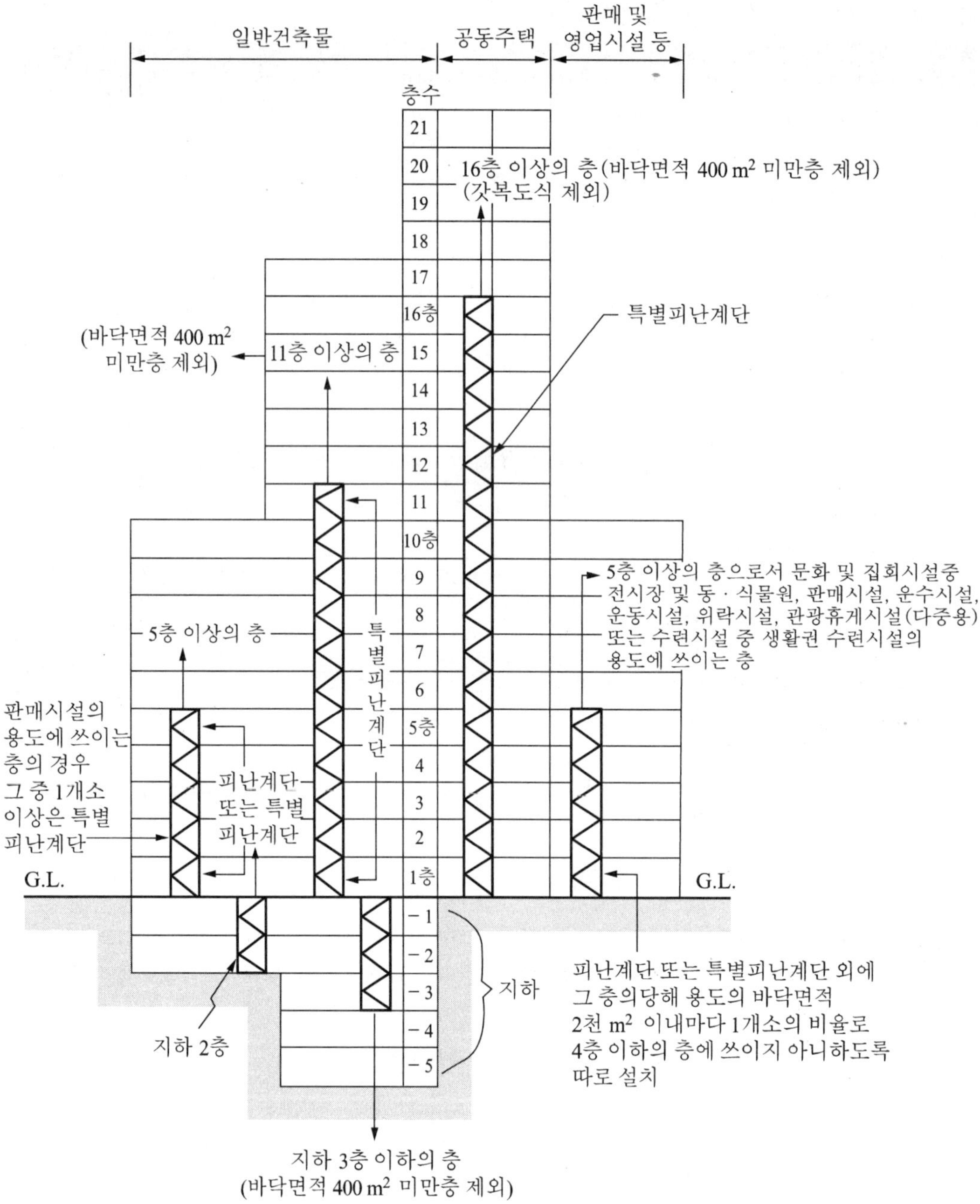

그림 9.4 피난계단의 설치기준

3-3 피난계단 및 특별피난계단의 구조

건축물의 5층 이상 또는 지하 2층 이하의 층으로부터 피난층 또는 지상으로 통하는 직통계단은 피난계단 또는 특별피난계단으로 설치하여야 한다.

(1) 옥내피난계단 및 특별피난계단 구조

구분	옥내피난계단	특별피난계단
건축물의 내부와 계단실의 연결	직접	노대를 통하여 연결하거나 외부를 향하여 열 수 있는 면적 $1\ m^2$ 이상인 창문(바닥으로부터 1 m 이상의 높이에 설치한 것에 한함) 또는 배연설비가 있는 면적 $3\ m^2$ 이상인 부속실을 통하여 연결
벽의 구획	계단실(노대 및 부속실)은 창문 등을 제외하고는 내화구조의 벽으로 구획할 것	
실내마감	계단실(부속실)의 벽 및 반자 등 실내에 접하는 모든 부분이 마감은 불연재료로 할 것	
조명설비	계단실에는 예비전원에 의한 조명설비를 할 것	
창문 등의 거리	계단실(노대 및 부속실)의 바깥쪽과 접하는 창문 등은 일반창문 등으로부터 2 m 이상의 거리를 두고 설치할 것	
창문 등	건축물의 내부와 접하는 계단실의 창문 등은 망입유리의 붙박이창으로서 그 면적을 각각 $1\ m^2$ 이하로 할 것	
	설치 안 함	• 계단실에는 노대 또는 부속실에 접하는 부분 외에는 건축물의 내부와 접하는 창문 등의 설치금지 • 노대 및 부속설비에는 계단실 외의 건축물의 내부와 접하는 창문 등(출입구는 제외)을 설치하지 아니할 것
출입구	출입구의 유효너비는 0.9 m 이상으로 하고 피난의 방향으로 열 수 있을 것	
	건축물의 내부에서 계단실로 통하는 출입구에는 갑종방화문 설치	• 건축물이 내부에서 노대 또는 부속실로 통하는 출입구에는 갑종방화문 설치 • 노대 또는 부속실로부터 계단실로 통하는 출입구에는 갑종방화문 또는 을종방화문 설치 • 갑종방화문 또는 을종방화문은 언제나 닫힌 상태를 유지하거나 화재를 신속감지하여 자동적으로 닫힌 구조로 한다.
계단	• 내화구조로 하고 피난층 또는 지상까지 직접 연결되도록 할 것 • 돌음계단으로 해서는 안 된다. • 옥상광장을 설치해야할 건축물의 피난계단 또는 특별피난계단은 건축물의 옥상으로 통하도록 설치하여야 한다. 이 경우 옥상으로 통하는 출입문은 피난방향으로 열리는 구조로서 피난시 이용에 장애가 없어야 한다.	

[참고] 피난계단 및 특별피난계단 : 직통계단에 방화 및 배연설비에 대한 기준을 보강한 것을 피난계단이라 하며 그 기준을 더욱 보강(전실 설치 등)한 것을 특별피난계단이라 한다.

(2) 옥내피난계단의 구조

피난형태 : 옥내 → 계단실 → 피난층

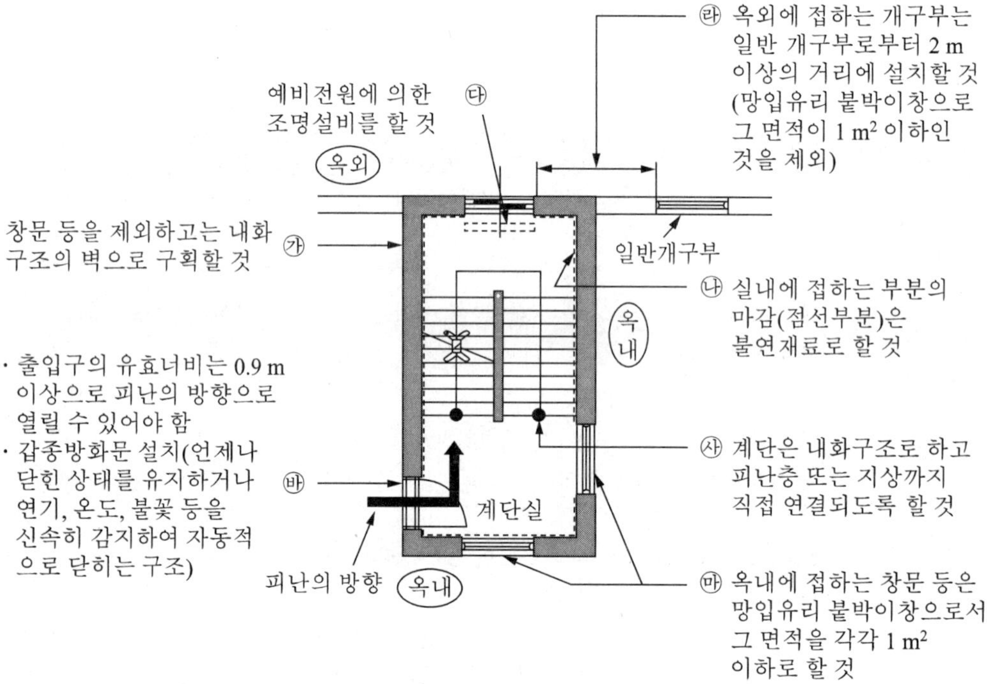

그림 9.5 옥내피난계단의 구조

(3) 특별피난계단의 구조(노대를 통하여 연결)

피난형태 : 옥내 → 노대 → 계단실 → 피난층

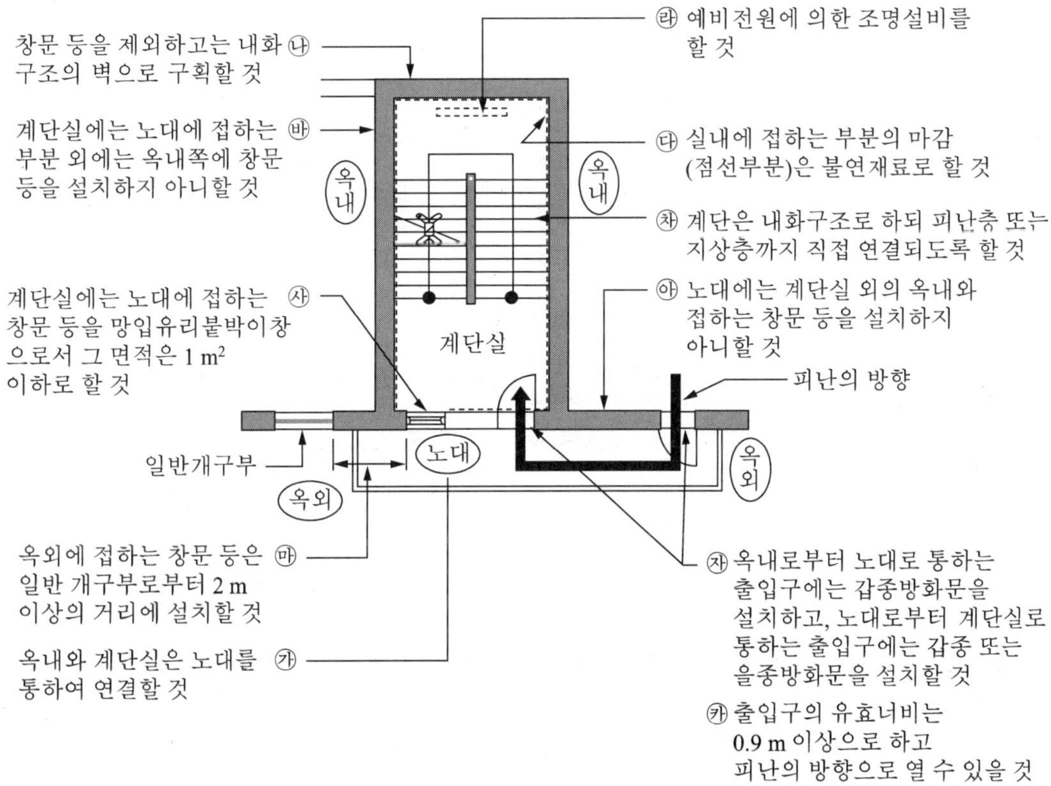

그림 9.6 특별피난계단의 구조(노대연결)

(4) 특별피난계단의 구조(외부개방창이 있는 부속실로 연결)

피난형태 : 옥내 → 부속실 → 계단실 → 피난층

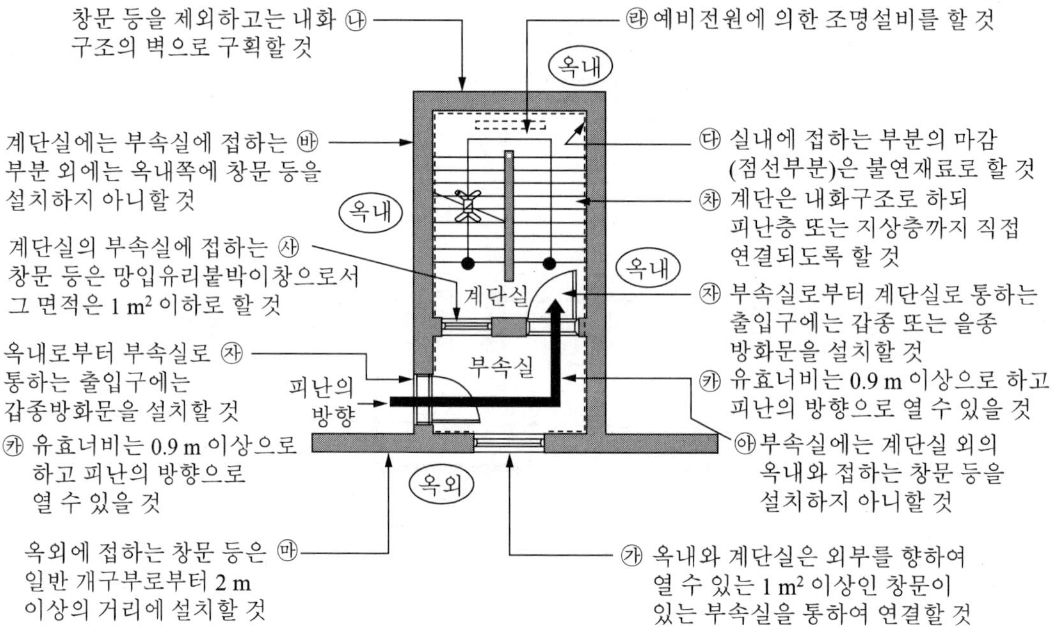

그림 9.7 특별피난계단의 구조(외부 개방창 있는 부속실 연결)

(5) 특별피난계단의 구조(배연설비가 있는 부속실로 연결)

피난형태 : 옥내 → 부속실 → 계단실 → 피난층

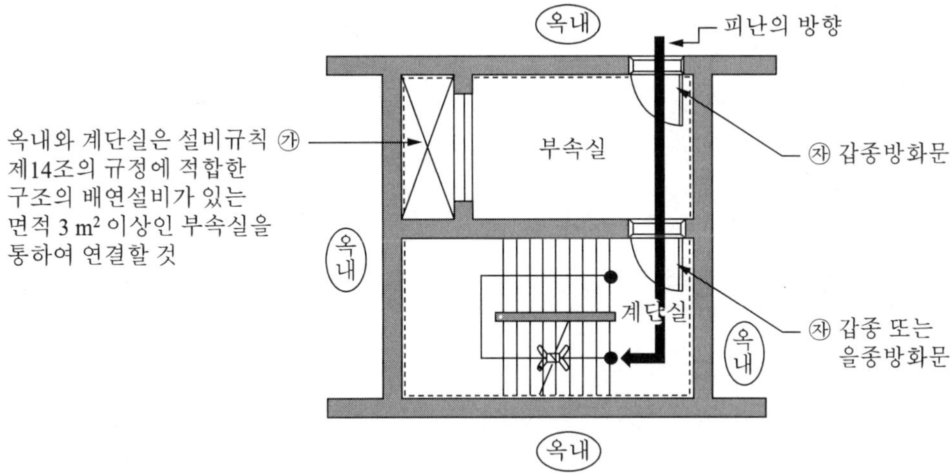

그림 9.8 특별피난계단의 구조(외배연설비가 있는 부속실 연결)

(6) 옥외피난계단

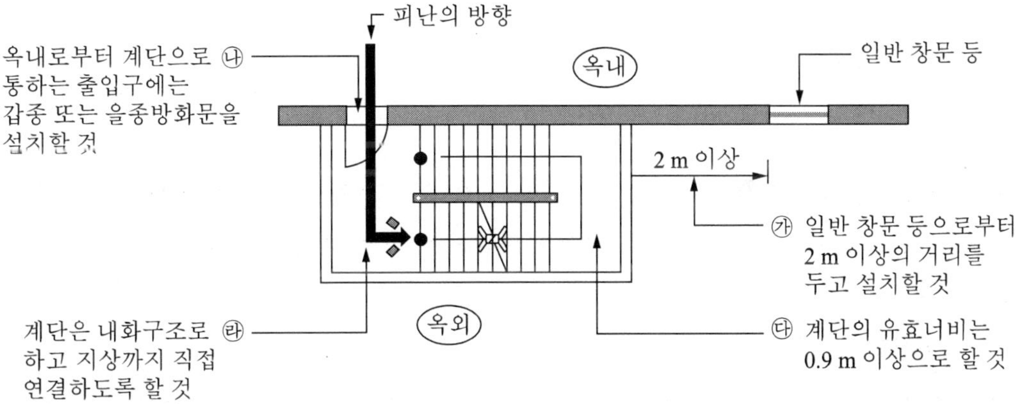

그림 9.9 옥외피난계단

① 옥외피난계단의 설치대상

3층 이상인 층(피난층은 제외)으로서 다음 하나에 해당하는 경우 직통계단외에 옥외 피난계단을 따로 설치해야 한다.

용 도	거실의 바닥면적의 합계	층의 위치
문화 및 집회시설 중 공연장 위락시설 중 주점영업	300 m^2 이상	피난층을 제외한 3층 이상인 층
문화 및 집회시설 중 집회장	1천 m^2 이상	피난층을 제외한 3층 이상인 층

② 옥외피난계단의 구조

구 분	설 치 기 준
창문 등의 거리	계단은 그 계단으로 통하는 출입구 외의 창문 등으로부터 2 m 이상의 거리를 두고 설치할 것
출입구	건축물의 내부에서 계단으로 통하는 출입구에는 갑종 또는 을종방화문을 설치할 것
계단	• 계단의 유효너비는 0.9 m 이상으로 할 것 • 내화구조로 하고 지상까지 직접 연결되도록 할 것 • 돌음계단으로 해서는 안 된다. • 옥상광장을 설치하여야 하는 건축물의 피난계단은 당해 건축물의 옥상으로 통하도록 설치하여야 한다.

(7) 지하층과 피난층 사이의 개방공간설치

① 개요

바닥면적의 합계가 3,000 m^2 이상인 공연장・집회장 ・관람장 또는 전시장을 지하층에 설치하는 경우 재실자가 건축물 밖으로 쉽게 대피할 수 있도록 천장이 개방된 외부공간을 설치해야 한다.

② 설치이유

지하층 각 실에 있는 자가 지하층 각층에서 건축물 밖으로 피난하여 옥외계단 또는 경사로를 이용하여 피난층으로 대피할 수 있도록 하기 위함이다.

(8) 관람석으로부터 출구 설치

① 출구설치기준

구 분		설치기준
① 문화 및 집회시설(전시장 및 동·식물원 제외), 종교시설, 위락시설, 장례식장	관람석 또는 집회실로부터 바깥쪽으로의 출구에 쓰이는 문	안여닫이로 해서는 안 된다.
② 앞의 ①항의 경우에 공연장의 개별관람석(바닥면적 300 m^2 이상인 것)의 출구	1. 관람석별로	2개 이상 설치할 것
	2. 각 출구의 유효넓이	1.5 m 이상일 것
	3. 개별관람석출구의 유효너비의 합계	$\dfrac{\text{개별관람석의 바닥면적}(m^2)}{100m^2} \times 0.6\text{m}$ 이상

② 관람석·집회실로부터의 출구문

안여닫이로 해서는 안 된다.

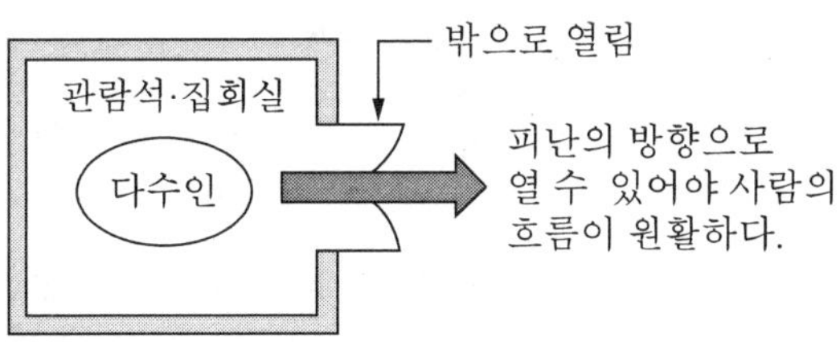

그림 9.10 관람석 출구문

예제 영화관의 관람석 1개층의 바닥면적이 1,000 m^2인 경우 출구 너비를 2 m로 했을 때 출구는 최소한 몇 개를 확보해야 하는가?

solution ① 관람석 출구의 유효너비의 합계

$$= \frac{\text{개별관림석의 바닥면적}(m^2)}{100m^2} \times 0.6\text{m 이상} = \frac{1{,}000\,m^2}{100\,m^2} \times \text{m} = 6\text{m 이상}$$

② 출구개소

$$= \frac{\text{유효너비의 합계}}{\text{출구의 너비}} = \frac{6\text{m}}{2\text{m}} = 3\text{개소}$$

(9) 건축물 바깥쪽으로 출구설치대상

① 출구설치대상

다음 중 어느 하나에 해당하는 건축물은 건축물의 바깥쪽으로 나가는 출구를 설치하여야 한다.

- 문화 및 집회시설
- 판매시설
- 위락시설
- 교육연구시설 중 학교
- 승강기를 설치하여야 하는 건축물
- 종교시설
- 업무시설 중 국가 또는 지방자치단체의 청사
- 연면적이 5,000 m^2 이상인 창고시설
- 장례식장

② 피난층에서 보행거리 등

구 분	원 칙	주요구조부가 내화구조 · 불연재료
피난층의 계단으로부터 건축물의 바깥쪽 출구까지의 보행거리	30 m 이하	16층 이상인 공동주택 : 40 m 이하 기타건축물 : 50 m 이하
거실의 각 부분으로부터 건축물의 바깥쪽 출구까지의 보행거리	위 값의 2배 이하	위 값의 2배 이하

③ 안여닫이문 금지

다음 용도에 쓰이는 건축물의 바깥쪽으로의 출구로 쓰이는 문은 안여닫이문으로 해서는 아니된다.

- 문화 및 집회시설(전시장 및 동 · 식물원 제외)
- 종교시설
- 위락시설

④ 보조출구 또는 비상구설치

관람석의 바닥면적의 합계가 300 m^2 이상인 집회장 또는 공연장에 있어서는 주된 출구 외에 보조출구 또는 비상구를 2개소 이상 설치해야 한다.

(10) 경사로 설치

다음에 하나에 해당하는 건축물의 피난층 또는 피난층의 승강장으로부터 건축물의 바깥쪽에 이르는 통로에는 경사로를 설치해야 한다.

1. 제1종 근린생활시설 중 (당해 용도의 바닥면적의 합계가 1,000 m^2 미만인 것)	지역자치센터 · 파출소 · 지구대 · 소방서 · 우체국 · 방송국 · 보건소 · 공공도서관 · 지역건강보험조합 · 기타 유사한 것
2. 제1종 근린생활시설 중 (면적제한 없음)	마을회관 · 마을공동작업소 · 마을공동구판장 · 변전소 · 양수장 · 정수장 · 대피소 · 공중화장실 기타 이와 유사한 것
3. 연면적이 5,000 m^2 이상인	판매시설, 운수시설
4. 교육연구시설 중	학교
5. 업무시설 중	국가 또는 지방자치단체의 청사와 외국공관의 건축물로서 제1종 근린생활시설에 해당되지 않은 것
6. 승강기를 설치하여야 할 건축물	

(11) 대지 안의 피난 및 소화에 필요한 통로 설치

① 건축물 대지 안에는 그 건축물의 주된 출구와 지상으로 통하는 피난계단 및 특별피난계단으로부터 도로 또는 공지로 통하는 통로를 다음 기준에 따라 설치해야 한다.

건축물의 용도	통로의 유효 넓이
1. 단독주택	0.9 m 이상
2. 바닥면적의 합계가 500 m^2 이상인 문화 및 집회시설 · 종교시설 · 의료시설 · 위락시설 또는 장례식장	3 m 이상
3. 그 밖의 용도로 쓰는 건축물	1.5 m 이상

② 다중이용건축물과 층수가 11층 이상인 건축물이 건축되는 대지에는 그 안의 모든 다중이용 건축물의 층수가 11층 이상인 건축물에 소방자동차의 접근이 가능한 통로를 설치하여야 한다. 다만, 모든 다중이용 건축물과 층수가 11층 이상인 건축물에 소방자동차의 접근이 가능한 도로 또는 공지에 접한 경우에는 그러하지 아니하다.

3-4 방화구획의 설치

(1) 방화구획 설치 목적

건축물의 화재는 건축물의 내부에서 발생하는 경우 건축물의 화재에 대한 피해를 최소한으로 줄이기 위하여 방화구획을 한다.

(2) 방화구획 설치기준

주요구조부가 내화구조 또는 불연재료로 된 건축물로서 연면적이 1,000 m^2를 넘는 것은 다음 기준에 의하여 바닥 · 벽 · 및 갑종방화문(자동방화셔터 포함)으로 구획하여야 한다.

표 9.5 방화구획 설치기준

단위구획의 종류		구획의 기준	
층단위	3층 이상의 층, 지하층	각 층마다 구획할 것	
면적단위	10층 이하의 층	바닥면적 1,000 m^2(3,000 m^2) 이내마다 구획할 것	
	11층 이상의 층	실내마감재가 불연재료가 아닌 경우	200 m^2(600 m^2) 이내마다 구획할 것
		실내마감재가 불연재료인 경우	500 m^2(1,500 m^2) 이내마다 구획할 것
※ ( ) 내의 숫자는 스프링클러 기타 유사한 자동식 소화설비를 설치한 경우의 면적임			

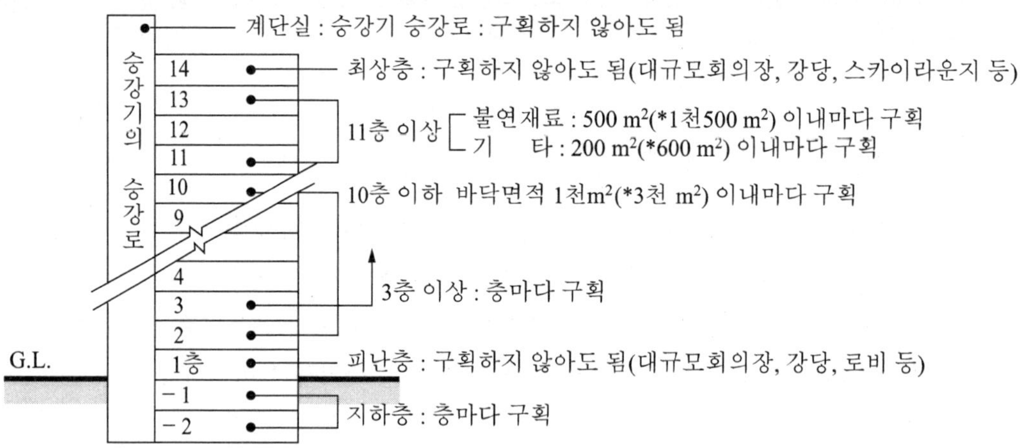

그림 9.11 방화구획

(3) 방화구획의 완화

다음 각 호의 하나에 해당하는 경우에는 앞의 ② 규정을 적용하지 않거나 완화하여 적용할 수 있다.

표 9.6 방화구획의 완화 적용기준

1. 문화 및 집회시설(동·식물원 제외), 종교시설, 운동시설 또는 장례식장의 용도로 쓰는 거실로서	시설 및 활동공간의 확보를 위하여 불가피한 경우
2. 물품의 제조 ·가공·보관 및 운반 등에 필요한	고정식 대형기기·설비의 설치를 위하여 불가피한 경우
3. 계단실 부분·복도 또는 승강기의 승강로	그 건축물의 다른 부분과 방화구획으로 구획된 부분
4. 건축물의 최상층 또는 피난층	대규모 회의장, 강당, 스카이라운지, 로비 또는 피난안전구역 등 해당용도로서 사용상 불가피한 부분
5. 복층형인 공동주택	세대간 층간 바닥부분
6. 주요구조부가 내화구조·불연재료로 된 주차장 부분	
7. 단독주택, 동물 및 식물관련시설 또는 교정 및 군사시설 중 군사시설(집회, 체육, 창고 등의 용도로 사용되는 시설만 해당)	해당용도에 쓰이는 건축물

(4) 아파트 대피공간의 설치

아파트로서 4층 이상인 층의 각 세대가 2개 이상의 직통계단을 사용할 수 없는 경우에는 발코니에 인접세대와 공동으로(대피공간의 바닥면적 $3\,m^2$ 이상) 또는 각 세대별로(대피공간의 바닥면적 $2\,m^2$ 이상) 다음 하나의 요건을 모두 갖춘 대피공간을 하나 이상 설치하여야 한다.

① 대피공간은 바깥의 공기와 접할 것
② 대피공간은 실내의 다른 부분과 방화구획으로 구획될 것
③ 대피공간의 바닥면적은 공동으로 설치할 경우 : $3\,m^2$ 이상
(각 세대별로 설치하는 경우 : $2\,m^2$ 이상일 것
④ 국토해양부장관이 정하는 기준에 적합할 것

(5) 방화구획의 구조

1. 방화구획으로 사용하는 갑종 방화문	언제나 닫힌 상태를 유지하거나 화재시 연기의 발생 또는 온도의 상승에 의하여 자동적으로 닫히게 할 것
2. 외벽과 바닥사이에 틈이 생길 때나 급수관·배전관 등이 방화 구획을 관통하는 경우 그로 인하여 방화구획에 틈이 생길 때	그 관과 방화구획의 틈을 내화충전 성능을 인정한 구조로 된 것으로 메울 것
3. 환기·난방·냉방시설의 풍도가 방화구획을 관통하는 경우	적합한 댐퍼를 그 관통부분 또는 근접부분에 설치할 것

(6) 방화문(fire door)

① 정의

화재의 확대, 연소를 방지하기 위해 개구부에 설치하는 문으로 건물 위주의 개구부에 설치하는 경우는 주로 연소를, 내부의 방화벽 등의 방화구획에 있는 개구부에 설치하는 경우는 확대를 방지하는 것이 목적이다.

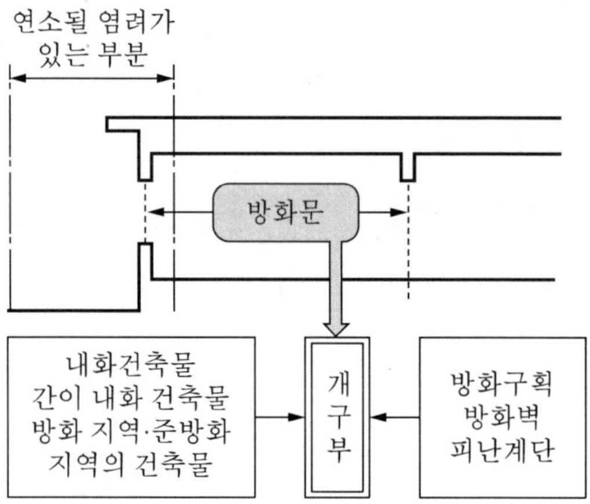

그림 9.12 방화문 정의

② 방화문 구조기준

방화성능에 따라 갑종방화문과 을종방화문으로 구분되며 갑종방화문은 비차열 1시간 이상, 을종방화문 비차열 30분 이상의 성능이 확보되어야 한다.

ⓐ 갑종방화문의 구조기준

철제문은 철제골구 위에 0.5 mm 이상의 철판을 양면으로 붙여 두께 1.5 mm 이상의 철판으로 제작된 문이다.

ⓑ 을종방화문의 구조기준

- 철제문은 철제 및 망입유리로 되고 두께 0.8 mm 이상 1.5 mm 미만의 철판으로 제작된 문으로 한다.
- 목재문은 문틀이 방화목재로 하고 옥내면은 1.2 cm 이상의 석고판을 붙여야 하며, 옥외면은 철판을 붙여야 한다.

종류 \ 구분	사용장소	설치기준
갑종방화문	• 면적별 · 층별방화구획 • 용도별 방화구획 • 방화벽 방화구획 • 비상용승강기 출입구	언제나 닫힌 상태를 유지하거나 화재시 연기의 발생 또는 온도상승에 의하여 자동적으로 닫히는 구조일 것
갑종방화문 및 을종방화문	• 피난계단의 출입구 • 특별피난계단의 전실[갑종](계단실[을종]), 출입구 연소우려가 있는 외벽개구부	

(7) 방화셔터

① 정의

방화구획의 용도로 화재시 연기 및 열을 감지하여 자동 폐쇄되는 것으로서, 공항 · 체육관 등 넓은 공간에 부득이하게 내화구조로 된 벽을 설치하지 못하는 경우에 사용하는 방화셔터를 말하고, 일체형 자동방화셔터는 방화셔터의 일부에 피난을 위한 출입구가 설치된 셔터를 말한다.

② 구조기준

ⓐ 자동방화셔터란 건축물의 옥내방화구획으로 사용할 수 있어야 한다.

ⓑ 갑종방화문으로부터 3 m 이내 설치하여야 한다.

ⓒ 개폐장치는 전동 및 수동에 의하여 수시 작동하고, 임의의 위치에서 정지시킬 수 있으며 자중에 의한 폐쇄가 가능하여야 한다.

그림 9.13 방화셔터

ⓓ 연동폐쇄장치는 화재발생시 열 · 연기 감지기 및 온도휴즈에 의하여 자동으로 작동하고, 화재발생시 연기 및 열에 의하여 자동폐쇄되는 장치 일체로서 주요구성부재 · 장치 · 규모 등은 KS F 4510(중량셔터)에 적합하여야 한다.

ⓔ 셔터는 화재발생시 연기감지기에 의한 일부폐쇄와 열감지기에 의한 완전폐쇄가 이루어질 수 있는 구조를 가진 것이어야 한다.

ⓕ 셔터의 상부는 상층 바닥에 직접 닿도록 하여야 하며, 부득이하게 발생한 바닥과의 틈새는 화재시 연기와 열의 이동통로가 되지 않도록 방화구획에 준하는 처리를 하여야 한다.

ⓖ 일체형 방화셧터는 비상구유도등 또는 비상구유도표지를 하여야 하고, 출입구 부분은 셔터의 다른 부분과 색상을 달리하여 쉽게 구분되도록 하여야 하며, 출입구의 유효너비는 0.9 m 이상, 유효높이는 2 m 이상이어야 한다.

(8) 방화댐퍼(fire damper)

화재시 환기 및 냉난방 풍도를 통하여 화염 및 연기가 확산되는 것을 방지하기 위하여 방화구획 벽상을 관통하는 덕트 내에 설치되어 있는 감지기 또는 온도휴즈에 의하여 자동적으로 폐쇄되는 방화설비이다.

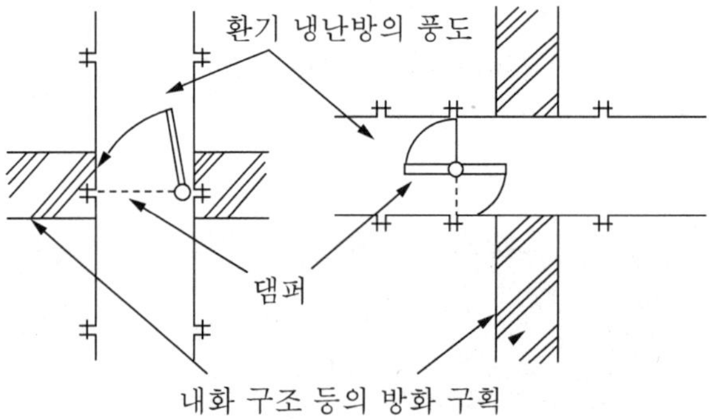

덕트가 방화 구획을 관통하는 부근에 설치된다.

그림 9.14 방화댐퍼

4. 건축물의 내화구조 및 방화벽

(1) 건축물의 내화구조

다수인을 동시에 수용하는 건축물이나 사람이 장시간 체류하는 건축물 또는 위험물을 취급하는 건축물 등은 화재로 인한 인명피해나 재산의 피해가 크게 되므로 이를 방지나 억제를 위해 주요 구조부를 내화구조로 하여야 한다.

(2) 주요 구조부를 내화구조로 하여야 하는 건축물

건축물의 용도	해당용도의 바닥면적의 합계	비 고
문화 및 집회시설(전시장 및 동·식물원을 제외), 종교시설, 위락시설 중 주점 또는 장례식장	200 m^2	옥외 관람석의 경우에는 1,000 m^2 이상
문화 및 집회시설 중 전시장 또는 동·식물원, 판매시설, 운수시설, 교육연구시설에 설치하는 체육관·강당, 수련시설, 운동시설 중 체육관·운동장, 위락시설(주점제외), 창고시설, 위험물 저장 및 처리시설, 자동차관련시설, 방송통신시설 중 방송국·전신전화국·촬영소, 묘지관련시설 중 화장장 또는 관광휴게시설	500 m^2	
공장	2,000 m^2 이상	화재의 위험이 적은 공장
건축물의 2층이 단독주택 중 다중주택, 다가구주택, 공동주택, 제1종 근린생활시설 중 유스호스텔, 업무시설 중 오피스텔, 숙박시설 또는 장례식장	400 m^2 이상	
3층 이상인 건축물 및 지하층이 있는 건축물	모든 건축물	단독주택(다중주택, 다가구주택 제외), 동물 및 식물관련시설, 발전시설, 교도소 및 감화원 또는 묘지관련시설의 용도로 쓰는 건축물과 철강관련업종의 공장 중 제어실로 사용하기 위하여 연면적 50 m^2 이하로 증축하는 부분은 제외함

(3) 대규모 건축물의 방화벽

① 설치대상

연면적이 1,000 m^2 이상으로서 내화구조이거나 불연재료인 건축물

ⓐ 주요구조부가 내화구조이거나 불연재료인 건축물

ⓑ 단독주택(다중주택 및 다가구주택 제외), 동물 및 식물관련시설, 발전시설, 교도소 및 감화원 또는 묘지관련시설(화장장 제외)

ⓒ 내부설비의 구조상 방화벽으로 구획할 수 없는 창고시설

② 구획단위

바닥면적의 합계가 1,000 m^2 미만마다 방화벽으로 구획해야 한다.

③ 방화벽의 구조

ⓐ 내화구조로서 홀로 설 수 있는 구조일 것

ⓑ 방화벽의 양쪽 끝과 위쪽 끝을 건축물의 외벽면 및 지붕면으로부터 0.5 m 이상 뛰어 나오게 할 것

ⓒ 방화벽에 설치하는 출입문의 너비 및 높이는 각각 2.5 m 이하로 하고 당해 출입문에는 갑종방화문을 설치할 것

ⓓ 피난 및 방화규칙에 의한 방화벽에 따른 규칙을 준용할 것

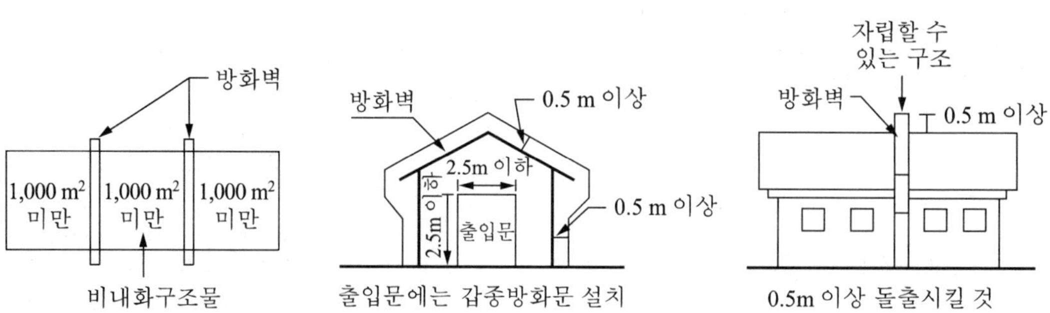

그림 9.15 방화벽

(4) 고층건축물의 피난 및 안전관리

고층건축물에는 대통령령으로 피난안전구역을 설치하거나 대피공간을 확보한 계단을 설치하여야 한다.

(5) 대규모 목조건축물의 외벽

① 연면적 1,000 m^2 이상인 목조건축물

대상	외벽 및 처마 밑의 연소할 우려가 있는 부분
기준	방화구조로 하되 그 지붕은 불연재료로 하여야 한다.

② 연소할 우려가 있는 부분

• 인접대지 경계선 • 도로 중심선 • 동일한 대지 안에 있는 2동 이상의 건축물(연면적의 합계 500 m^2 이하인 건축물은 하나의 건축물로 본다) 상호의 외벽간의 중신선	좌측란의 각선으로부터 1층 : 3 m, 2층 이상 : 5 m 이내의 거리에 있는 건축물의 각 부분

③ 제외되는 부분

공원 · 광장 · 하천의 공지나 수면 또는 내화구조의 벽 기타 유사한 것에 접하는 부분

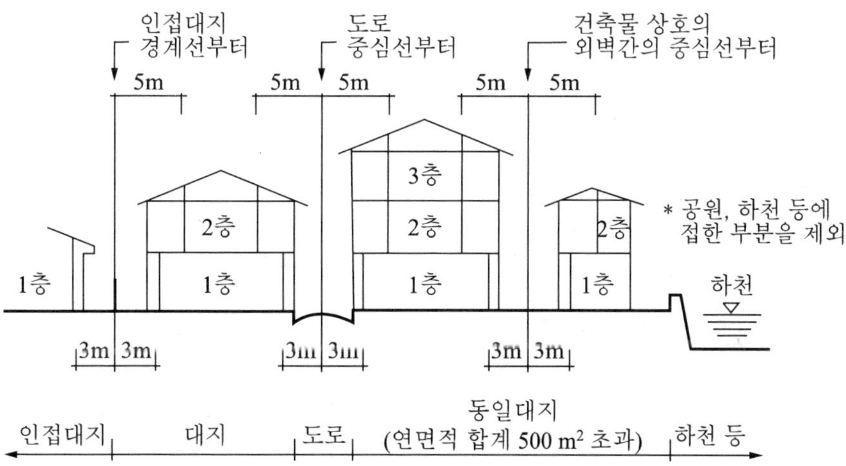

그림 9.16 대규모 건축물 외벽

④ 연소할 우려가 있는 부분

ⓐ 주로 목조 건축물의 연소방지를 위하여 만들어진 것으로 1층과 2층에 있어서 연소할 우려가 있는 부분의 거리에 차(1층은 3 m, 2층은 5 m)를 둔 것은 본래 건축물이 연소할 때에 연소되지 않은 한계는 그림과 같은 포물선의 외측부분이라고 알려져 있기 때문이다.

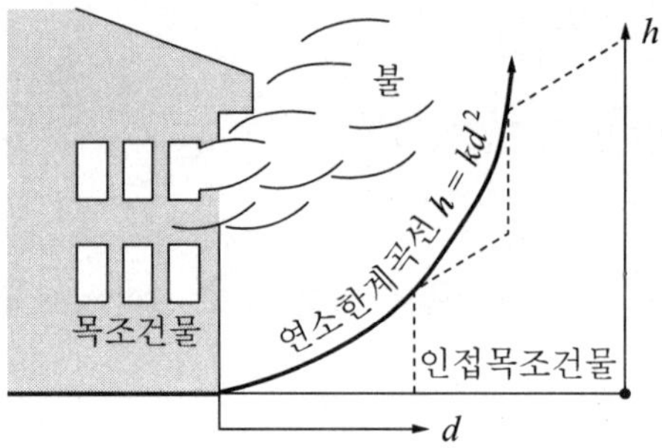

그림 9.17 연소할 우려가 있는 부분 한계

ⓑ 2층 건축물(일부 1층)의 연소할 우려가 있는 부분 외벽길이 L_1(1층)과 L_2(2층)의 산정방법(1층 3 m, 2층 5 m)

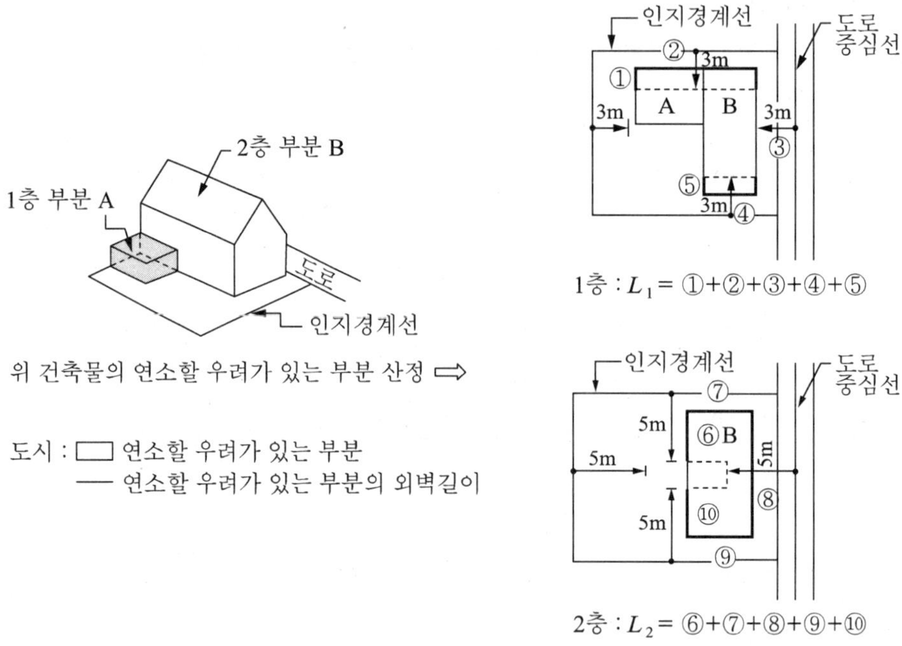

그림 9.18 연소할 우려가 있는 부분 외벽길이 산정

ⓒ 동일대지 위에 2동 이상의 건축물이 있을 경우

- 연면적 합계 500 m^2 이하 $(A+B \le 500\ m^2)$인 경우와
- 연면적 합계 500 m^2 넘는 $(A+B > 500\ m^2)$인 경우의 산정방법

⑤ 방화지구 안의 건축물

방화지구는 밀접한 도심지에서 일단 화재가 발생할 경우 그 피해가 다른 건축물에도 미칠 것을 고려하여 건축물의 구조를 화재에 대하여 안전한 내화구조로 하고 공작물의 주요 구조부는 불연재료로 하며 건축물의 외벽에 설치하는 창문 등에는 각종 방화설비를 하는 등 규제를 해야 한다.

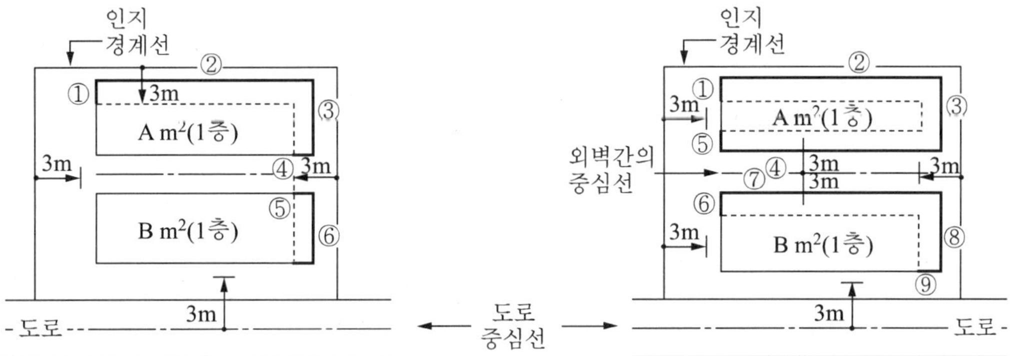

① A+B ≦ 500 m²인 경우
A동과 B동을 1개의 건축물로 보고 산정한다.
L_1 = (①+②+③+④) + (⑤+⑥+⑦)

② A+B > 500 m²인 경우
A동과 B동을 별개의 건축물로 보고 산정한다.
L_2 = (①+②+③+④+⑤) + (⑥+⑦+⑧+⑨)

도시 : ▭ 연소할 우려가 있는 부분
── 연소할 우려가 있는 부분의 외벽길이

그림 9.19 동일대지 위에 2동 이상 건축물이 있을 경우 외벽길이 산정

표 9.7 방화지구 안의 건축물 내화구조 대상

건축물 및 공작물	대상부분	구조 및 설비
건축물	• 주요구조부 • 외벽	내화구조로 하여야 함
공작물로서 간판·광고탑 등으로 • 지붕 위에 설치하는 공작물 • 높이 3 m 이상의 공작물	주요부	불연재료로 하여야 함
건축물의 지붕	내화구조가 아닌 것	불연재료로 하여야 함
건축물의 외벽에 설치하는 창문 등 (창문·출입구·개구부)	연소할 우려가 있는 부분	• 갑종방화문 • 검정에 합격한 드렌처 • 내화구조나 불연재료로 된 벽·담장 • 방화커버·금속망

참고 : 드렌처(drencher)

건물의 지붕, 처마, 창 위 등에 개방된 살수 노즐을 설치하고 이것을 배관에 의해서 수원에 연결한 것. 화재연소를 방지하기 위해 압력수를 보내서 살수노즐로부터 방수에 의한 수막에 의해 연소를 방지한다.

5. 건축물의 마감재료

(1) 정의

화재시 건축물의 내부 및 외부를 마감한 내장재의 연소를 통하여 건축물의 다른 부분으로 화염이 확산되지 않도록 하기 위하여 연소를 지연시켜 화재의 규모를 최소화하며, 연기 및 유독가스의 발생을 억제하여 질식으로 인한 인명피해 등을 최소화하기 위하여 불연·준불연·난연재료를 사용하여야 한다.

특히 단란주점·게임제공업 및 노래연습장 등은 다중이용업에 해당하므로 거실의 경우 난연재료의 사용을 금지하고 있으며 내부 마감재료를 불연재료 또는 준불연재료를 사용하여야 한다.

참고 : 내부마감재료

건축물의 내부의 천장·반자·벽(칸막이벽 포함)·기둥 등에 부착되는 마감재료를 말한다.

(2) 공동주택 내부에 오염물질방출 건축 자재 사용금지

공동주택에는 다중이용시설 등은 실내공기질관리법에 따라 오염물질을 방출하는 건축자재의 사용을 해서는 안 되도록 규정하고 있다. 즉, 포럼알데이드 또는 휘발성 유기화합물이 일정 기준 이상 방출되는 접착제, 페인트 등의 건축자재는 공동주택의 내부마감재료로 사용할 수 없도록 함으로써 실내공기질을 개선하기 위해서이다.

(3) 건축물의 마감재료 기준

<table>
<tr><th colspan="2" rowspan="2">용도 또는 규모</th><th rowspan="2">적용대상</th><th colspan="2">벽 및 반자의 실내에 접하는 부분(반자돌림대 · 창대 제외)의 마감</th></tr>
<tr><th>거실</th><th>복도 · 계단 · 통로</th></tr>
<tr><td colspan="2">① 문화 및 집회시설(예식장제외) · 종교시설, 판매시설, 운수시설, 위락시설(단란주점 및 주점 영업장 제외)</td><td>거실의 바닥면적의 합계가 200 m²(주요구조부가 내화구조 또는 불연재료로 된 경우 400 m²) 이상인 건축물</td><td rowspan="5">• 불연재료
• 준불연재료
• 난연재료</td><td rowspan="13">• 불연재료
• 준불연재료</td></tr>
<tr><td colspan="2">② 단독주택 중 다중주택, 다가구주택, 공동주택, 제2종 근린생활시설 중 학원 · 독서실 · 고시원 · 숙박시설(여관 및 여인숙 제외) · 의료시설 · 교육연구시설 중 학원, 노유자시설 중 아동관련시설 · 노인복지시설 · 수련시설 중 유스호스텔, 업무시설 중 오피스텔 또는 장례식장</td><td>3층 이상인 층의 해당 용도로 쓰는 거실의 바닥면적의 합계가 200 m²(주요구조부가 내화구조 또는 불연재료로된 경우 400 m²) 이상인 건축물</td></tr>
<tr><td colspan="2">③ 위험물저장 및 처리시설, 자동차관련시설, 방송통신시설 중 방송국 · 촬영소 · 발전시설</td><td>면적에 관계없이 적용</td></tr>
<tr><td colspan="2">④ 공장</td><td>공장의 용도로 쓰는 건축물(다만 건축물이 1층 이하이고 연면적이 1,000 m² 미만)</td></tr>
<tr><td colspan="2">⑤ 5층 이상인 건축물</td><td>5층 이상인 층의 거실의 바닥면적의 합계가 500 m² 이상인 건축물</td></tr>
<tr><td colspan="2">⑥ 앞의 ①②③④의 용도에 쓰이는 거실(출입문, 문틀 포함)을 지하층 또는 지하의 공작물에 설치한 경우</td><td>면적에 관계없이 적용</td><td rowspan="8">• 불연재료
• 준불연재료</td></tr>
<tr><td rowspan="6">⑦</td><td>제2종근린생활시설 중</td><td>공연장 · 당구장</td></tr>
<tr><td>문화 및 집회시설 중</td><td>예식장</td></tr>
<tr><td>교육연구시설 중</td><td>초등학교</td></tr>
<tr><td>수련시설 중</td><td>생활권수련시설 · 자연권수련시설</td></tr>
<tr><td>숙박시설 중</td><td>여관 · 여인숙</td></tr>
<tr><td>위락시설 중</td><td>주점영업</td></tr>
<tr><td colspan="2">⑧ 다중이용업소 용도로 쓰는건축물</td><td>유흥주점영업은 제외</td></tr>
<tr><td colspan="2">⑨ 창고로 쓰이는</td><td>바닥면적 3,000 m² 스프링클러 설치 6,000 m² 이상인 건축물</td></tr>
</table>

6. 지하층

(1) 지하층의 구조

바닥면적의 규모	설치기준
① 거실의 바닥면적 50 m^2 이상인 층	직통계단 외에 비상탈출구 및 환기통 설치(직통계단이 2개 이상인 때는 예외)
② 공연장 · 제2종 근린생활시설 중 단란주점 · 당구장 · 노래연습장 · 예식장 · 공연장 · 생활권수련시설 · 여관 · 여인숙 · 위락시설 중 단란주점 · 유흥주점 또는 다중이용업의 용도에 쓰이는 층으로서 그 층의 거실의 바닥면적의 합계가 50 m^2 이상인 건축물	직통계단 2개소 설치
③ 바닥면적 1,000 m^2 이상인 층	방화구획으로 구획하는 각 부분마다 1개소 이상의 피난계단 또는 특별 피난계단 설치
④ 거실의 바닥면적의 합계가 1,000 m^2 이상인 층	환기설비를 설치할 것
⑤ 지하층의 바닥면적이 30 m^2 이상인 층	식수공급을 위한 급수전을 1개소 이상 설치할 것

(2) 지하층 비상탈출구의 기준

구 분	내 용	비 고
비상탈출구의 유효너비와 높이	0.75 m × 1.5 m 이상으로 할 것	
비상탈출구의 문이 열림	피난방향으로 열릴 것	실내에서 항상 열릴 수 있는 구조로 하여야 하며
비상탈출구와 출입구와의 거리	3 m 이상 이격시킬 것	
비상탈출구의 높이가 1.2 m 이상일 때	벽체에 발판의 너비가 20 cm 이상인 사다리를 설치할 것	
피난통로의 유효너비	0.75 m 이상으로 할 것	불연재료로 할 것
진입부분 및 피난통로	통행에 지장을 주는 물건을 방치하거나 시설물 설치 금지	
비상탈출구의 유도등과 피난통로의 비상조명등	소방법령이 정하는 바에 의할 것	

Chapter 10 소방관련 건축설비

1. 승강기

1-1 승용승강기

(1) 설치대상

① 층수가 6층 이상으로서 연면적이 2,000 m^2 이상인 건축물
② 층수가 6층 이상인 건축물로서 각 층 거실 바닥면적 300 m^2 이내마다 1개소 이상의 직통계단을 설치한 경우는 예외

(2) 승용승강기 설치기준

건축물의 용도	6층 이상의 거실바닥면적의 합계(A m^2)	
	3,000 m^2 이하	3,000 m^2 초과
문화 및 집회시설(공연장·집회장 및 관람장에 한함), 판매 및 영업시설(도매시장·소매시장 및 상점에 한함), 의료시설(병원 및 격리병원)	2대	$2대+\frac{A-3,000\,m^2}{2,000\,m^2}대$
문화 및 집회시설(전시장 및 동식물원에 한함), 업무시설, 숙박시설, 위락시설	1대	$1대+\frac{A-3,000\,m^2}{2,000\,m^2}대$
공동주택, 교육연구 및 복지시설, 기타	1대	$1대+\frac{A-3,000\,m^2}{3,000\,m^2}대$
※ 1대로 보는 기준 : 8∼15인승, 2대로 보는 기준 : 16인승 이상		

1-2 비상용 승강기

(1) 정의

비상용 승강기는 화재시 소화활동에 사용하기 위하여 설치하는 것으로서 정전시에도 예비전원에 의하여 비상용 승강기가 가동할 수 있게 하고, 2대 이상의 비상용승강기를 설치하는 경우에는 화재가 났을 때 소화에 지장이 없도록 일정한 간격을 두고 설치해야 한다.

(2) 비상용승강기 설치대상

① 높이 31 m를 넘는 건축물
② 승용승강기를 비상용승강기의 구조로 하는 경우는 예외

(3) 비상용승강기설치대상에서 제외되는 건축물

높이 31 m를 넘는 각 층 부분에 있어서 다음 각 호에 해당하는 경우는 제외한다.

① 높이 31 m를 넘는 각층을 거실 외의 용도로 쓰는 건축물
② 높이 31 m를 넘는 각층의 바닥면적의 합계가 500 m^2 이하인 건축물
③ 높이 31 m를 넘는 층수가 4개층 이하로서 당해 각층의 바닥면적의 합계가 200 m^2(벽 및 반자가 실내에 접하는 부분의 마감을 불연재료로 한 경우에는 500 m^2) 이내마다 방화구획으로 구획한 건축물

(4) 비상용승강기 설치대수 산정

높이 31 m를 넘는 각층의 바닥면적 중 최대바닥면적(A m^2)	설 치 대 수
1,500 m^2 이하	1대
1,500 m^2 초과	$1대 + \frac{A-1{,}500\,m^2}{3{,}000\,m^2}$ (대)

(5) 비상용 승강기의 승강장 및 승강로의 구조

① 승강장의 구조

내 용	승강장 및 승강로의 구조 기준
① 승강장과 다른 부분과의 구획	승강장은 창문·출입구 기타 개구부를 제외한 부분은 건축물의 다른 부분과 내화구조의 바닥 및 벽으로 구획할 것(다만, 공동주택의 경우에는 승강장과 특별피난계단의 부속실과의 겸용부분을 특별피난계단의 계단실과 별도로 구획하는 때에는 승강장을 특별피난계단의 부속실과 겸용할 수 있다)
② 각 층 내부와의 연결부	승강장은 각층의 내부와 연결될 수 있도록 하되, 그 출입구에는 갑종방화문을 설치할 것. 다만, 피난층에는 갑종방화문을 설치하지 않을 수 있다.
③ 배연설비	노대 또는 외부를 향하여 열 수 있는 창이나 배연설비를 설치할 것

④ 실내 마감재료	벽 및 반자가 실내에 접하는 부분의 실내 마감재료는 불연재료로 할 것
⑤ 조명설비	채광창이 있거나 예비전원에 의한 조명설비를 할 것
⑥ 승강장의 바닥면적	승강장의 바닥면적은 비상용승강기 1대에 대하여 6 m^2 이상으로 할 것 (다만, 옥외에 승강장을 설치하는 경우에는 제외)
⑦ 승강장 출입구로부터의 거리	피난층이 있는 승강장의 출입구로부터 도로 또는 공지에 이르는 거리가 30 m 이하일 것
⑧ 비상용승강기 표지설치	승강장 출입구 부근의 잘 보이는 곳에 비상용승강기임을 알 수 있는 표지 설치

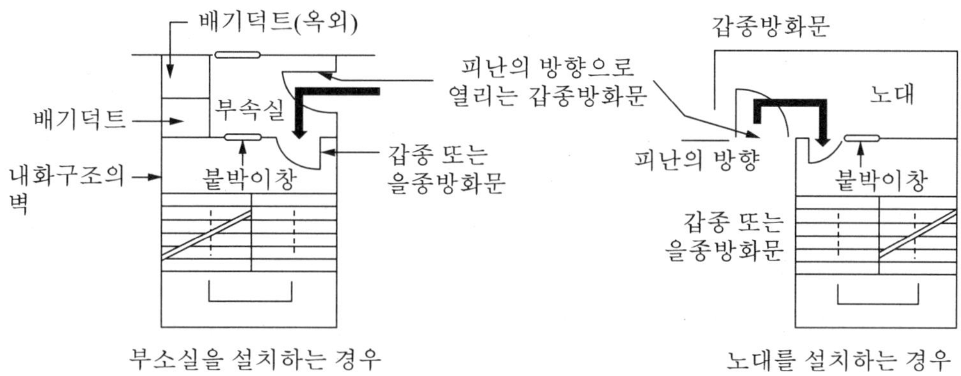

그림 10.1 비상용 승강장 구조

② 비상용 승강기의 승강로의 구조

- 승강로는 당해 건축물의 다른 부분과 내화구조로 구획해야 한다.
- 각 층으로부터 피난층까지 이르는 승강로를 단일구조로 연결하여 설치하여야 한다.

2. 배연설비

(1) 배연설비 설치대상

배연설비를 설치해야 하는 건물은 6층 이상의 건축물로서 문화 및 집회시설 · 종교시설 · 판매시설 · 운수시설 · 의료시설 · 교육연구시설 중 연구소 · 노유자시설 중 아동관련시설 · 노인복지시설 및 수련시설 중 유스호스텔 · 운동시설 · 업무시설 · 숙박시설 · 위락시설 및 관광휴게시설 · 장례식장에 쓰이는 거실에는 배연설비를 설치해야 한다. 다만 피난층의 경우에는 설치하지 않아도 된다고 규정되어 있다.

(2) 건축물의 배연설비 기준

건축법에서 배연설비의 기술적 기준은 다음과 같다.

① 건축물에 방화구획이 설치된 경우에는 그 구획마다 1개소 이상의 배연창을 설치하되 배연창의 상변과 천장 또는 반자로부터 수직거리가 0.9 m 이내일 것. 다만 반자높이가 바닥으로부터 3 m 이상인 경우는 배연창의 하변이 바닥으로부터 2.1 m 이상의 위치에 설치하여야 한다.

② 배연창의 유효면적은 산정된 면적이 1 m^2 이상으로서 그 면적의 합계가 당해 건축물의 바닥면적(방화구획이 설치된 경우에는 구획된 부분의 바닥면적을 말한다)의 1/100 이상일 것. 이 경우 바닥면적의 산정에 있어서 거실 바닥면적의 1/20 이상으로 환기창을 설치한 거실의 면적은 이에 삽입하지 아니한다. 배연창의 유효면적의 산정기준은 그림 10.2에 나타내었다.

③ 배연구는 연기감지기 또는 열감지기에 의하여 자동으로 열 수 있는 구조로 하되 손으로도 열고 닫을 수 있도록 할 것

④ 배연구는 예비전원에 의하여 열 수 있도록 할 것

⑤ 기계식 배연설비를 할 경우에는 소방관계법령의 규정에 적합하도록 할 것

(3) 특별피난계단 및 비상용승강기의 승강장에 설치하는 경우 배연설비 기준

특별피난계단 및 비상용승강기의 승강장에 설치하는 배연설비의 구조는 다음 기준에 적합하여야 한다.

① 배연구 및 배연풍도는 불연재료로 하고, 화재가 발생한 경우 원활하게 배연시킬 수 있는 규모로서 외기 또는 평상시에 사용하지 아니하는 굴뚝에 연결할 것

② 배연구에 설치하는 수동개방장치 또는 자동개방장치(열감지기 또는 연기감지기에 의한 것을 말한다)는 손으로 열고 닫을 수 있도록 할 것

③ 배연구의 개폐상태는 평상시 닫힌 상태를 유지하고, 연 경우에는 배연에 의한 기류로 인하여 닫히지 아니하도록 할 것

④ 배연구가 외기에 접하지 아니하는 경우에는 배연기를 설치할 것

(a) 미서기창 : $H \times l$, 서기창 : $H \times l$

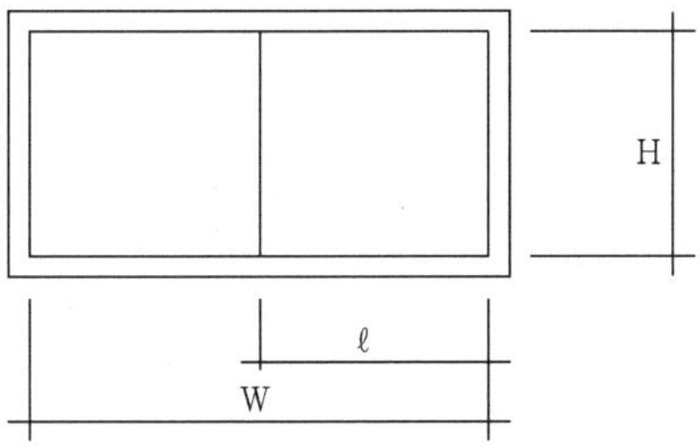

여기서, l : 미서기창의 유효폭

H : 창의 유효높이

W : 창문의 폭

(b) Pivot 창, ivot 종축창 : $H \times l'/2 \times 2$

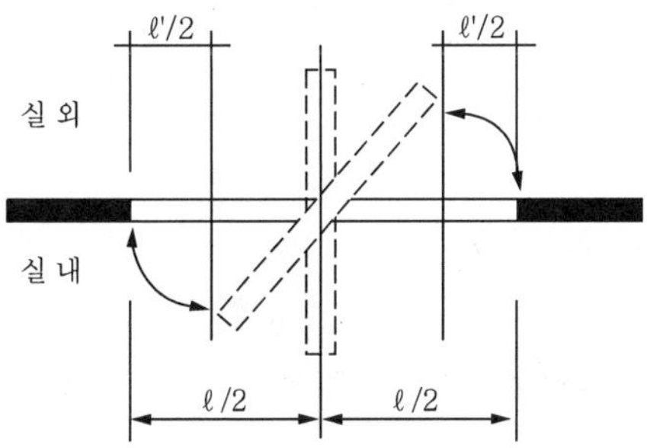

여기서, H : 창의 유효높이

l : 90° 회전시 창호와 직각방향으로 개방된 수평거리

l': 90° 미만 0° 초과시 창호와 직각방향으로 개방된 수평거리

(c) Pivot 횡축창 : $(W \times l_1) + (W \times l_2)$

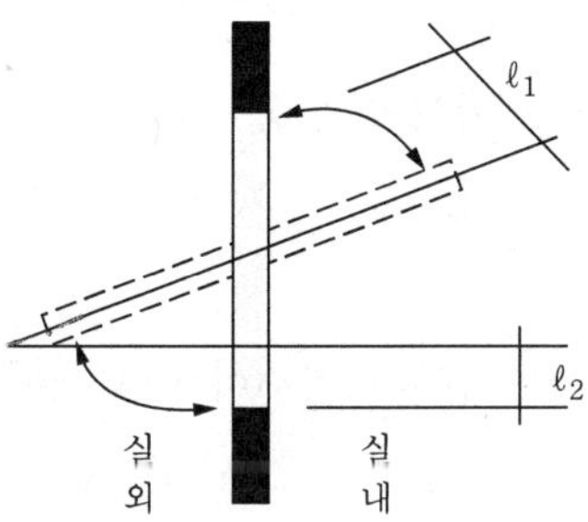

여기서, W : 창의폭

l_1 : 실내측으로 열린 상부창호의 길이 방향으로 평행하게 개방된 순거리

l_2 : 실외측으로 열린 하부창호로서 창들과 평행하게 개방된 순수 수평투영거리

(d) 들창 : $(W \times l_2)$

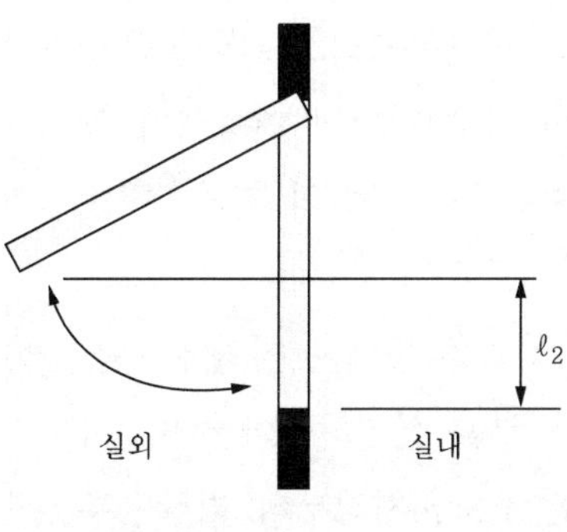

여기서, W : 창의 폭

그림 10.2 배연창의 유효면적의 산정기준

⑤ 배연기는 배연구의 열림에 따라 자동적으로 작동하고 충분한 공기배출 또는 가압능력이 있을 것

⑥ 배연기에는 예비전원을 설치할 것

⑦ 공기유입방식은 급기가압방식 또는 급・배기방식으로 하는 경우에는 소방관계법령의 기준에 적합하게 할 것

3. 피뢰설비

(1) 피뢰설비 설치대상

① 낙뢰의 우려가 있는 건축물, 높이 20 m 이상의 건축물

② 공작물이 높이 20 m 이상의 공작물
(건축물에 공작물을 설치하여 그 전체높이가 20 m 이상인 것을 포함)

(2) 피뢰설비 설치 기준

① 피뢰설비는 한국산업표준이 정하는 피뢰레벨 등급에 적합한 피뢰설비일 것. 다만, 위험물 저장 및 처리시설에 설치하는 피뢰설비는 한국산업표준이 정하는 피뢰시스템레벨 II 이상이어야 한다.

② 돌침은 건축물의 맨 윗부분으로부터 258 cm 이상 돌출시켜 설치하되 설계하중에 견딜 수 있는 구조일 것

③ 피뢰설비의 재료는 최소단면적이 피복이 없는 동선을 기준으로 수뢰부, 인하도선 및 접지극은 50 mm^2 이상이거나 이와 동등이상의 성능을 갖출 것

④ 피뢰설비의 인하도선을 대신하여 철골조의 철공구조물과 철근콘크리트조의 철근구조체 등을 사용하는 경우에는 전기적 연속성이 보장될 것. 이 경우 전기적 연속성이 있다고 판단되기 위해서는 건축물 금속구조체의 최상단부와 지표레벨 사이의 전기저항이 0.2 Ω 이하여야 한다.

⑤ 측면 낙뢰를 예방하기 위하여 높이가 60 m를 초과하는 건축물 등에는 지면에서 건축물 높이의 4/5가 되는 지점부터 최상단부분까지 측면에 수뢰부를 설치하여야 하며, 지표레벨에서 최상단부의 높이가 150 m를 초과하는 건축물은 120 m지점부터 최상단부분까지의 측면에 수뢰부를 설치할 것

⑥ 접지는 환경오염을 일으킬 수 있는 시공방법이나 화학첨가물 등을 사용하지 아니할 것
⑦ 급수·급탕·난방·가스 등을 공급하기 위하여 건축물에 설치하는 금속배관 및 금속제 설비는 전위가 균등하게 이루어지도록 전기적으로 접속할 것
⑧ 전기설비의 접지계통과 건축물의 피뢰설비 및 통신설비 등의 접지극을 공용하는 통합 접지공사를 하는 경우에는 낙뢰 등으로 인한 과전압으로부터 전기설비 등을 보호하기 위하여 KS에 적합한 서지보호장치를 설치할 것

참고 : 서지보호장치(SPD)

전력계통의 전원선, 통신선, 신호선 등의 도체를 통하여 발생, 침입되는 과도 이상 전압을 Surge라 하며 Surge의 침입으로 인하여 전기기기, 전자부품의 파손, 소프트웨어의 오작동 등 많은 피해가 초래되고 있으므로 이러한 장비들을 보호하기 위하여 서지보호장치 (Surge Protector Device : SPD)가 필요하다.

참고 : SPD의 필요성

① 기계자체에서 발생되는 과도이상 전압
각종 대·소형의 유도전동기, pump, compressor 등의 운전 기동 및 정지시에 발생되는 서지, 전기 기계 구동시, 스위치의 on, off로 인한 개폐서지, 계통 고장 서지 발생한다(지락, 순간정전).
② 낙뢰에 의해 발생되는 서지 전압(직격뢰, 유도뢰)
직격뢰는 지상에 존재하는 구조물, 전자장비의 안테나, 가스관 또는 급수관 등에 직접 떨어지는 현상으로, 대단히 큰 뇌격 전류의 에너지 전체가 지상에 유입됨으로써 국지적인 대지의 전위 상승을 수반하고 극심한 파괴력을 동반한다. 반면 간접뢰는 낙뢰가 장비를 포함하고 있는 건축물로 인입되는 전력선 또는 신호/통신회로를 통해 건축물로부터 거리가 떨어진 곳으로부터 뇌 방전 에너지가 외부인입선을 따라 장비로 침입하는 경우로 직격뢰에 비해 뇌격전류 에너지는 적은 편이나 뇌 서지의 대부분을 차지하고 있다.

소방관련 기계 일반

P·A·R·T

5

Chapter 11 기계와 기계설비

1. 기계의 정의

기계는 힘의 작용을 받아서 파괴되거나 변형되지 않은 몇 개의 저항물체의 집합이며, 상호간에 일정한 관계운동을 하도록 조립되어 외부에서 에너지를 받아서 유용한 일을 하는 물건을 말한다.

2. 기계의 필요조건

① 기계는 상호운동을 하는 몇 개의 저항력이 있는 물체의 집합체일 것
② 구성부는 외력에 의하여 파손되거나 변형되지 않는 강도를 지닐 것
③ 각 구성부분의 상호운동은 항상 구속되어 있을 것
④ 받은 에너지를 변환하여 더 유용한 에너지 형태로서 기계적인 일을 할 것

3. 기계설비의 정의

작업을 하기 위해 필요한 기계와 기타 절삭유 공급장치, 전원, 기계에서 발생되는 분진 등의 제거를 위한 국소배기시설, 조명 등이 모두 합쳐진 기계동작을 위한 시스템 전체를 말한다.

4. 기계의 분류

기계를 용도별로 분류하면 다음과 같다.

(1) 공작기계

선반(lathe), 드릴링머신(drilling machine), 밀링머신(millinf machine), 연삭기(grinding)

(2) 금속가공기계

프레스기(press), 절단기(cutting machine), 용접기(welder) 등

(3) 제철제강기계

압연기(roller), 인발기, 제강로, 열처리로 등

(4) 전기기계

차단기, 발전기, 전동기 등

(5) 열, 유체기계

보일러(boiler), 내연기관, 펌프, 공기압축기(compressor), 터빈(turbine) 등

(6) 섬유기계

제면기, 제사기, 방적기 등

(7) 목공기계

목공선반, 목공용 둥근톱기계, 기계대패, 띠톱기계 등

(8) 건설기계

불도저, 페이로더, 그레이더, 포장기계, 준설기 등

(9) 화학기계

저장탱크 및 화학플랜트, 증류탑, 열교환기 등

(10) 운반하역기계

지게차, 양중기, 컨베이어, 엘리베이터 등

Chapter 12 소방기계요소

1. 결합용 기계요소

1-1 나사(screw)

소방용 기계설비에서 각종 배관의 체결, 밸브 등 부속품의 체결 등에 사용되는 나사는 여러 부품을 결합할 때 쓰이고 있으며, 이동용 기계 기구로도 쓰인다. 나사에는 나사산이 원통 바깥 표면에 있는 수나사(볼트)와 빈 원통의 안쪽에 있는 암나사(너트)로 구별되며, 수나사와 암나사는 반드시 짝을 이룬다. 또한 나사는 이동방향에 따른 오른나사와 왼나사로 구별되며, 일반적으로 오른나사가 많이 사용된다.

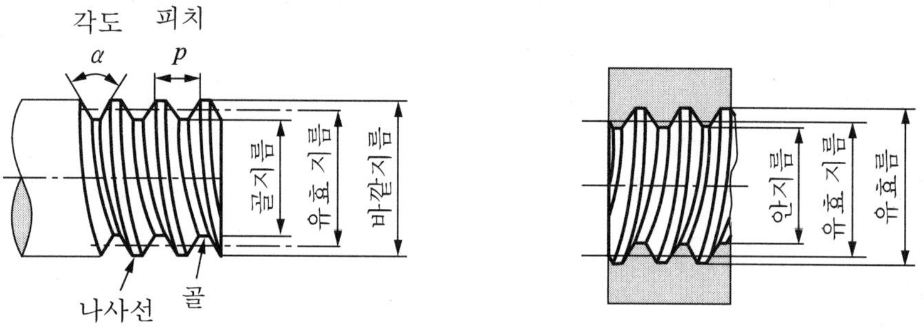

그림 12.1 수나사(좌)와 암나사(우)

그림 12.2 오른나사(좌)와 왼나사(우)

그림 12.3은 피치와 리드를 나타낸 그림이다. 서로 인접한 나사산과 나사산 사이의 축방향의 거리를 피치(pitch)라고 하고, 나사를 한 바퀴 회전시킬 때 축방향으로 이동한 거리를 리드(lead)라 한다. 일반적으로 사용되는 나사는 하나의 나사산을 감아서 만들어진 한 줄 나사이지만, 리드를 크게 하고 회전수를 적게 하고자 할 때에는 여러 줄 나사를 사용한다.

나사의 종류는 삼각나사, 사각나사, 사다리꼴나사, 둥근나사, 톱니나사, 배관용나사, 볼나사가 있다.

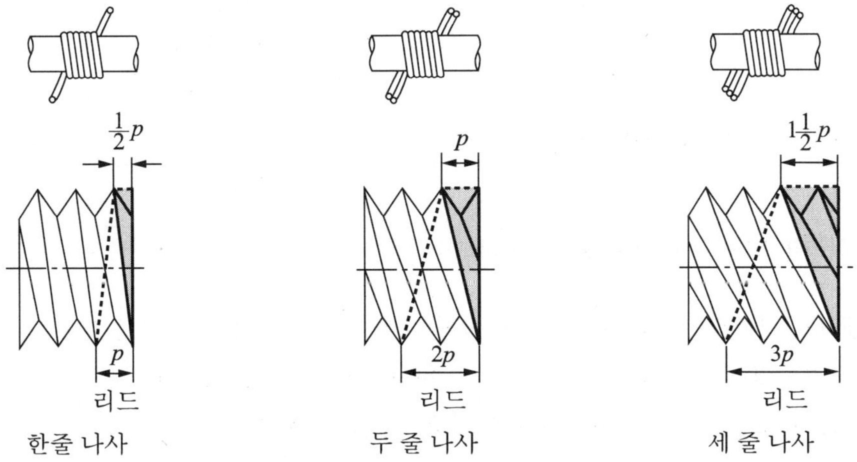

그림 12.3 여러 줄 나사

(1) 삼각나사(triangular thread)

삼각나사는 나사산의 모양이 삼각형인 것으로 주로 체결용으로 사용되며 지름을 mm로 표시하는 미터나사, 인치를 사용하는 유니파이나사가 있다. 나사산의 각도는 60°이고, 나사산의 모양도 같다.

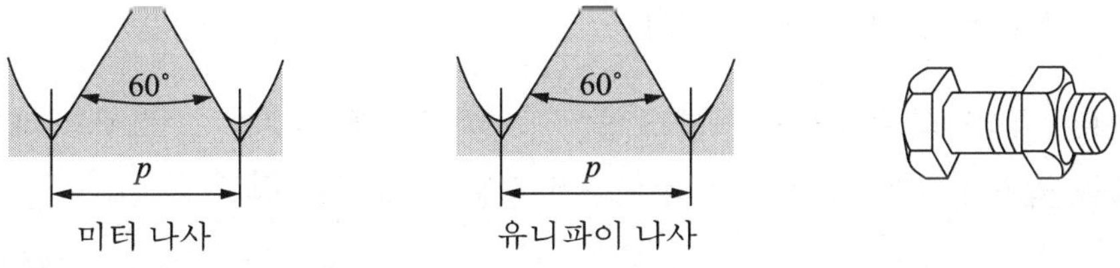

그림 12.4 삼각나사와 적용 예

(2) 사각나사(square thread)

사각나사는 산의 모양이 4각으로 되어있어 삼각나사에 비하여 마찰이 적으므로 선박의 이송나사나 바이스(vice), 잭(jack), 프레스 등과 같은 힘을 전달하는 기구에 많이 사용된다.

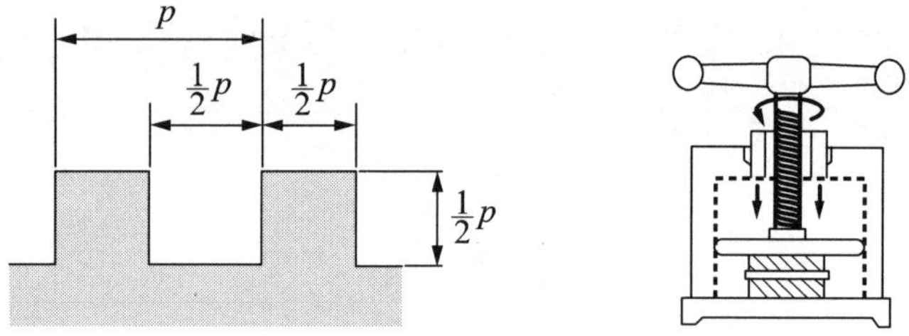

그림 12.5 사각나사와 적용사례

(3) 사다리꼴 나사(trapezoidal thread)

일명 애크미 나사라고 불리며, 추력(thrust)을 전달시키는 운동용 나사로 많이 쓰이고 가공이 쉽다. 선반, 밀링 등 공작기계의 이송 및 운동용으로 많이 사용된다.

※ 추력(thrust) : 회전축과 회전체의 축방향에 작동하는 외력

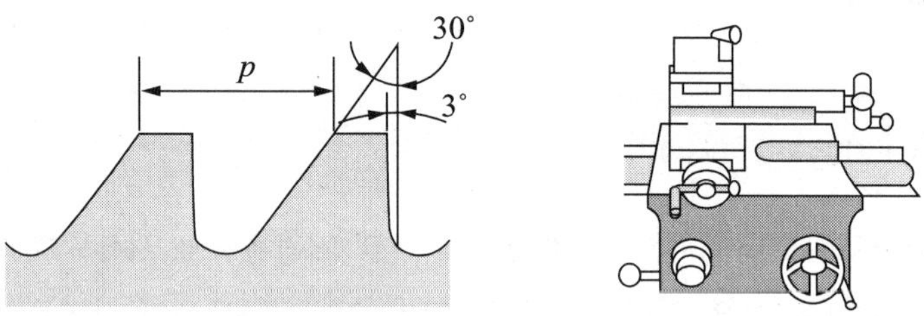

그림 12.6 사다리꼴 나사의 단면과 적용사례

(4) 둥근나사(knuckle screw thread)

둥근나사는 나사산의 봉우리와 골의 모양이 둥근나사로서 전구와 그 소켓의 나사에 사용되며 충격을 받거나 먼지, 모래 등이 들어가기 쉬운 곳에 사용된다.

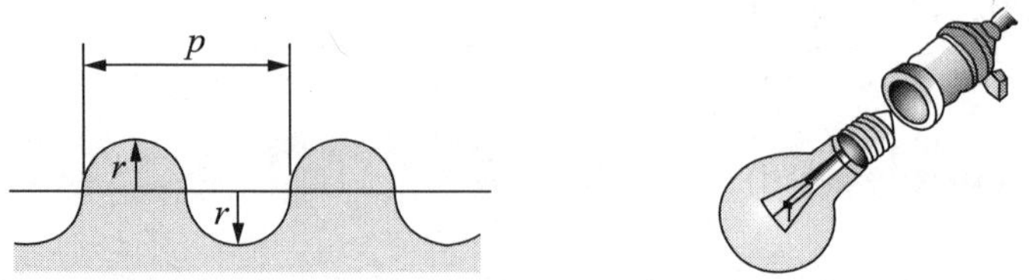

그림 12.7 둥근나사와 적용사례(전구)

(5) 톱니나사(buttress thread)

이 나사는 압착기 등과 같이 압력의 방향이 항상 일정할 때 사용하는 나사로서 압력 쪽은 사각나사, 반대쪽은 삼각나사로 깎아서 이들의 장점을 모두 갖춘 나사이다.

(6) 배관용 나사(pipe thread)

이 나사는 파이프를 연결할 때 쓰이는 나사로서 배관용 평행나사와 배관용 테이퍼 나사가 있다.

1-2 볼트(bolt)

볼트는 나사를 응용한 결합용 기계요소로서 주로 너트와 함께 사용되며, 조립과 분해가 쉬워 기계부품의 결합용으로 가장 널리 사용된다.

(1) 관통볼트(through bolt)

결합하고자 하는 2개의 부품에 구멍을 뚫고 여기에 머리가 붙은 볼트를 관통시킨 다음, 너트로 조여서 2개의 부품을 조립한다. 일반적으로 볼트라고 말한다.

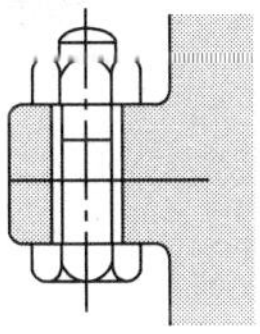

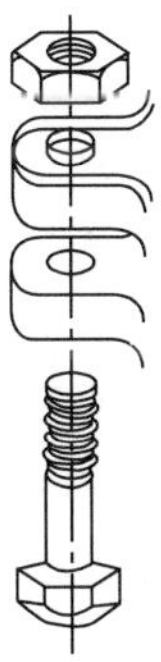

그림 12.8 관통볼트

(2) 탭 볼트(tap bolt)

치수는 관통볼트와 같지만 볼트 구멍을 관통할 수 없는 경우에는 너트를 사용할 수 없으므로 체결부품에 암나사를 내어 체결할 수 있도록 한 것이며 관통볼트를 사용하기 곤란한 경우에 사용한다.

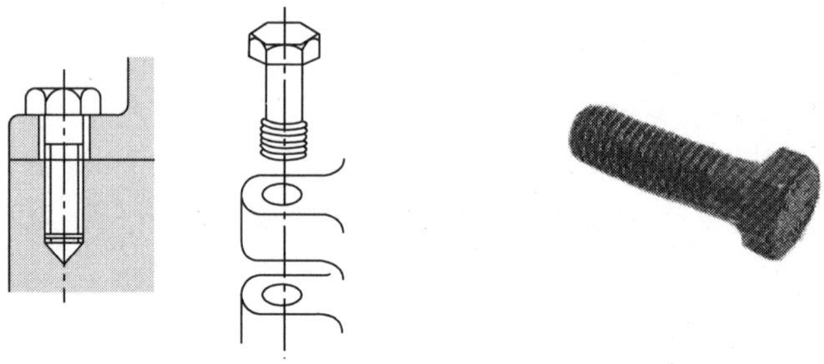

그림 12.9 탭 볼트

(3) 스터드 볼트(stud bolt)

원형봉의 양단에 나사를 가공한 것으로서 볼트의 머리가 없고 한 쪽은 탭볼트의 형태와 같고 한 쪽은 머리가 없는 대신 나사부에 너트를 끼워서 죌 수 있도록 한 볼트

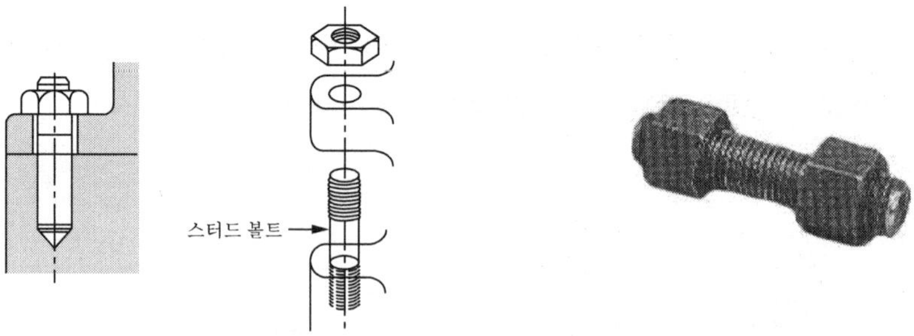

그림 12.10 스터드 볼트

(4) 기초볼트(foundation anchor bolt)

기초볼트는 모두 한쪽 끝을 콘크리트가 굳기 전에 콘크리트 속에 집어넣어 튼튼하게 묻히든지 하든지 콘크리트 벽에 드릴로 구멍을 뚫어 구멍에 기초 볼트를 끼우고 나사를 조여 고정시키는 형태의 기초볼트도 있다. 위쪽 나사부에는 기계장치나 부품을 설치하여 너트로 죄어 고정시킨다.

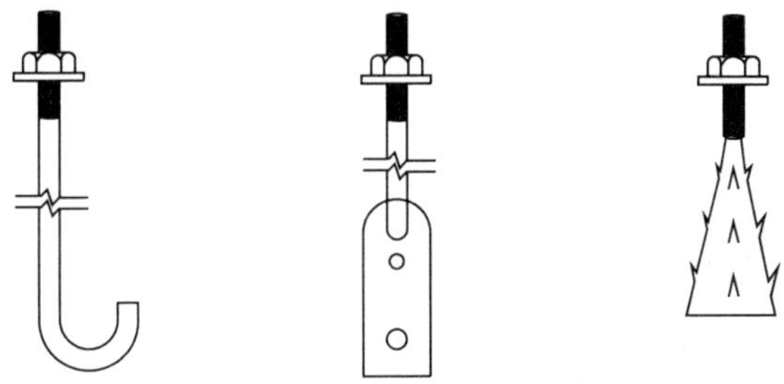

(d) 스트롱 앙카 볼트

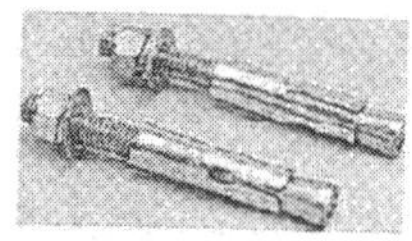

(a) 고리 볼트 (b) 주걱 볼트 (c) 가시 볼트 (e) 세트 앙카 볼트

그림 12.11 앵카 볼트

(5) 아이볼트

볼트의 머리가 고리모양으로 후크를 걸 수 있도록 하여 물건을 달아 올리거나 운반할 때 주로 사용되며 운반할 물체에 체결되어 있다. 소방에서는 스프링클러 설비 배관 등의 고정 지지용으로 사용된다.

그림 12.12 아이 볼트

(6) 기타 여러 가지 볼트

아이볼트를 대신할 수 있는 유볼트, 장비 등의 높이를 조절할 수 있는 레벨볼트, 물체를 걸 수 있도록 만든 경첩볼트, 공구를 사용하지 않고 손으로 죌 수 있는 나비볼트 등이 있다.

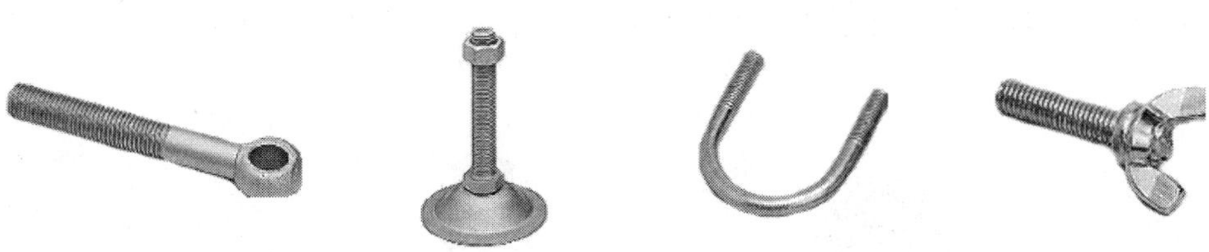

(a) 경첩 볼트 (b) 레벨 볼트 (c) U 볼트 (d) 나비 볼트

그림 12.13 사각너트

1-3 너트(nut)

(1) 사각너트(square nut)

너트의 머리모양이 사각이며 주로 목재에 많이 쓰인다.

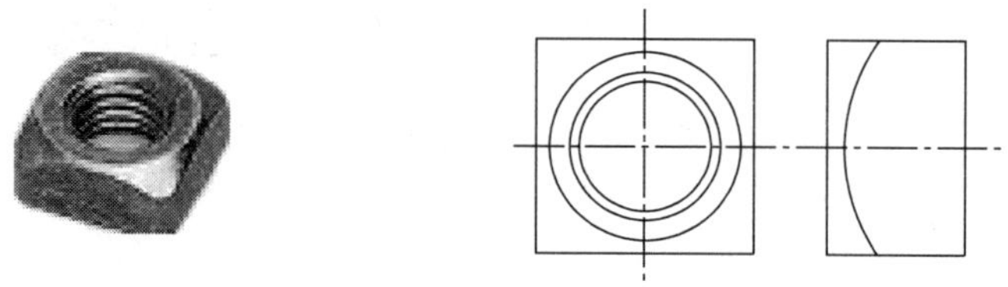

그림 12.14 사각너트

(2) 둥근너트(circular nut)

둥근너트는 어떤 제품이나 장치의 구조상 너트의 높이를 작게 해야 할 경우 또는 육각너트를 사용할 수 없을 경우에 사용되며, 둥근너트는 훅 스패너(hook spanner)와 같은 특수한 스패너를 사용해야 한다.

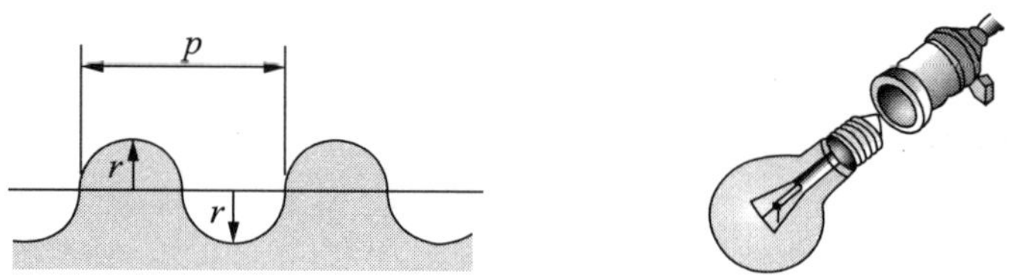

그림 12.15 둥근너트

(3) 플랜지 너트(flange nut)

플랜지 너트는 볼트 구멍이 클 때, 접촉면이 거칠 때, 또는 큰 변압을 피하려고 할 때 쓰인다.

그림 12.16 플랜지 너트

(4) 캡너트(cap nut)

일명 봉투너트라고도 하며 나사의 구멍이 관통되지 않았으므로 내부의 유체가 새어 나오는 것을 방지하는 너트이다.

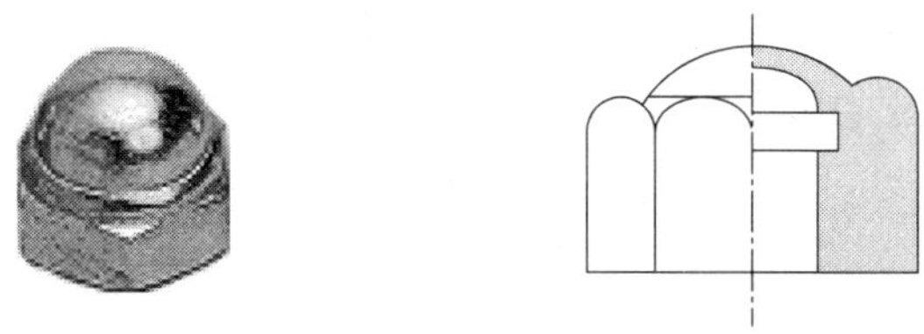

그림 12.17 캡너트

(5) 아이너트(eye nut)

머리에 링이 달린 너트로서 무거운 물체를 달아 올리는 데 쓰인다.

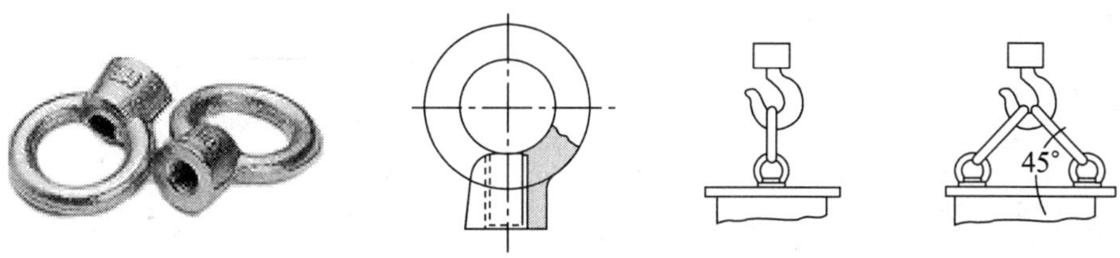

그림 12.18 아이너트

(6) 나비너트(fly nut)

많은 힘을 받지 않은 곳에 사용되며 손으로 너트를 돌려서 조일 수 있도록 되어 있다.

그림 12.19 나비너트

2. 배관(Pipe)에 관한 기계요소

2-1 관의 종류와 용도

관은 주로 물, 기름, 증기, 가스 등 유체를 수송하는 데 쓰인다. 관을 연결하거나 방향을 바꾸려면 관이음이 필요하며, 유체의 흐름을 조절하거나 정지시키기 위해서 밸브나 콕이 필요하다. 또 관은 구조물의 부재나 전선의 보호관으로도 사용된다. 수도파이프, 가스파이프 등에는 강철관, 주철관, 연관 등이 사용되고 화학약품용에는 황동관, 비닐 파이프 등이 사용된다.

(1) 배관용 강관

① 배관용 탄소강관(carbon steel pipe for ordinary piping : SPP)

사용압력이 비교적 낮은(10 kg/cm^2 이하) 물, 증기, 가스, 기름, 공기 등의 배관에 사용하며 가스관이라고도 한다. 일반용 탄소강 강관(SPP)에 아연도금량이 400 g/m^2 이상인 것을 백관이라고 하고 1차 방청도장한 것을 흑관이라고 한다.

종류의 기호	인장시험		
	인장강도(kg$_f$/mm^2) [N/mm^2]	연신율(%)	
		11호 시험편 12호 시험편	5호 시험편
		세로방향	가로방향
SPP	30(294 이상)	30 이상	25 이상

② 수도 배관용 아연도 강관(galvanized steel pipe for service : SPPW)

배관용 탄소강관(SPP)의 흑관에 아연 도금을 한 관으로서 사용수두 100 m 이하의 수도배관에 주로 사용한다. 배관용 탄소강관의 백관은 아연 도금량(400 g/m^2)이 적어 아연층이 얇기 때문에 관 내부에 산화막이 생기기 전에 아연이 물에 용해되어 없어지므로 비교적 빨리 부식된다.

③ 압력 배관용 탄소강관(carbon steel pipe for pressure service : SPPS)

압력 배관용 탄소강관은 온도 350℃ 이하에서 압력 10 kg/cm^{2}까지 작용하는 보일러 증기관, 유압관, 수압관 등에 사용된다. 관 제조방법은 이음매 없는 것과 전기저항 용접으로 제조하며, 관의 바깥지름은 탄소강관의 바깥지름과 같다. 관의 호칭은 호칭지름 및 두께로 나타내며 두께는 스케줄번호(schedule number)로 나타낸다. 호칭지름은 6~650A까지 있으며 스케줄 번호에는 Sch. 10, 20, 30, 40, 60, 80 등이 있는데 이 번호가 커질수록 관의 두께가 두꺼워진다.

스케줄 번호는 다음 식으로 구한다.

$$\text{스케줄 번호(Sch. No)} = 10 \times P/S$$

여기서, P : 사용압력(kg/cm^2)

S : 허용응력(kg/mm^2) = (인장강도 / 안전율)

④ **배관용 아크용접 탄소강관**(electric arc welded carbon steel pipe : SPW)

배관용 탄소강관과 같이 비교적 사용압력이 낮은 증기, 물, 기름, 가스, 공기 등에 사용하기 적당한 관으로서 일반 수도관이나 가스수송관으로 많이 사용된다.

(2) 주철관(cast iron pipe)

주철관은 강철관에 비하여 약하나 값이 싸고, 내압성과 내마모성이 우수하며, 특히 강관에 비하여 내식성, 내구성이 뛰어나 수도용급수관, 가스 지하매설용 공급관, 광산용 양수관, 화학공업용 배관, 통신용 지하매설관, 건축물의 오배수관 등에 널리 사용된다.

(3) 동 및 동합금관(copper-pipes and copper alloy pipe)

동은 전기, 빛, 열의 전도율이 좋고 녹슬지 않으며, 전성과 연성이 풍부하여 가공이 용이하다. 관, 봉 등으로 제조되어 전기재료, 열교환기, 복수기, 급수가열기, 증발기 등에 널리 사용되고 있다.

순도가 높은 동은 지나치게 연하여 기계적 성질이 강하지 못하므로 아연, 주석, 규소, 니켈 등의 원소를 첨가하여 내열성, 내식성을 증가시킨 황동, 청동 등의 동합금관이 있다.

(4) 스테인리스 강관(stainless pipe)

약 12% 이상의 크롬을 포함한 내충성이 큰 합금강이다. 소방용수, 수도 물 등의 오염으로 인해 배관의 부식되어 배관의 수명이 짧아지고 이로 인해 발생하는 사고가 많아지고 있기 때문에 내식성이 우수한 스테인리스 강관을 건축설비용 배관으로 사용하는 빈도가 점점 높아지고 있다.

스테인리스강은 전혀 녹슬지 않는다는 것이 아니라 보통 철강에 비해 그다지 녹슬지 않는다는 표현이 정확하다. 그러나 염산 등에는 크롬을 첨가한 산화피막에 의한 방호효과가 없으므로 염산 등에 대해서는 내식성이 없다. 또한 오스테나이트강은 염소이온이 있는 환경 하에서는 응력부식이 일어나는 결점이 있다.

(5) 염화비닐관

산, 알칼리, 기름 따위에 침식을 당하지 않고 녹슬지 않으며, 전기절연성이 크고 잘 타지 않는다. 가볍고, 유량이 크며 가공과 배관공사도 간단하므로 많이 사용된다.

3. 관과 튜브

(1) 파이프(pipe)

관 벽의 두께가 두꺼워 나사를 내어 관이음을 할 수 있다. 관의 굵기는 호칭지름으로 나타낸다. 호칭지름은 관의 굵기에 따라 일정한 등분으로 나누어져 있으며, 관의 안지름을 기준으로 한다. 따라서 파이프의 바깥지름은 항상 호칭지름보다 크다. 관이음 부속품도 호칭지름으로 표시되며, 파이프이 동일 호칭지름에 맞도록 제작하여 국제적으로 표준화하고 있다. 압력관의 경우 관벽의 두께를 스케줄 번호로 표시한다. 주로 수도관, 가스관, 급배수관, 소방용수관, 증기관, 냉온수관 등의 유체수송용으로 이용된다.

(2) 튜브(tube)

파이프는 유체수송용으로 사용되나 튜브는 열교환을 목적으로 사용되며, 고압이나 고하중을 받는 용도가 아니기 때문에 파이프에 비해 두께가 얇게 제작되어 나사를 내어 이음을 할 수 없다. 주로 비철금속이나 비금속관에 사용되며 호칭지름 없이 바깥지름으로 관의 굵기를 나타낸다. 주로 열교환기 튜브, 보일러 튜브, 냉각관 등의 관의 내·외면에서 열교환을 목적으로 사용하거나 계측기 배관, 압축기, 냉동기 같은 장치 내의 배관용으로 사용된다. 튜브의 장점은 작업이 쉽고, 가볍고, 구부릴 수 있고, 배관 작업 시 파이프에 비해 누설의 위험이 적다는 것이다. 다음 표는 파이프와 튜브의 차이를 비교한 것이다.

구 분	파이프	튜브
용 도	유체를 수송하는 것이 목적	관의 내·외면에서의 열교환을 목적
사용 예	가스관 급수관 증기관 슬러리관(slurry pipe)	보일러 튜브 과열기 튜브 열교환기관 냉각관
치 수	호칭치수 사용 (실제외경치수와 다름)	외경으로 호칭
길 이	난척의 것이 많음	정척의 것이 많음
관이음	나사 또는 용접	익스펜딩(expanding), 플레어링(flaring) 용접

(3) 관이음

① 나사식 관이음쇠

나사식 관이음쇠는 각종 배관 공사에 사용되며 재료는 가단주철, 주강, 스테인리스강, 구리합금 및 PVC 등이 있다. 관이음쇠의 크기는 관의 호칭으로 나타낸다.

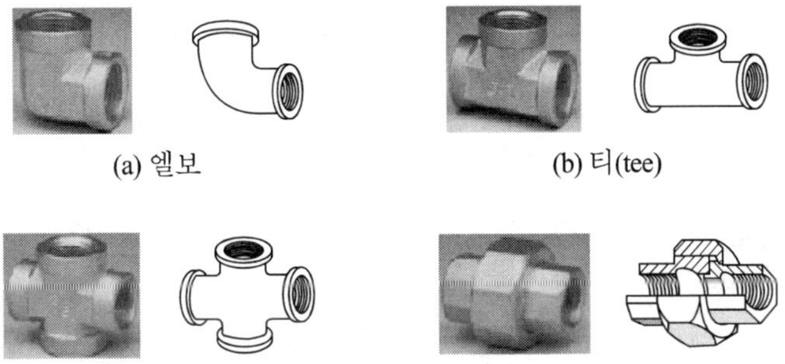

(a) 엘보 (b) 티(tee) (c) 크로스 (d) 유니언

그림 12.20 각종 나사식 관 이음쇠

② 플랜지 이음

관과 관 또는 관과 밸브 등을 접속할 때, 배관 위치에 이상이 생겼을 때에 그 부분을 간단히 떼어 낼 수 있도록 한 관 이음의 일종이다. 관 플랜지 이음은 그림과 같이 평면 시트의 금속판, 소위 플랜지를 관단에 부착하고 플랜지의 사이에 가스킷을 끼어 넣어 볼트나 너트에 의해 체결하는 이음이다. 관의 지름이 크거나 유체압력이 큰 경우에 사용되며, 파이프라인이나 밸브, 펌프, 열교환기 등 각종 기기의 자주 분해 조립할 필요가 있을 경우 편리하다.

※ 가스킷(gasket) : 금속이나 그 밖의 재료가 서로 접촉할 경우, 접촉면에서 가스나 물이 새지 않도록 하기 위해 끼워 넣는 패킹

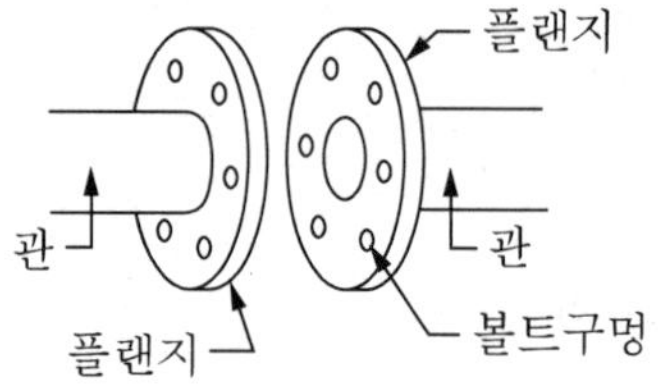

그림 12.21 플랜지 이음

③ 신축형 관 이음

고온의 유체를 수송하는 관 또는 기후의 변동이 심한 지역에 설치한 관은 열 변동에 따라 길이가 변화한다. 관속을 흐르는 유체의 온도와 관벽에 접하는 외부 온도의 변화에 따라 관은 팽창 또는 수축한다. 이때 신축의 크기는 관의 길이와 온도의 변화에 직접 관계가 있으며, 관의 길이 팽창은 일반적으로 관지름의 크기에는 관계가 없고 길이에만 영향이 있다. 강관의 경우 철의 선팽창계수($= 1.2 \times 10^{-5}$)에 따라 온도차 1℃일 때 1 m당 0.012 mm만큼 신축하게 된다. 따라서 직선거리가 긴 배관에는 관 접합부나 기기의 파손이 생길 염려가 있다. 이러한 사고를 예방하기 위하여 배관의 중간에 신축형 관이음을 설치한다.

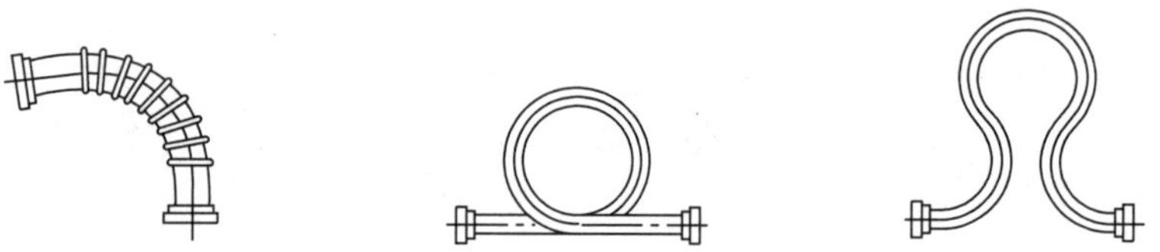

(a) 주름 밴드 (b) 원 밴드 (c) 양쪽 편중 U 밴드

그림 12.22 신축형 관이음

4. 밸브(Valve)와 스트레이너(Strainer)

물이나 기름, 가스와 같은 유체의 이동 통로인 관(파이프) 중간에 설치하여 유체의 양이나

흐르는 방향, 압력 등을 조절할 수 있도록 하는 장치이다. 목적에 따라 여러 가지 종류가 있는데, 수도꼭지처럼 유체의 차단 장치로 많이 사용되는 스톱 밸브, 원판 모양의 밸브로 유량을 제어하는 슬루스 밸브, 한쪽 방향으로만 유체의 흐름을 제어하는 체크 밸브, 유체의 압력을 제어하고 유지할 수 있는 감압 밸브, 가스 콕처럼 기체의 차단과 방향을 제어할 수 있는 콕 등이 있다. 밸브의 재료는 유체의 종류나 압력의 크기에 따라 청동, 주철 그리고 합금강 등이 사용된다.

스트레이너는 유체 속에 포함된 고형물을 제거하여 기기 등에 이물질이 유입하는 것을 방지하는 장치의 총칭으로 증기 배관이나 수 배관 계통에 있어서 일반적으로는 철망으로 된 통이 사용되며, 그림과 같이 Y형 스트레이너 및 철망통을 U자형으로 배치한 U형 스트레이너가 일반적이다. 철망통은 자주 제거하여 청소를 하지 않으면 그물이 막혀버려 저항이 커지게 된다. 스트레이너는 용도에 따라 각각 알맞은 형상의 것을 만들고 있다.

(1) 정지밸브(stop valve)

스톱밸브는 밸브 몸체가 밸브 봉에 의해서 밸브 자리에 직각인 방향으로 작동하는 밸브의 총칭이며, 일반 배관용의 차단장치로서 사용된다. 폐쇄를 확실하게 할 수 있고, 비교적 가격이 저렴하여 널리 이용되는 밸브이다.

① 글로브 밸브(glove valve)

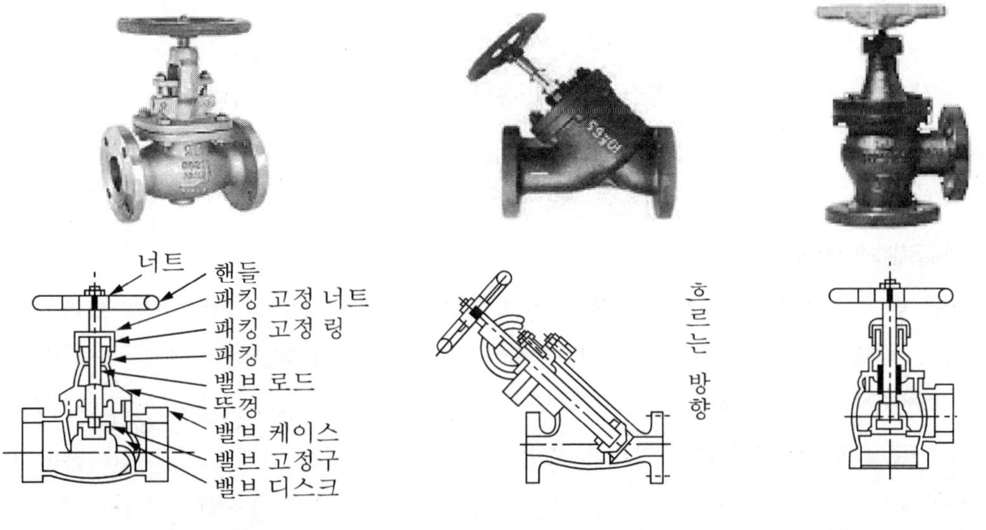

(a) 글로브 밸브 (b) Y형 글로브 밸브 (c) 앵글 글로브 밸브

그림 12.23 글로브 밸브

글로브 밸브는 유체가 밸브 디스크 아래로부터 유입되어 밸브 시트의 사이를 통해 흐르게 되어 있어 유체의 흐름이 갑자기 바뀌기 때문에, 유체에 대한 저항은 크나 개폐가 쉽고 유량 조절이 용이하다. 앵글 글로브 밸브는 유체의 흠의 방향을 90° 바꿀 경우 사용한다.

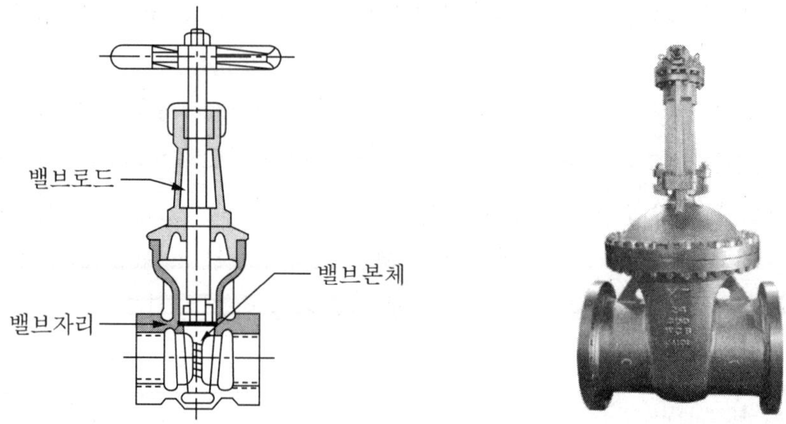

그림 12.24 게이트 밸브

② 슬루스 밸브(sluice valve)

게이트 밸브(gate valve)라고도 하며, 유체의 흐름을 단속하는 대표적인 밸브로서 배관용으로 가장 많이 사용된다. 밸브를 완전히 열면 휴체 흐름의 단면적 변화가 없어서 마찰 저항이 없다. 그러나 리프트가 커서 개폐에 시간이 걸리며 또한 밸브를 절반 정도 열고 사용하면 와류가 생겨 유체의 저항이 커지기 때문에 유량 조절이 적당하지 않다.

따라서 슬루스 밸브는 고압, 고속으로 유량이 많을 때, 즉 발전소의 도입관 또는 상수도의 주관 등과 같이 지름이 큰 것으로 밸브를 자주 개폐할 필요가 없을 때 사용한다.

③ 체크밸브(check valve)

유체를 한 쪽 방향으로만 흐르게 하기 위한 역류 방지용 밸브이다. 대부분은 외력을 사용하지 않고 유체자체의 압력으로 조작된다. 밸브구조에 따라 리프트형, 스윙형, 풋형 및 소방강바송수장치에 많이 사용되고 있는 스모렌스키 체크밸브 등이 있다. 스모렌스키 체크밸브는 펌프가 작동을 시작하면 유체의 압력은 그림 12.26의 ⓐ를 통해 디스크 ②를 밀어올려 ⓑ를 통과하여 출구 ⓒ로 유출한다. 펌프의 작동이 정지되면 상승압은 감소되어 역류로 전환하려는 순간에 스프링 ①과 완충제 ④의 조합된 힘으로 디스크 ②는 완전히 몸체 시트 ③에 밀착된다. 이러한 작용에 의하여 순간적으로 폐쇄되어 역류나 워터해머와 같은 현상이 발생하지 않는다.

※ 워터해머(water hammer) : 배관 중의 밸브를 급속히 폐쇄하면 관 속의 물의 유속은 0이 되나 유속에너지가 압력에너지로 변하여 강한 충돌파가 되면서 배관, 밸브를 진동시켜 생기는, 해머로 치는 듯한 소음이 생기는 현상

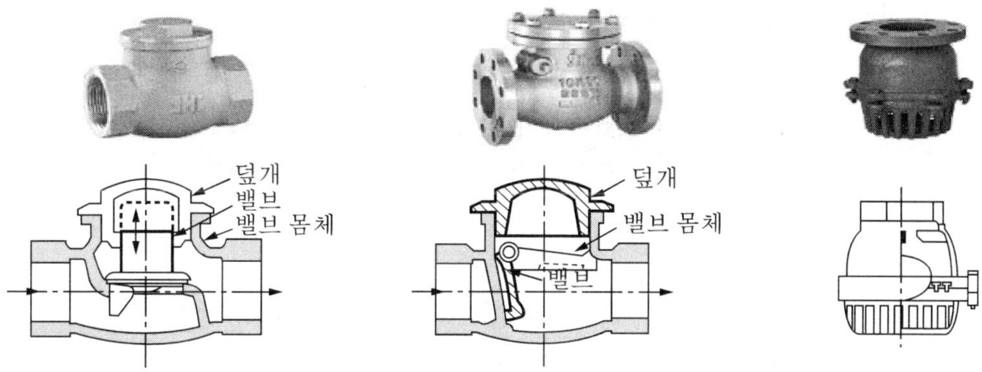

(a) 리프트형 (b) 스윙형 (c) 풋형

그림 12.25 체크밸브의 종류

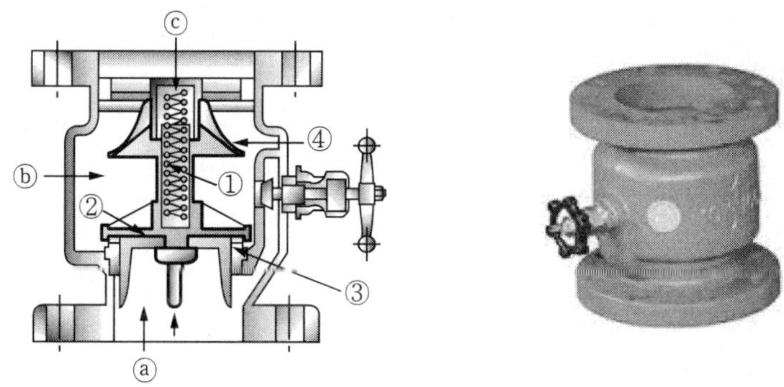

그림 12.26 스모렌스키 밸브

④ 콕(cock)

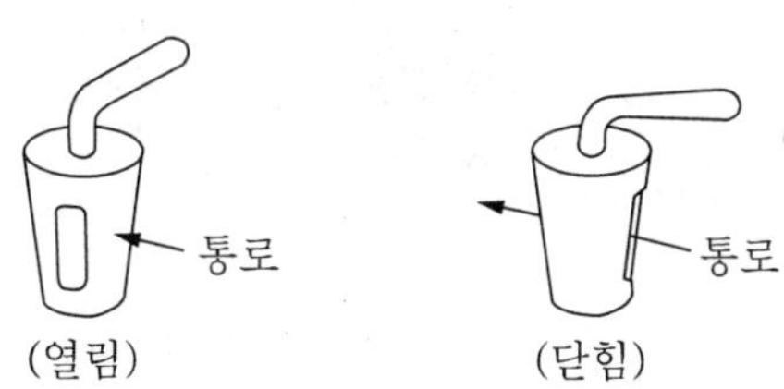

그림 12.27 콕

콕은 원통 또는 원뿔의 프러그를 90° 회전시키면 완전히 막히거나 열리게 되어있어 개폐 조작이 간단하다. 또 콕은 정지밸브보다 지름이 작아서 유량이 작고 저압일 때 사용한다.

(2) 조정밸브(control valve)

① 감압밸브(pressure reducing valve)

유체의 압력을 감소시키는 밸브로서 증기 압력을 감압할 때 사용된다. 기체·액체를 통과시킬 때 밸브 입구의 압력을 일정 압력까지 감압해서 출구로 보내는 밸브로서, 벨로오즈나 다이어 프램에 가해지는 압력과 스프링의 장력 등에 의해 밸브가 개폐된다. 고압유체의 압력을 낮추거나 정압력으로 유지할 때 사용한다.

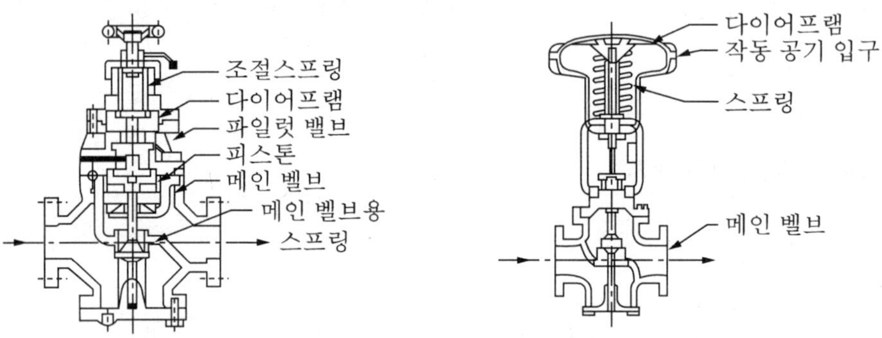

(a) 파일럿 자력 작동식 감압 밸브 (b) 타력식 다이어프램형 감압 밸브

그림 12.28 감압밸브 종류

② 안전밸브(safety valve)

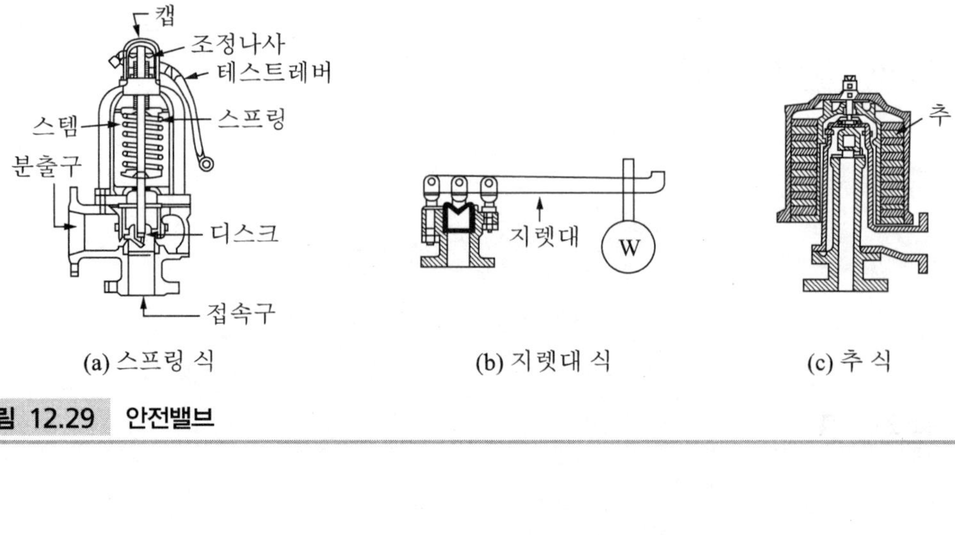

(a) 스프링 식 (b) 지렛대 식 (c) 추 식

그림 12.29 안전밸브

압력용기나 배관의 압력이 일정한 압력을 넘었을 경우에 자동적으로 작동하여 관 또는 용기 안의 압력이 규정한도 이상으로 되면 밸브가 개방되어 용기 속의 압력을 항상 일정한 수준으로 유지해주고, 또 보일러 내부압력이 최고사용압력에 도달했을 경우 자동적으로 작동해서 증기를 뿜어내어 압력의 상승을 방지하는 밸브를 말한다.

③ 전자밸브(solenoid valve)

전자밸브는 화대감지기, 온도조절기, 압력조절기 등의 신호 전류를 받아 전자코일의 전자력을 이용하여 자동적으로 밸브를 개폐시키는 것으로서 증기, 물, 연료, 냉매 등의 물질 용도에 따라 밸브의 구조가 다르다.

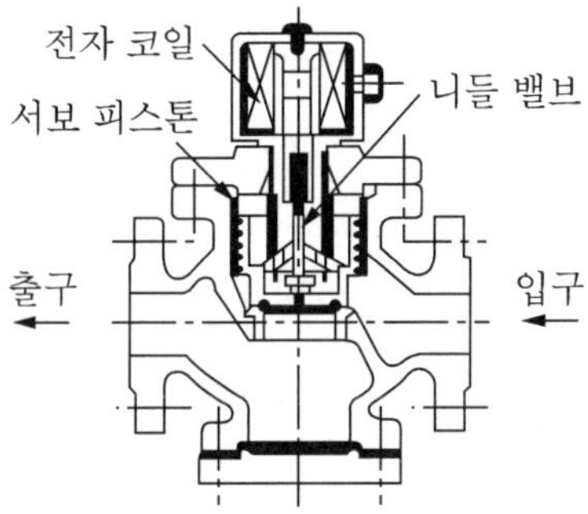

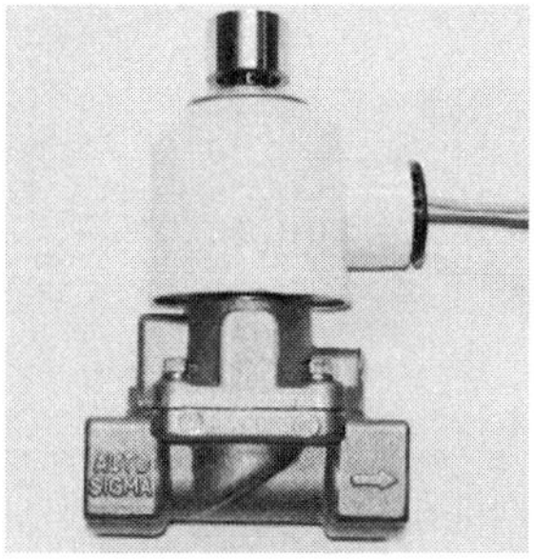

그림 12.30 전자밸브

④ 볼밸브(ball valve)

구형 밸브라고도 하며 구멍이 뚫리고 활동하는 공모양의 몸체가 있는 밸브로서 비교적 소형이며 핸들을 90°로 움직여 개폐하므로 개폐시간이 짧아 가스 배관 등에 많이 사용된다.

(a) 내부 구조

(b) 외형

그림 12.31 볼 밸브

(3) 스트레이너(strainer)

스트레이너는 여과기라고 하며, 밸브나 기기 등의 앞에 설치하여 배관 내에서 이동하는 유체에 섞여 있는 모래, 쇠 부스러기 등의 이물질을 제거하여 기기를 보호하는 기구이다. 스트레이너의 여과망이 막히면 유체의 흐름이 원활하지 않으므로 주기적으로 청소를 하여야 한다. 종류로는 Y형, U형, V형이 있다.

(a) Y형 스트레이너 (b) U형 스트레이너 (c) 코일 여과망

그림 12.32 스트레이너

(4) 수격방지기(water hammer shocker)

워터해머(수격작용) 현상은 배관 내 물 흐름의 급격한 차단이나 펌프가 정지할 때 수주 분리 등에 의해 발생한다. 배관 내에 흐르는 물을 밸브나 수도꼭지 등에 의해 순간적으로 차단하면 물은 운동에너지에서 압력에너지로 변하여 급격한 압력상승이 생긴다. 상승한 압력은 압력파가 되어 닫힌 지점과 상류 측의 배관 내를 일정시간 반복되다가 점차로 소멸한다. 이러한 현상을 워터해머라 하며, 심한 경우 배관계통을 진동시키거나 충격음을 발생시키며 누수의 원인이 된다. 워터해머를 방지하기 위해서는 배관 내의 유속을 2.0 m/s 미만으로 억제해야 하고, 워터해머가 생기기 쉬운 전자밸브나 급격히 개폐되는 장소에 수격방지기를 설치한다.

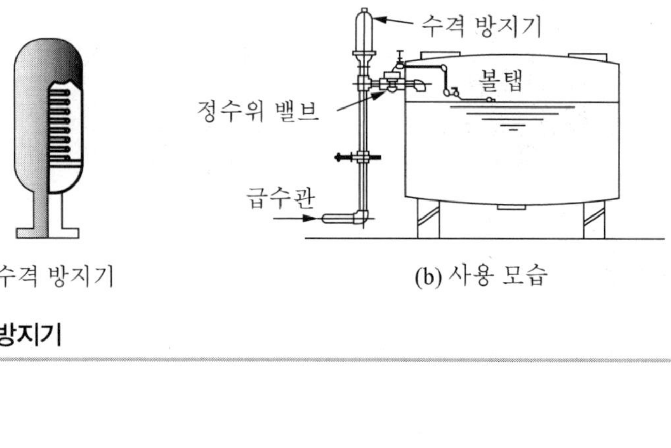

(a) 수격 방지기 (b) 사용 모습

그림 12.33 수격방지기

Chapter 13 소방유체기계

1. 유체의 정의 및 성질

(1) 유체의 정의(definition of a fluid)

① 물질은 고체(solid), 액체(liquid), 기체(gas) 중 어느 한 상태로 존재

② 유체 = 액체 + 기체

③ 고체와 유체의 분류 : 분자상호간의 거리와 분자 운동에 의한 분류

- 고체 : 분자간의 거리가 짧고 응집력(분자인력)이 크다.
- 액체, 기체 : 분자간의 거리가 크고 응집력이 작다.

④ 유체역학에서 고체와 유체의 분류 : 외력에 의한 변형

- 고체 : 변형이 적다.
- 액체, 기체 : 적은 힘에도 형태가 변한다.

⑤ 압축성 유체(compressible fluid)와 비압축성 유체(incompressible)

- 압축성 유체 : 기체 정역학, 압력에 대해 밀도가 크게 변하는 유체($\rho \neq$constant)
- 비압축성 유체 : 유체 정역학, 압력에 대한 밀도 변화가 거의 없는 유체($\rho =$constant)

(2) 유체의 성질

① 점성(viscosity)과 Newton의 섬성법칙

점성이란 유체가 흐를 때 유체층 사이에 흐름의 방향에 저항을 주어 전단응력을 유발시키는 힘을 말한다.

평판에 가해진 힘은 다음 식으로 쓸 수 있다.

$$\frac{F}{A} = \mu \frac{U}{h}, \ F \propto \frac{AU}{h}, \ F = \mu \frac{AU}{h}$$

여기서, F : 평판에 가해진 힘

A : 전단력이 작용하는 면적

μ : 점성계수

h : 평판간의 거리

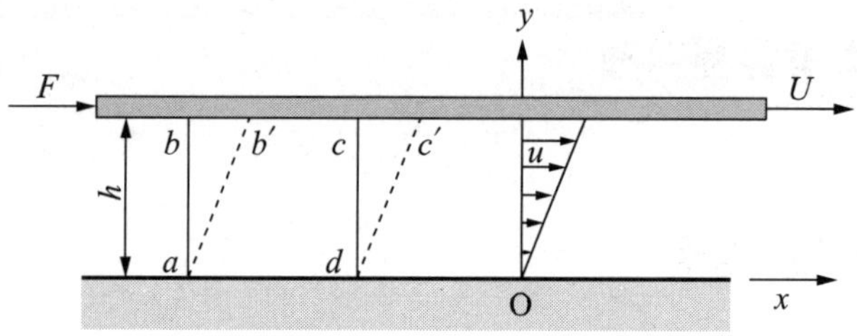

그림 13.1 두 평행 평판사이의 유체전단

$$\tau = \frac{F}{A} = \mu \frac{U}{h}$$

그림 13.1과 같이 어떤 유체가 두 개의 무한 평판 사이에서 갇혀있고 얇은 2개의 층 사이에 du의 속도차가 생길 때. 경계면에 생기는 마찰응력 τ는 경계면과 수직 방향의 속도 기울기 $\frac{du}{dy}$에 비례한다. 만약에 속도분포가 y방향의 포물선형이라면 $\tau = \mu \frac{du}{dy}$ (kg_f/cm^2)로 나타낼 수 있다. 여기서, $\frac{du}{dy}$는 속도구배, μ는 점성계수이고, 이 식을 Newton의 점성법칙이라 한다.

- 점성계수의 차원

$$\mu = \tau \cdot \frac{dy}{du} = [ML^{-1}T^{-2}] \times \left[\frac{L}{LT^{-1}}\right] = [ML^{-1}T^{-1}] \ : \ \text{MLT계}$$

$$\mu = \frac{F}{A} \cdot \frac{dy}{du} = \left[\frac{F}{L^2}\right] \times \left[\frac{L}{LT^{-1}}\right] = [FL^{-2}T] \ : \ \text{FLT계}$$

- 점성계수의 단위

1 poise = 1 [g/cm · s] = 1 [dyn · s/cm^2] = 0.1 [N · s/m^2] = $\frac{1}{9.8}$ [kg_f · sec/m^2]

예제 1 [kg_f · sec/m^2]는 몇 [poise]인가?

solution 1 [poise] = $\frac{1}{9.8}$ [kg_f · sec/m^2]이므로

1 [kg_f · sec/m^2] = 98 [poise]

- 동점성계수

$$\nu = \frac{\mu}{\rho}\ [\mathrm{m^2/s}],\ [\mathrm{cm^2/s}]$$

$$\left[\frac{\mathrm{kg}}{\mathrm{m \cdot s}} \times \frac{\mathrm{m^3}}{\mathrm{kg}}\right] = [\mathrm{m^2/s}]$$

1 [stoke] = 1 [cm^2/s]

※ 모든 액체는 온도가 상승하면 점성이 감소하고, 기체는 온도가 상승하면 점성이 증가한다.

예제 1 mm 간격으로 평행으로 놓인 두 평행 평판 사이에 점성계수 $\mu = 15.4$ g/s · cm의 피마자 기름으로 충만되어 있다. 한 쪽 평판이 다른 평판에 대해서 6 m/s의 속도로 미끄러졌을 때 전단응력을 구하시오. 단, 이때 두 평행 평판의 속도분포는 직선적으로 변한다고 가정한다.

solution 전단응력 $\tau = \mu \frac{du}{dy} = \mu \frac{U}{h}$

점성계수 $\mu = 15.14\ [\mathrm{g/s \cdot cm}] = 1.514\ [\mathrm{kg/s \cdot m}]$

$$\tau = \mu \frac{du}{dy} = \mu \frac{U}{h} = 1.514 \times \frac{6}{0.001} = 9084\ [\mathrm{kg/m \cdot s^2}] = 927\ [\mathrm{kg_f/m^2}]$$

② 유체의 압축율(compressibility)과 체적탄성계수

- 유체의 압축율은 주어진 압력에 대한 체적의 변화율이다.

$$\beta = -\frac{1}{V}\frac{dV}{dP} = \frac{1}{\rho}\frac{d\rho}{dP} = \frac{d\rho}{\rho}\frac{1}{dP}\ [\mathrm{m^2/N,\ cm^2/kg_f}]$$

예제 상온 상압 하에서 물의 부피를 2% 압축하는 데 필요한 압력은 몇 [kg_f/cm^2]인가?

solution $\Delta P = -\frac{1}{\beta}\frac{dV}{V} = \frac{1}{4.75 \times 10^{-5}\ [\mathrm{cm^2/kg}]} \times \frac{2}{100} = 421\ [\mathrm{kg_f/cm^2}]$

- 체적탄성계수(bulk modulus of elasticity)

외부로부터 압력을 받으면 압축되고, 압축과정에서 가해진 에너지는 탄성에너지로 유체내부에 저장될 때 압축 탄성되는 과정의 계수를 말한다. 즉, 압축율의 역수이다.

$$K = -\frac{dP}{dV/V} = \frac{dP}{d\rho/\rho}\ [\mathrm{N/m^2,\ kg_f/cm^2}]$$

$$dP = -K\frac{dV}{V} = K\frac{d\rho}{\rho},\ -dV = \frac{VdP}{K}$$

③ 모세관 현상

그림 13.2처럼 유리관의 한 쪽 끝을 물과 수은 속에 넣었을 때 물인 경우에는 유리관 내의 액면은 자유 표면보다 올라가며, 또 관의 지름이 작을수록 높이 올라간다. 그러나 수은의 경우에는 관내의 액면이 자유 표면보다 내려가며 관의 지름이 가늘수록 더 내려가게 된다.

이와 같이 액체 중에 지름이 작은 관을 세웠을 때 관속의 액면이 관 밖의 액면보다 높거나 낮게 되는 현상을 모세관 현상이라고 한다. 이것은 액체의 응집력과 부착력에 의한 것으로서 부착력이 응집력보다 크면 액면은 올라가고 반대로 부착력이 작으면 더 내려간다.

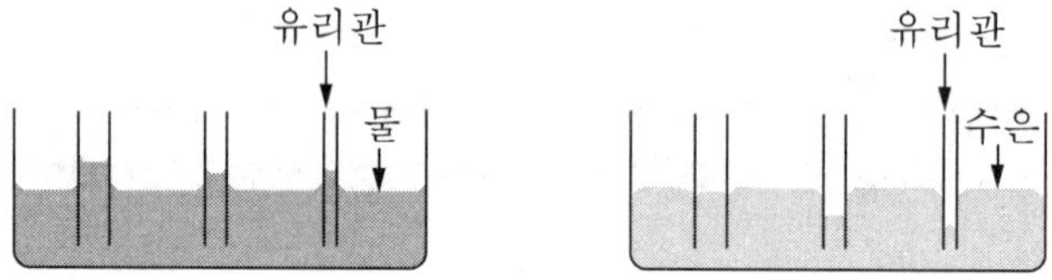

그림 13.2 모세관 현상

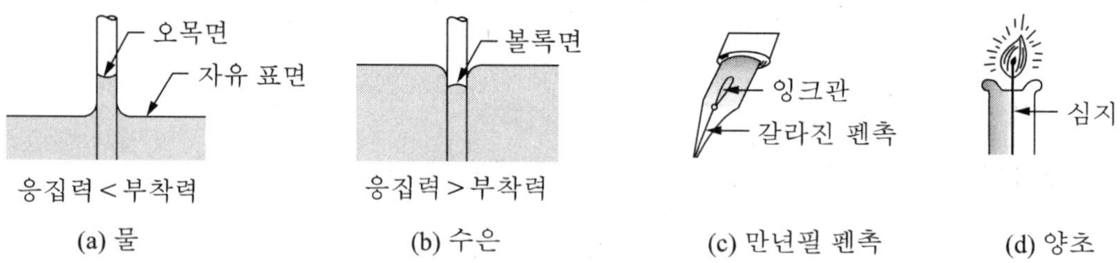

그림 13.3 모세관 현상 예

예제 배관의 직경비가 1 : 2 : 3인 3개의 모세관 속을 올라가는 물의 상승 높이의 비는 얼마인가?

solution 물의 상승높이$(h) \times \dfrac{1}{\text{직경}(d)} = \dfrac{1}{1} : \dfrac{1}{2} : \dfrac{1}{3} = 6 : 3 : 2$

2. 차원(Dimensions)과 단위(Units)

(1) 차원(dimensions)

① 수학적인 개념

- 1차원 : 선(line), 길이(length) 개념
- 2차원 : 면(surface), 면적(area)
- 3차원 : 공간(spherical), 부피(volume)
- 4차원 : 3차원 + 시간(time)

② 공학적인 개념

서로 관련된 물리량들의 단위의 일치성을 갖는 관계를 규명, 즉 단위끼리의 항등식이 존재하도록 하는 것을 의미한다. 또한 일정한 물리적량을 표시하는 값을 차원이라 한다.

③ 길이 [L], 시간 [T], 질량 [M]

- MLT : 속도 = 거리 / 시간 = [L] / [T] = [LT^{-1}]
  힘 = 질량 × 가속도 = [M] [LT^{-2}]
- FLT : 압력 = 힘/면적 = [FL^{-2}]

참고 : 압력의 단위

$$P = \gamma h$$

여기서, γ : 비중량[N/m^3]
h : 수두[m]
P : 압력[N/m^2]

$$\gamma\,[\mathrm{N/m^3}] \times h\,[\mathrm{m}] = P\,[\mathrm{N/m^2}]$$

참고 : 에너지 = 운동(kinetic) + 위치(potential) + 내부(internal)

$$E = KE + PE + IE$$

$$K \cdot E = \frac{Wv^2}{2g} = \frac{mv^2}{2} = [\mathrm{kg(m/s)^2}] = [\mathrm{kg\ \ m/s^2\ \ m}\ ] = \mathrm{N \cdot m}$$

$$P \cdot E = mgh = Wh = \frac{WP}{\gamma} = [\mathrm{N \cdot N/m^2 / (N/m^3)}] = \mathrm{N \cdot m}$$

$$I \cdot E = U + PV = h \text{ (엔탈피)}$$

(2) 단위(units)

① 기본단위

- 길이(length) : m, cm, mm, ft, in
- 질량(mass) : kg, g, slug

※ lb, Oz(ounce) : 무게

$1\ \text{lb} = 0.4530\ \text{kg}_f$, $1\ \text{lb} = 16\ \text{Oz}$

- 시간(time) : hr, min, sec
- 온도(temperature) : K(Kelvin), ℃(centigrade), °F(Fahrenheite), R(Rankine)

(3) 단위계(units system)

① 공학절대단위계(Absolute units, 물리학 단위계)

- 기본단위 : meter(m), kilogram(kg), second(sec)
- MKS(meter, kilogram second)

  F(force) $= ma$(뉴튼의 제2법칙, 관성의 법칙)

  $1\ \text{N} = 1\ \text{kg} \times 1\ \text{m/s}^2 = 1\ \text{kg} \cdot \text{m/s}^2$

- CGS(cetimeter, gram second)

  $1\ \text{dyn} = 1\ \text{g} \times 1\ \text{cm/sec}^2 = 1\ \text{g} \cdot \text{cm/sec}^2 = 10^{-5}\ \text{N}$

② SI 단위계(International system of units)

- 기본단위 : meter(m), kilogram(kg), second(sec)
- 유도단위

  ⓐ 힘(force) : $1\ \text{N} = 1\ \text{kg} \times 1\ \text{m/s}^2 = 1\ \text{kg} \cdot \text{m/s}^2$

  ⓑ 압력(pressure) : $1\ \text{Pa} = 1\ \text{N/m}^2$ (pascal)

  ⓒ 에너지, 일(work), 열량(heat)

  $1\ \text{J(joule)} = 1\ \text{N} \times 1\ \text{m} = 1\ \text{N} \cdot \text{m} = 1\ \text{W} \cdot \text{s} = 2.78 \times 10^{-7}\ \text{kW} \cdot \text{h}$

  $= 1/4186\ \text{kcal} = 0.24\ \text{cal}$

  ※ 1 kWh = 860 kcal

  1 kcal : 1 kg 순수한 물 14.5℃에서 1℃ 높이는 데 필요한 열량

  1 kcal = 4186 J = 4.2 kJ

ⓓ 일률(동력, power)

1 W(watt) = 1 J/sec

③ 중력단위계(gravitational units)

ⓐ 기본단위 : m, kg_f, sec

$1\ kg_f = 1\ kg \times 9.8\ m/s^2 = 9.8\ N$

ⓑ 유도단위

- 힘(force)

$$F = \frac{m\ (kg_m)}{g_c\ (kg_m \cdot m/sec^2 \cdot kg_f)} \times g\ (m/sec^2) = \frac{m}{g_c} g\ (kg_f)$$

※ 중력환산계수 $g_c = 9.8\ kg_m \cdot m/sec^2 \cdot kg_f = 9.8\ N/kg_f$

- 압력(pressure)

$p = 1\ kg_f/cm^2 = 9.8 \times 10^4\ N/m^2 = 9.8 \times 10^4\ Pa = 98\ kPa$

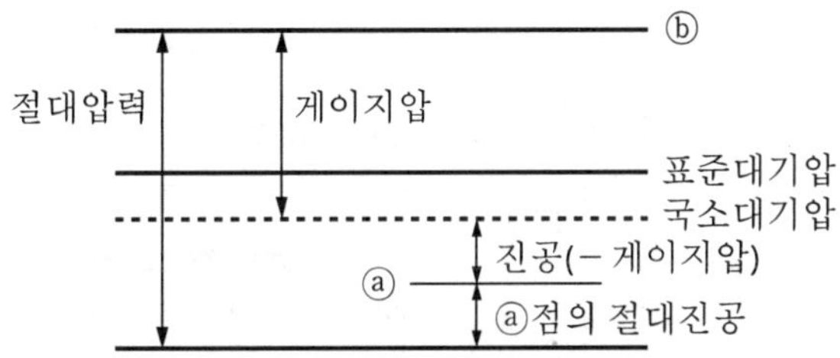

$P_{abs} = P_{gage} + P_{vac}$, 절대압력 = 게이지압력 + 진공압력

$P_{abs} = P_{gage} + P_{atm}$, 절대압력 = 게이지압력 + 대기압

1 at (atmosphere) = 1 [kg_f/cm^2] = 0.981 [bar]

예제 국소대기압이 750 [mmHg]이고 피에조미터의 눈금이 770 [mmHg]일 때 절대압력은 몇 [kPa]인가?

solution 절대압력(p_{abs}) = 국소대기압(p_a) + 계기압력(p_g)

= 750 [mmHg] + 770 [mmHg]

= 1520 [mmHg]

760 [mmHg] = 101.325 [kPa]이므로

$$1520\ [mmHg] \times \frac{101.325\ [kPa]}{760\ [mmHg]} = 202.65\ [kPa]$$

- 표준대기압

  1 atm = 1.0336 kg_f/cm^2 (at)

  = 1.0133 bar

  = 101.3 kPa

  = 760 mmHg

  = 10.33 Aq

  1 bar = 14.5 psi

  1 kgf/cm^2 = 14.2 psi

- 진공단위(Torr)

  1 Torr = 1 mmHg

  1 at = 736 Torr

  1 bar = 750 Torr

※ 위치압력 : 유체가 기준면에서 어느 높이에 있을 때 단위 체적당의 유체가 갖는 위치 에너지를 압력으로 나타낸 것

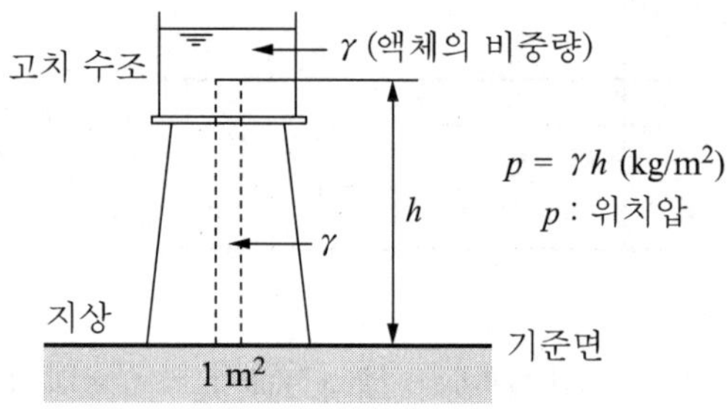

그림 13.4 위치압력

예제 0.05 [kg_f/cm^2]의 압력은 몇 [mmAq]인가?

solution 1.0322 [kg_f/cm^2] = 10.332 [mmAq]이므로

$$0.05\,[kg_f/cm^2] \times \frac{10.332\,[mAq]}{1.0332\,[kg_f/cm^2]} \times \frac{1000\,[mmAq]}{1\,[mAq]} = 150\,[mAq]$$

- 일, 에너지, 열량

  1 kgf · m = 9.81 N · m = 9.81 J = 9.81 W · s

  1 kcal = 1/860 kWh

- 일률(power)

  $1\ \text{Hp} = 76.04\ \text{kg}_f\ \text{m/s} = 0.7457\ \text{kW} = 1.014\ \text{PS}$

  $1\ \text{PS} = 75\ \text{kg}_f\ \text{m/s} = 0.7355\ \text{kW} = 632.5\ \text{kcal/h}$

  $1\ \text{kW} = 102\ \text{kg}_f\ \text{m/s} = 1.36\ \text{PS} = 860\ \text{kcal/h}$

3. 유체의 물리량

(1) 밀도(density)

밀도는 단위체적당 유체의 질량이며, ρ로 표시한다. 밀도는 일반적으로

$$\rho = \frac{\text{질량}}{\text{단위체적}} = \text{kg/m}^3,\ \text{slug/ft}^3,\ \text{kgf s}^2/\text{m}^4$$

ex) 공기의 밀도 $\rho_a = 1.18\ \text{kg/m}^3$ (27℃ 기준)

물의 밀도 $\rho_w = 1000\ \text{kg/m}^3$ (4℃ 기준) $= 1.94\ \text{slug/ft}^3$

(2) 비중량(specific weight)

$$\gamma = \frac{\text{중량}}{\text{단위체적}} = \text{kg}_f/\text{m}^3,\ \text{N/m}^3,\ \text{lb}_f/\text{ft}^3$$

$$\gamma = \frac{w}{V} = \rho g$$

ex) 물의 비중량

SI : $\gamma = 1000\ \text{kg/m}^3 \times 9.81\ \text{m/s}^2 = 9810\ \text{N/m}^3$

중력 : $\gamma = 102\ \text{kg}_f\ \text{s}^2/\text{m}^4 \times 9.81\ \text{m/s}^2 = 1000\ \text{kg}_f/\text{m}^3$

영국 : $\gamma = 1.94\ \text{slug/ft}^3 \times 32.174\ \text{ft/s}^2 = 62.4\ \text{lb}_f/\text{ft}^3$

(3) 비체적(specific volume)

단위질량당의 유체가 차지하는 부피

$$v = \frac{1}{\rho} = \text{m}^3/\text{kg},\ \text{ft}^3/\text{slug}$$

예제 수은의 비중은 13.55이다. 수은의 비체적 $[m^3/kg]$은?

solution $\nu = \dfrac{1}{\gamma} = \dfrac{1}{s \times \gamma_w} = \dfrac{1}{13.55 \times 1000\,[kg/m^3]} = \dfrac{1}{13.55} \times 10^{-3}\,[m^3/kg]$

(4) 비중(specific gravity)

1기압 4℃ 물의 비중량(밀도)에 대한 유체의 비중량의 비로 s 로 표시한다.

$$s = \frac{\rho}{\rho_w} = \frac{\gamma}{\gamma_w} = \frac{w}{\gamma_w v} \quad (\text{무차원})$$

4. 파스칼의 원리

밀폐된 용기에 넣은 유체의 일부에 압력을 가하면 이 압력은 모든 방향으로 동일하게 전달되며 벽면에 수직으로 작용한다. 이것을 파스칼의 원리라고 한다. 치약의 끝을 누르면 치약이 나오는 것도 이러한 원리로 나타나는 현상이다.

그림 39와 같은 2개의 실린디를 연통관으로 연결하고 단면적이 A_1인 피스톤에 F_1의 힘을 가하면 A_1에 가해진 압력 P_1이 유체를 통해 같은 압력 P_2로 단면적이 A_2인 피스톤에 F_2의 힘이 전달된다는 것이다. 이를 식으로 나타내면

$$P_1 = P_2 \quad \rightarrow \quad \frac{F_1}{A_1} = \frac{F_2}{A_2} \quad \rightarrow \quad F_2 = F_1 \frac{A_2}{A_1}$$

따라서 F_2는 A_2 / A_1의 면적비만큼 큰 힘을 낼 수 있음을 알 수 있다. 즉, 좁은 면적에서는 작은 힘 F_1을 가하더라도 전달되는 다른 쪽의 단면적을 넓히면 큰 힘으로 작용할 수 있

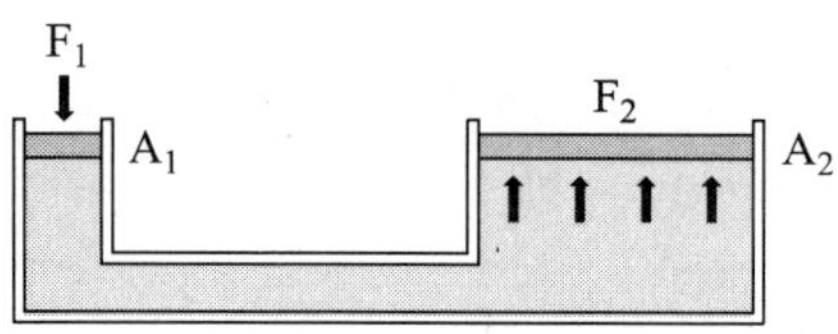

그림 13.5 파스칼의 원리

음을 알 수 있다. 이러한 원리는 자동차에 사용하는 유압식 브레이크, 자동차 정비소의 유압식 승강기, 기압계 등의 분야에서 적용되고 있다

예제 그림 13.5에서 피스톤 A_2의 반지름이 A_1 반지름의 2배일 때 힘 F_1과 F_2 사이의 관계를 설명하시오.

solution A_1의 반지름을 r_1, A_2의 반지름을 r_2라고 하면 $r_2 = 2r_1$

$$\frac{F_1}{A_1} = \frac{F_2}{A_2},\ F_2 = F_1\frac{A_2}{A_1} = F_2 = F_1\frac{\pi r_2^2}{\pi r_1^2}$$

$$\therefore\ F_2 = F_1\frac{\pi(2r_1)^2}{\pi r_1^2} = 4F_1$$

5. 압력측정

(1) 액주 압력계(manometer)

펌프 입출구나 배관 관로 및 유공압 기기 등에서는 관내의 압력 또는 벽면에서의 압력을 측정할 필요가 있다. 식 $p = \gamma h$에 나타낸 것과 같이 액체의 비중량을 알고 있을 때 두 점사이의 압력차는 액체의 높이에 비례한다. 이 관계로부터 두 점의 높이차를 측정하여 압력차를 구할 수 있다. 이와 같은 압력계를 액주계(manometer)라고 하며 비교적 낮은 압력을 측정하는 데 사용할 수 있다.

① 경사 마노미터(inclined tube manometer)

경사 마노미터는 U자 마노미터의 한 쪽 가지를 기울어지게 만든 것이다. 이렇게 눈금을 확대함으로써 U자 마노미터보다 정확하게 압력차를 측정하여 측정감도를 증가시켰으며, 게이지의 정확성은 튜브의 기울기에 의존한다.

경사 마노미터는 기울기에 따라 여러 종류의 게이지가 시판되고 있다. 일반적으로 10 : 1의 기울기에서 보다 높은 정확도를 나타내어 미세한 압력변화도 측정할 수 있다. 성능이 우수한 경사 마노미터에는 레벨조정 장치와 눈금을 0에 맞추는 조정장치도 부착되어 있다. 마노미터의 압력범위 이상으로 과다한 압력이 가해지는 경우, 매체인 유체의 손실을 방지하기 위한 안전트랩이 부착되어 있는 모델도 있다.

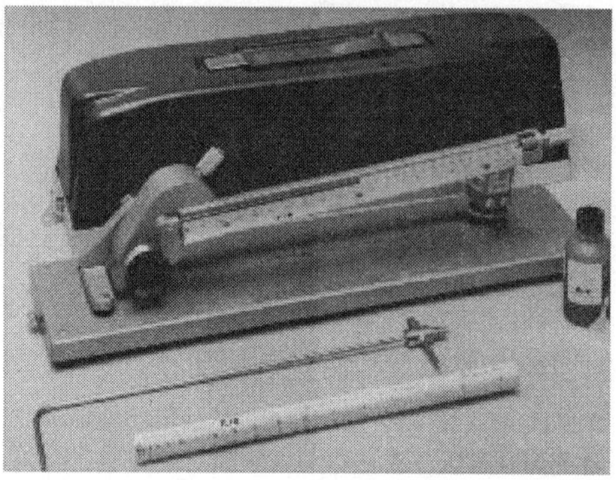

그림 13.6 경사 마노미터

② U자관 마노미터

두 개의 용기 내에 있는 유체의 압력차를 구하는 액주계를 시차액주계(differential manometer)라고 하며 특 U자형으로 유리관 속에 수은과 같은 액체를 넣어 높이차로 압력을 측정하는 계기를 U자관 마노미터라고 한다. U자관은 비교적 낮은 압력을 측정하는 데 편리한 압력계이다.

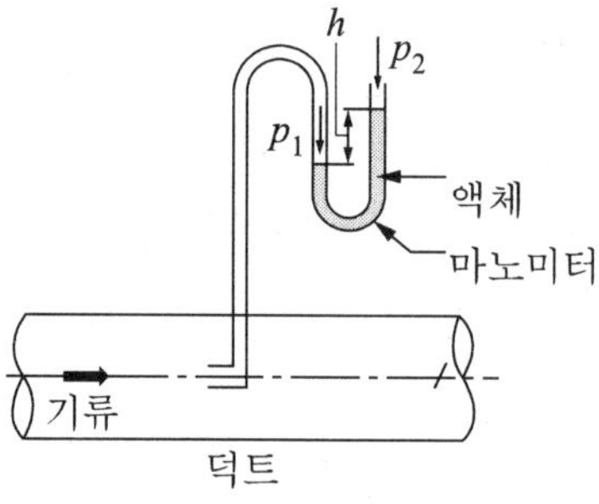

그림 13.7 U자관 마노미터

(2) 부르돈관 압력계

마노미터는 측정하려고 하는 압력이 높으면 액주계의 높이가 높아져서 측정이 어려워 산업현장에서 취급이 불편하므로 이 문제점을 해결하여 현장에서 사용하기 쉽도록 개발된 것이 부르돈관 압력계이다. 이 압력계는 저압에서 고압까지 측정이 가능하기 때문에 절대압력, 게이지 압력, 편차압 측정 등 공업용으로 많이 사용된다.

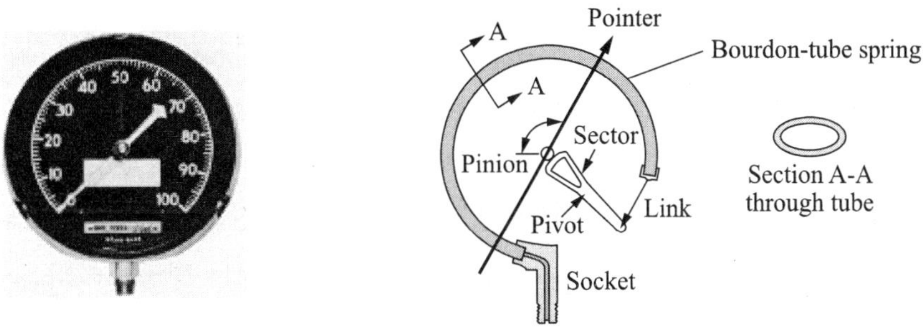

그림 13.8 부르돈관 압력계

6. 유체의 흐름과 에너지 보존

(1) 정상류(steady flow)와 비정상류(unsteady flow)

유체흐름의 상태는 흐름의 성질인 압력, 속도, 밀도 등이 시간의 경과에 따라 변하지 않는 흐름인 정상류와 시간에 따라서 변하는 비정상류로 구분된다. 예를 들어, 펌프의 출구에서 유체의 흐름 상태를 시간의 경과에 따라 살펴보면 펌프 작동 초기의 펌프 출구에서의 유체의 속도, 압력, 양정 등의 상태는 시간의 경과에 따라 계속 바뀐다. 이때 유체의 흐름상태는 비정상류이고 어느 정도 시간이 경과하면 펌프의 운전은 안정된 상태가 되는데, 이 때 펌프 출구에서의 유체 흐름상태는 시간이 경과해도 변하지 않는 정상의 상태인 정상류가 된다.

(2) 층류(laminar flow)

유체의 입자들이 서로 층을 형성하여 층과 층이 미끄러지면서 상호 서로 뒤섞임이 없이 질서정연하게 흐르는 상태를 말한다. 예를 들면, 아주 느린 속도로 유체가 흐를 때 서로 이웃하는 유체의 층 사이에는 유체입자의 분자교환은 없으므로 회전운동이 일어나지 않은 규칙적인 운동 상태가 된다.

(3) 난류(turbulent flow)

유체입자들이 극히 불규칙한 경로를 따라 회전하는 불규칙한 운동을 말하며, 상호간에 격렬하게 운동량을 교환하면서 흐르는 상태를 말한다.

(4) Reynolds Number

레이놀즈는 유리관의 지름을 여러 종류로 바꾸어 가면서 여러 가지 액체에 대하여 실험을 한 결과, 유체의 흐름은 유체의 속도뿐만 아니라 점성과 관지름에도 관계가 있다. 이러한 유체 유동의 구분에 대한 실험을 통해 층류와 난류 흐름의 상태가 무차원 수에 의해 정해진다는 것을 발견하였고, 이를 레이놀즈 수(Reynolds number, Re)라는 명명하고 다음과 같이 정의하였다.

$$\mathrm{Re} = \frac{v \cdot d}{\nu} = \frac{\text{관성력}}{\text{점성력}}$$

여기서, 관내의 평균 유속은 v, 관의 안지름 d (m), 유체의 동점성계수 ν ($\mathrm{m^2/s}$)이다.

내부 유동(internal flow)에서는 레이놀즈 수가 약 2,300보다 작은 유동은 층류로 생각하고 4,000보다 크면 난류로 생각한다. 그리고 층류에서 난류 영역 사이를 천이 영역이라고 한다. 유체의 난류 흐름 상태는 유속뿐만 아니라 관의 확대 및 축소 방향의 변화에 대해서도 발생한다.

층류 : $\mathrm{Re} < 2300$

난류 : $\mathrm{Re} > 4000$

그림 13.9 레이놀즈 실험장치

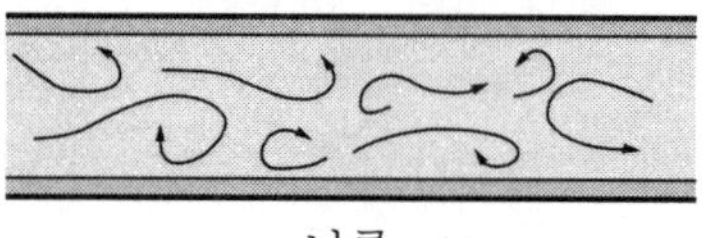

난류

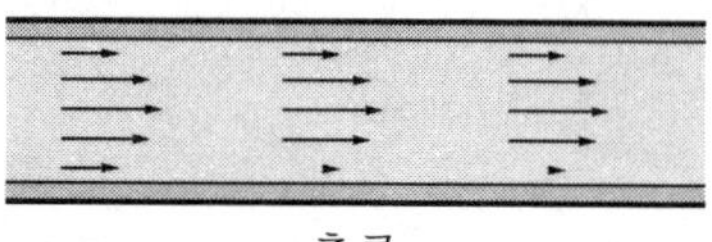

층류

그림 13.10 층류와 난류 형상

(5) 연속방정식(equation of continuity) : 질량보존의 법칙

비압축성 유체가 관내에 흐르고 있을 때 질량보존의 법칙을 적용하면 유체의 유량 및 평균 유속을 구할 수 있다. 관내를 흐르고 있는 유체의 유속은 임의의 위치에서 유체의 점성이나 마찰에 의해 내벽에 접하는 곳에서는 느리고 중심부에서 최대유속을 나타낸다. 따라서 어떤 관의 한 단면에서 유량을 구할 때는 유속의 평균값인 평균 유속을 이용한다.

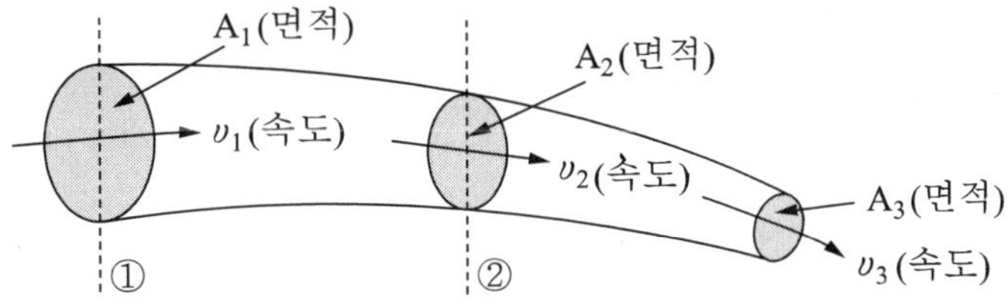

그림 13.11 연속방정식

그림 13.11와 같이 관속에 물과 같은 비압축성 유체가 가득 차서 흐를 때, 이 흐름이 정상류인 경우에는 임의의 단면 내를 흐름의 상태는 변화하지 않는다. 정상류에서 단면 ①과 ②를 통과하는 유체의 중량은 같다. 단면 ①과 ②에서의 단면적이 $A_1\,[\mathrm{m}^2]$, $A_2\,[\mathrm{m}^2]$, 평균유속을 $v_1\,[\mathrm{m/s}]$, $v_2\,[\mathrm{m/s}]$, 비중량을 각각 $\gamma_1\,[\mathrm{kg_f/cm^3}]$, $\gamma_2\,[\mathrm{kg_f/cm^3}]$일 때 질량유량, 중량유량 및 체적유량은 다음 식과 같으며, 이 식들을 연속방정식이라고 한다. 이 식들의 단면 ①과 ②에 흐르는 질량과 중량과 체적유량은 변하지 않는다.

$$Q=\rho_1 A_1 v_1=\rho_2 A_2 v_2,\quad Q=\gamma_1 A_1 v_1=\gamma_2 A_2 v_2,\quad Q=A_1 v_1=A_2 v_2$$

예제 안지름 100 [mm]인 파이프를 통해 속도 5 [m/sec]로 흐르는 물의 유량은 얼마인가?

solution 체적유량 $Q=A\cdot v=\dfrac{\pi}{4}(0.1)^2\,[\mathrm{m}^2]\times 5\,[\mathrm{m/sec}]=0.039\,[\mathrm{m}^3/\mathrm{sec}]$

(6) 베르누이 방정식(equation of Bernoulli)

유체가 사용되는 각종 시스템 내의 유체가 가지고 있는 에너지는 압력에너지, 속도에너지 및 위치에너지 형태로 존재한다.

일정한 유량으로 흐르고 있는 시스템 내에서 유체가 가지고 있는 에너지는 배관 단면적이 변할 때마다 에너지의 형태가 변하지만, 시스템 내의 위치, 속도 및 압력 에너지의 총합은 항상 일정하다. 이를 베르누이 정리라고 한다. 이 정리는 에너지 보존의 법칙을 유체의 흐름에 적용한 것으로서 유체가 가지고 있는 속도, 에너지, 중력에 의한 위치 에너지 및 압력에너지의 총합은 유체의 흐름 내 어디에서나 일정하다는 것을 나타낸다.

그림 13.12와 같은 관속을 비점성, 비압축성의 이상 유체가 정상상태로 흐른다고 생각하면 관의 입구 ①에서 유입되는 유체 1 kg_f 이 갖는 에너지의 총량은 유체 기둥의 높이로 나타낼 수 있다. 그 값을 H_1 (m)이라고 하면 이것은 압력수두, 속도수두 및 위치수두의 합으로 표현된다.

관의 입구 ① $H_1 = z_1 + \dfrac{p_1}{\gamma} + \dfrac{v_1^2}{2g}$ [m]

또한 관의 출구 ②에서 유출되는 유체 1 kg_f 이 가지고 이는 에너지의 총량 H_2[m]도 압력수도, 속도수두, 위치수두의 합으로 다음과 같다.

관의 출구 ② $H_2 = z_2 + \dfrac{p_2}{\gamma} + \dfrac{v_2^2}{2g}$ [m]

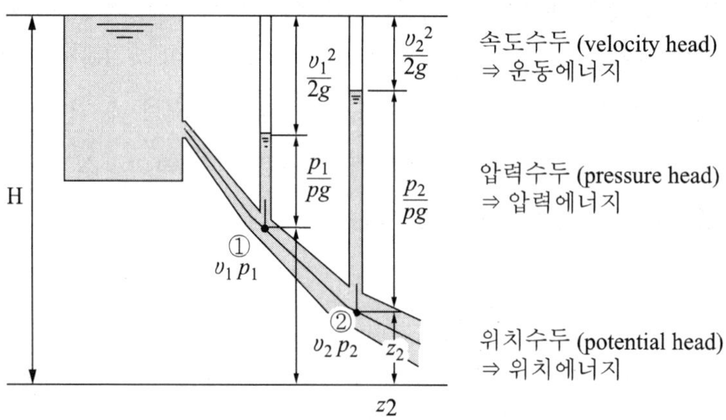

그림 13.12 관내 유체 에너지

이 관로의 입구와 출구 구간사이에 열이나 일의 출입이 없고 마찰 등에 의한 에너지 손실도 없다고 하면 에너지 보존의 법칙에 의하여 두 단면에서의 전체의 에너지는 같아야 한다. 즉, $H_1 = H_2$[m]이므로 다음과 같은 관계가 성립한다.

$$z_1 + \frac{p_1}{\gamma} + \frac{v_1^2}{2g} = z_2 + \frac{p_2}{\gamma} + \frac{v_2^2}{2g} = H = \text{일정[m]}$$

이 식을 베르누이 정리라고 하고, 식의 의미는 이상유체가 에너지의 손실 없이 관속을 정상유동 할 때는 어떤 단면에서도 단위 총 에너지는 항상 일정하다는 것을 나타낸다. 여기서 H를 전 수두라고 한다.

(7) 토리첼리 정리(Torricelli's theorem)

그림 13.13 같이 큰 물 탱크의 아래쪽 벽면에 있는 작은 구멍으로부터 물이 유출될 때, 유속과 물탱크의 관계를 베르누이 정리를 이용하면 구할 수 있다. 그리고 작은 구멍에서 수면까지의 높이가 h[m]이고 물이 유출되어도 물탱크 내의 수면은 내려가지 않고 항상 외부로부터 물을 보급하고 있다면 수면이 내려가는 속도는 무시할 수 있으므로 수면 ①과 출구 ②에 대하여 베르누이 정리를 적용하면 다음과 같다. 이 때 높이차 $(z_1 - z_2)$는 h[m], 압력은 모두 대기압이므로 게이지 압력은 0으로 한다.

$$h + 0 + 0 = 0 + \frac{v_2^2}{2g} + 0$$

$$v_2 = \sqrt{2gh} \text{ [m/s]}$$

이와 같이 구멍에서 유출되는 물의 속도는 베르누이 정리를 이용하면 간단히 구할 수 있다. 이 식을 토리첼리의 정리라고 한다. 이 식은 물이 가지고 있는 중력에 의한 위치 에너지는 모두 속도에너지로 변환된 것을 나타내며, 또 구멍으로부터 물의 유출 속도는 물의 높이 h[m]와 중력가속도 g[m/s^2]만으로 결정되며 유체의 성질에는 관계가 없음을 나타낸다. 실제 유체에서는 유체의 점성효과 때문에 유속은 조금 떨어진다.

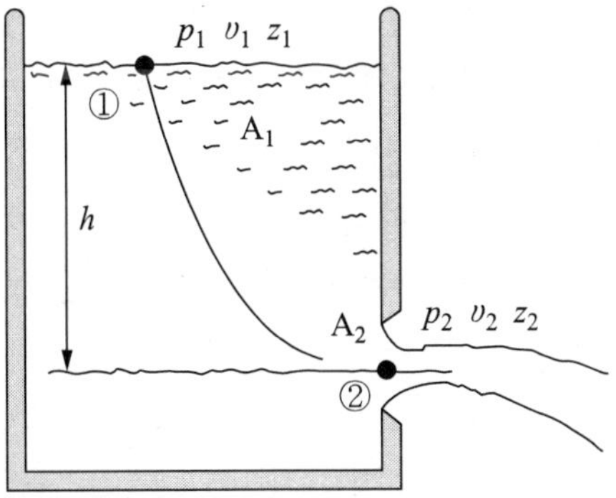

그림 13.13 토리첼리 정리

7. 유량 측정

1-1 유속 측정

유체기기의 선택이나 장치나 설비의 설계에 있어서 유체의 속도는 중요한 측정량 중의 하나이다. 유체의 흐름은 직접 육안으로 관찰하기 곤란하며, 유체가 운동하는 과정에서 혼합되거나 측정장소에 따라 유속이 변하기 때문에 주의가 필요하다.

(1) 열선 풍속계(hot wire anemometer)

열을 이용하여 유속 및 유량을 측정하는 방법으로 대표적인 것이 열선 풍속계이다. 이것은 5~10μm 정도의 가는 지름의 백금 혹은 텡스텐 선에 전류를 흐르게 하여 가열하고 그 냉각율이 풍속의 함수가 되도록 한 측정법이다.

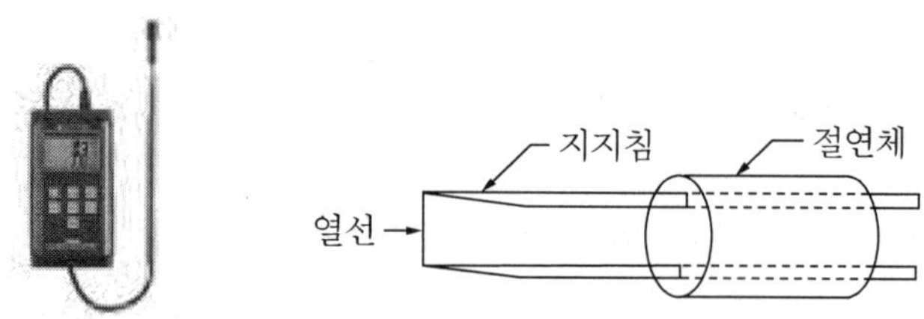

그림 13.14 열선풍속계와 열선 프로브

(2) 피토(pitot) 정압관

유체 흐름의 전압과 정압의 차이를 측정하고, 그것에서 국부적인 유속을 구하는 장치이다. 1728년 프랑스의 H.피토가 발명하였다. 이것을 유체의 흐름에 따라 놓으면 정면에 뚫은 구멍 A에는 유체의 정압과 동압을 더한 전압이, 측면 구멍에는 정압이 걸리므로 양쪽의 압력차를 측정함으로써 베르누이의 정리에 따라 흐름의 속도가 구해진다. 풍속의 측정, 항공기·선박 등의 속도계(대기속도계·유압식 측정기)에 이용되고, 유속의 측정을 바탕으로 흐름의 양을 재는 유량계에도 사용된다.

관속의 유속을 v, 압력을 p로 하고 피토관 선단의 전압 측정용 구멍에서의 압력을 p_T라 하자. 일정한 흐름 중에 정면에 구멍이 뚫린 물체를 놓으면 흐름은 그 물체의 정면에서 정지하게 되어 유속이 0으로 되기 때문에 베르누이 정리에서

$$\frac{v^2}{2g}+\frac{p}{\gamma}=\frac{p_T}{\gamma}$$

$$v=\sqrt{\frac{2g(p_T-p)}{\gamma}}\ \text{[m/s]}$$

이 식이 피토 정압관의 원리이다. 이 식으로부터 p_T-p를 측정하면 유속을 구할 수 있다. 실제 유체에서는 점성 등의 영향 때문에 이 식을 그대로 적용할 수는 없다.

실제 유체의 흐름에 임의의 형상의 물체를 넣으면 전압과 정압의 차는 다음과 같이 된다.

$$p_T-p=K\frac{\gamma v^2}{2}$$

K는 실험에 의해 정해지는 상수이다. 이 K값이 1이 되도록 만든 것을 표준 피토 정압관이라고 한다.

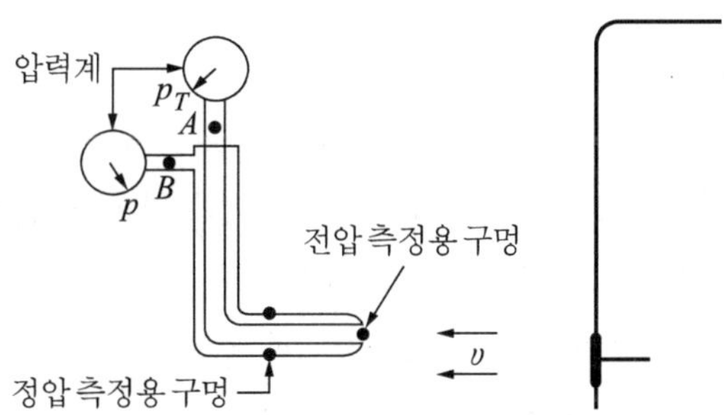

그림 13.15 피토관

1-2 유량 측정

관로 내를 흐르는 유량의 측정 방법은 유속을 측정하여 $Q=Av$[m^3/s]의 관계로부터 유량을 구하는 방법으로 피토관, 교축 유량계, 면적식 유량계, 열선 풍속계 등이 있으며, 유량을 직접 측정하는 방법은 일정한 유체를 송출하는 횟수에 의해서 유량을 측정하는 방법으로 용적식 유량계가 이에 속한다.

(1) 용적식 유량계

로터와 케이스, 피스톤과 실린더 등을 이용하여 유체를 일정 용적 내에 가두어 넣고, 다음에 방출하기를 반복하여 단위 시간당의 횟수에서 유량을 얻는다. 측정의 대상이 되는 유체는 액체 및 기체가 있다. 적산유량계에 많이 쓰이고 정밀도가 높으나 압력손실이 크다. 종류로는 오벌(oval)식과 루츠(roots)식 유량계가 있다.

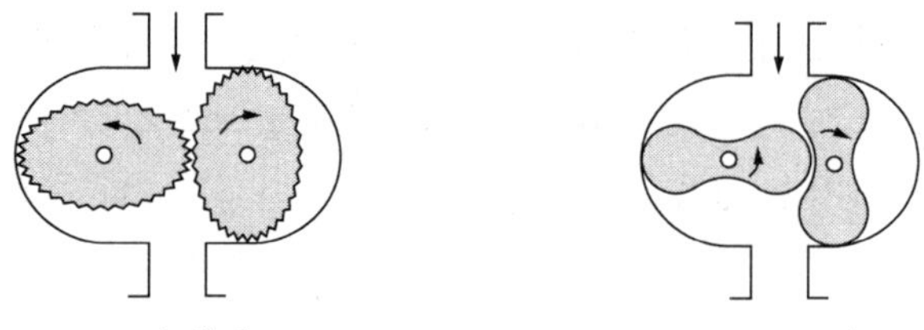

(a) 오벌식 (b) 루츠식

그림 13.16 용적식 유량계

(2) 교축 유량계

① 벤튜리미터(venturi meter)

벤튜리미터는 관로의 도중에 단면적이 좁은 목을 설치하여 이 부분에서 발생하는 압력차를 측정하여 유량을 구한다. 유량 측정을 위해 벤튜리미터를 사용하였을 때 압력손실은 오리피스보다 작다. 벤튜리미터는 원추형과 노즐형으로 구분된다.

그림 13.17에서 관 입구의 단면 ①과 가장 좁은 목 부분의 단면 ②에서의 지름을 각각 d_1, d_2 두 점 사이의 압력수두의 차를 h(차압은 $\gamma h = p_1 - p_2$)라고 할 때, 연속방정식으로부터 체적 유량 Q [m³/s]는 다음과 같다.

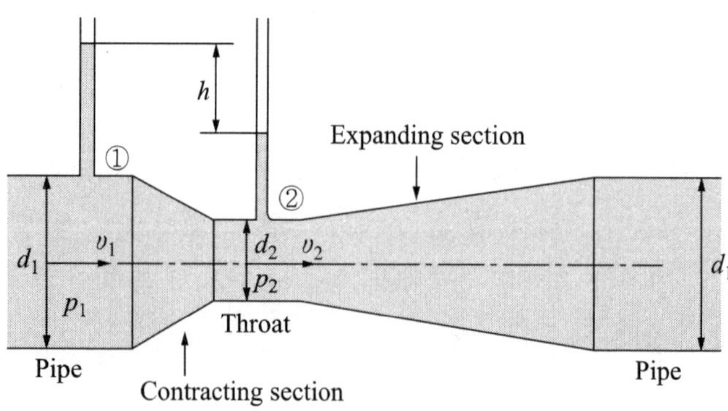

그림 13.17 벤튜리미터

$$Q = A_1 v_1 = A_2 v_2$$

$$v_2 = \frac{A_1}{A_2} = \left(\frac{d_1}{d_2}\right)^2 v_1$$

관의 단면적은 $A_1 > A_2$이므로 유체의 유속은 $v_2 > v_1$이 된다. 반대로 단면적이 확대되는 경우에는 $A_1 < A_2$이므로 유체의 유속은 $v_2 < v_1$이 된다. 또 위치수두는 $z_1 = z_2$이므로 단면적이 축소되는 경우 베르누이 식을 이용하면 다음과 같다.

$$\frac{p_1}{\gamma} + \frac{v_1^2}{2g} = \frac{p_2}{\gamma} + \frac{v_2^2}{2g} \quad \text{또는} \quad \frac{v_1^2 - v_2^2}{2g} = \frac{p_2 - p_1}{\gamma}$$

위 식으로부터 단면적이 축소되는 경우에는 연속방정식에 따르면 유속이 증가하여 속도수두 증가분만큼 압력 수두로 전환되었다. 즉, 흐름 방향으로 단면적이 축소되면 압력에너지를 감소시켜 유속이 증가하여 속도에너지를 증가시키는 것이다. 단면적이 반대로 확대되는 경우에는 속도에너지는 감소되고 압력에너지가 증가되는 것이다.

위의 두 식으로부터 유량은 다음 식으로 구할 수 있다.

$$Q = A_2 v_2 = \frac{A_2}{\sqrt{1 - \left(\frac{A_2}{A_1}\right)^2}} \sqrt{2gh}$$

즉, ①부분과 ②부분의 압력 수두의 차 h[m]에 의해서 유량을 구할 수 있다.

② 오리피스(orifice)

그림 13.18처럼 관의 중간에 둥근 구멍이 뚫린 관을 설치하여 관의 전후 압력차 h를 구하고 관내를 유동하는 유체의 유량을 측정하는 방식이다. 그림 13.18 (b)에서는 측정하고자 하는 물을 관 B를 통하여 물통에 유도하고 물통 밑의 오리피스 A에서 물을 유출시키면, B로부터의 유입량과 A에서의 분출량이 같아지는 상태에서 수면은 정지한다. 수면에서 A까지의 깊이를 h[m]라고 하면 토리첼리 정리를 이용하여 유량을 측정할 수 있다.

이 장치에서 물통의 밑면에 뚫은 구멍을 오리피스라고 하며, 오리피스 A에서 유출되는 물의 속도는 토리첼리 식 $v_2 = \sqrt{2gh}$에서 구하면 된다. 그러나 베르누이 식은 에너지 손실을 무시한 식이므로 실제로는 물의 점성 등에 의하여 물의 유출속도 v는 이론치인 $\sqrt{2gh}$보다 항상 작게 된다. 따라서 수정계수 c_v를 사용하면 다음 식과 같이 된다.

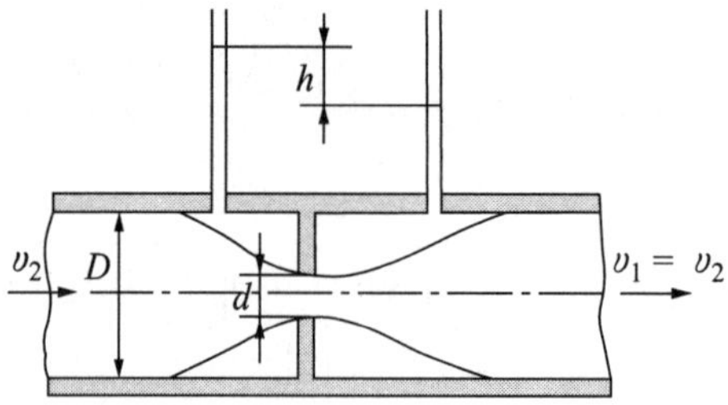

(a) 관내

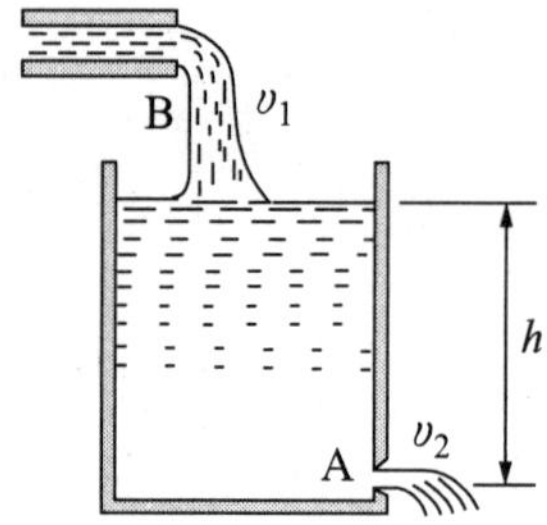

(b) 수조

그림 13.18 오리피스

$$v = c_v v_2 = c_v \sqrt{2gh} \text{ [m/s]}$$

여기서, c_v를 속도계수(coefficient of velocity)라고 하고 보통 0.98~0.99의 값을 갖는다. 수축부의 단면적 A_c와 오리피스 단면적 A와의 비를 수축계수(coefficient of contraction)라고 하고 C_c로 표시한다. 따라서 실제유량 Q_a[m³/s]는 다음 식과 같이 된다.

$$Q_a = A_c v_c = (C_c A)(c_v v) = C_c c_v A v = CAv \text{ [m/s]}$$

여기서, C를 유량계수라고 한다.

(3) 면적식 유량계

흐름의 통로에 조절판인 스로틀(throttle)을 설치하고 스로틀 전후의 차압을 일정하게 유지하도록, 유량에 따라서 스로틀 면적을 증감시켜 그 면적에서 유량을 측정한다. 면적을 변화시키는 방법에 따라 여러 형식이 있는데, 테이퍼관(수직으로 장치되어 위로 올라갈수록 점점

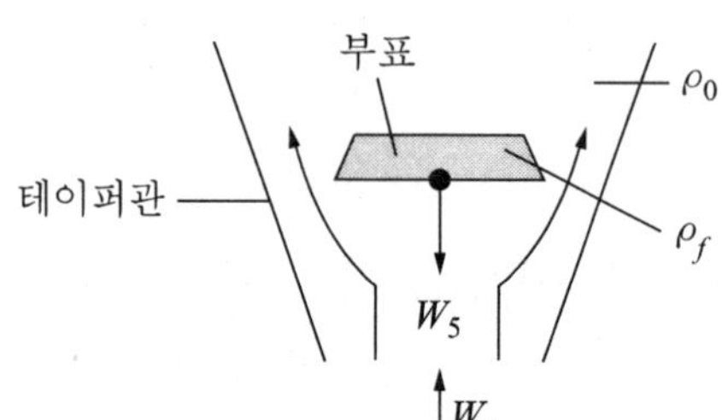

그림 13.19 면적식 유량계의 원리

벌어지는 관)과 플로트에 의한 플로트식 슬릿(slit)붙이 실린더와 피스톤에 의한 피스톤식이 있다. 원격지시기구를 장치한 것 등도 사용된다.

8. 펌프(Pump)

펌프는 기계적인 운동에너지를 유체의 위치에너지나 운동에너지로 변환하는 기계이다.

8-1 펌프의 구성 및 종류

펌프로 유체를 수송하기 위해서는 펌프 이외에도 펌프를 구동하는 원동기, 구동장치, 펌프 축을 연결하는 커플링, 유체의 흐름 통로인 흡입관 및 송출관, 유체의 흐름을 조절하기 위한 밸브, 여과기구인 스트레이너, 이밖에 각종 게이지 등 부속장치가 있다. 펌프는 크게 터보형,

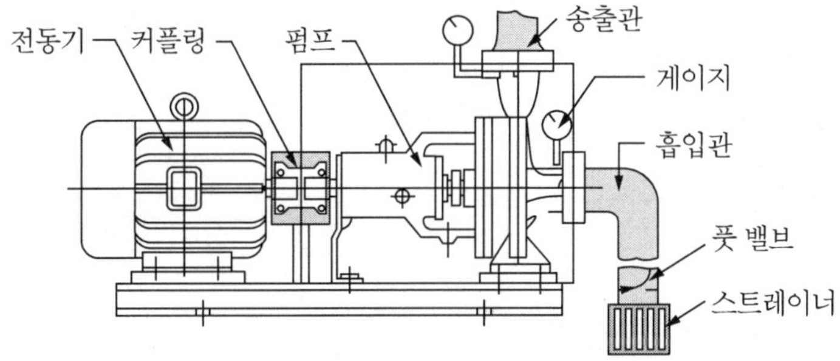

그림 13.20 펌프의 구성

표 13.1 펌프의 분류

형 식	작동방식	종 류
터보형	원심력식	원심펌프 - 볼류트 펌프, 터빈 펌프
		축류 펌프, 사류 펌프
		마찰 펌프
용적형	왕복동식	피스톤 펌프, 플런저 펌프, 다이어프램 펌프
	회전식	기어 펌프, 나사 펌프, 베인펌프, 캠 펌프
특수형	기포 펌프, 제트 펌프, 수격펌프, 와류펌프, 점성펌프, 전자펌프, 진공펌프	

용적형, 특수형으로 분류된다. 소방용 펌프로 많이 사용되는 것은 볼류트 펌프와 터빈펌프가 많이 사용된다.

(1) 터보형 펌프

터보형 펌프는 압력을 유지해주는 케이싱(casing) 속에서 회전차(impeller)를 고속회전시킬 때 작용하는 원심력에 의해서 유체를 이송하는 펌프를 말한다. 원심식, 사류식 및 축류식으로 나눌 수 있으며 대부분의 산업용 펌프가 터보형이라 볼 수 있다.

터보형 펌프의 원리는 회전차에서 속도에너지를 만들고 회전차를 감싸고 있는 케이싱 내를 유체가 통과하면서 속도가 점점 줄어들면서 압력이 만들어지는 것이다.

터보형 펌프는 용적형 펌프에 비해 진동이 적고 연속 유체 이송이 가능하다. 구조가 간단하고 운동 성능이 양호하고 토출량은 압력에 따라 변한다.

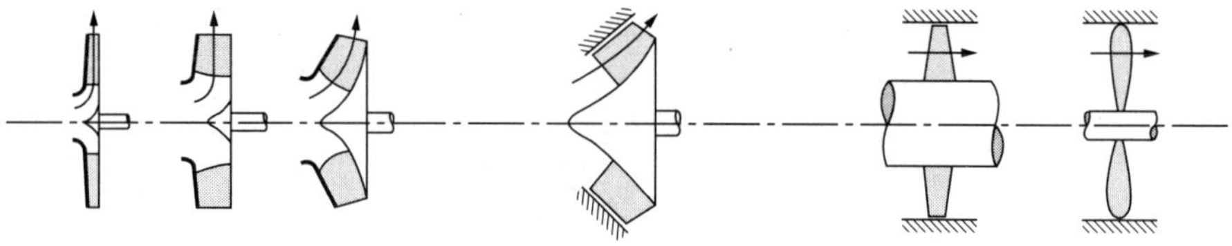

그림 13.21 임펠라 형상의 변화

① 원심펌프(centrifugal pump)

원심펌프는 회전차(impeller)를 고속으로 회전시켜 양수 또는 송수를 주로 하는 펌프로서 볼류트 펌프(volute pump)와 터빈 펌프(turbine pump)가 있다. 볼류트 펌프는 안내날개가 없으며, 임펠러로부터 직접 와류실로 유도하여 배출시키는 펌프로서 양정이 적고 유량이 많을 때에 사용된다.

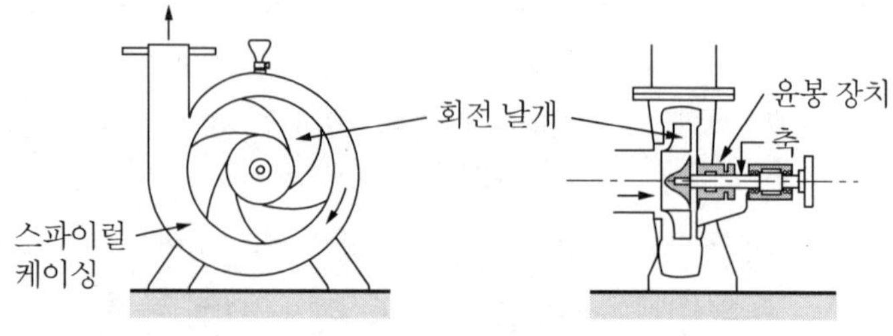

그림 13.22 볼류트 펌프

터빈 펌프는 회전자 바깥 둘레에 안내날개를 두어 회전차에서 방출된 액체를 안내하여 액체가 갖는 속도 에너지를 압력 에너지로 변환시키는 펌프로서 높은 양정에 사용된다.

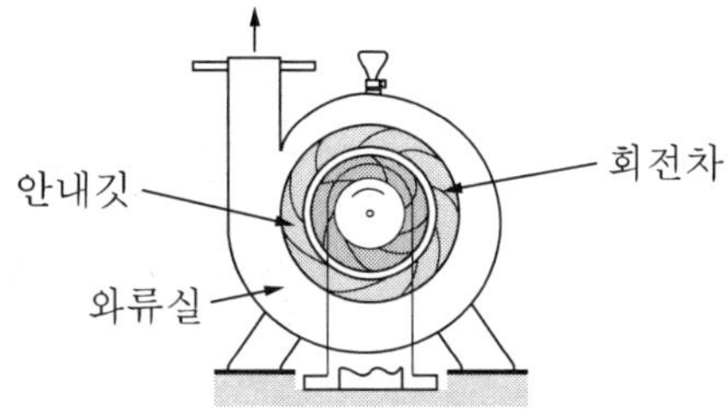

그림 13.23 터빈 펌프

또 원심펌프는 단수에 따라 단단펌프(single stage)와 다단펌프로 나눈다. 단단펌프는 회전차가 한 개이며 양정이 낮은 곳에 사용되고, 다단펌프는 회전차가 여러 개이며, 양정이 높은 곳에 사용된다.

(a) 단단펌프

(b) 다단펌프

그림 13.24 단수에 따른 원심펌프

② 축류 펌프(axial pump)

동체 내에 프로펠러형의 날개바퀴가 있고, 물이 축방향을 따라 흐르는 펌프이다. 구조는 간단하며 동용량의 원심 펌프와 비교하면 약 1/2 용적으로 해결된다. 비교적 고속도의 원동기에 직결할 수 있어 많은 유량을 보낼 수 있다. 비속도가 높아 1,100~2,200 범위에서 양정이 낮은(10 m 이하) 대수량인 경우에 적당하다. 상하수도, 일반적인 양·배수에 사용되고 있다.

고정 날개식과 가동 날개식이 있는데, 후자는 수량 양정 변화에 따라 날개의 설치각을 바꿀 수 있으므로, 전반적으로 효율이 높고 배출 밸브의 닫힘 시동도 가능하다. 또 횡축형과 입축형이 있는데 후자는 설치 면적이 적게 해결되고 캐비테이션(cavitation)을 일으키기가 힘들며, 프라이밍 조작을 필요로 하지 않는 장점 때문에 많이 사용되고 있다.

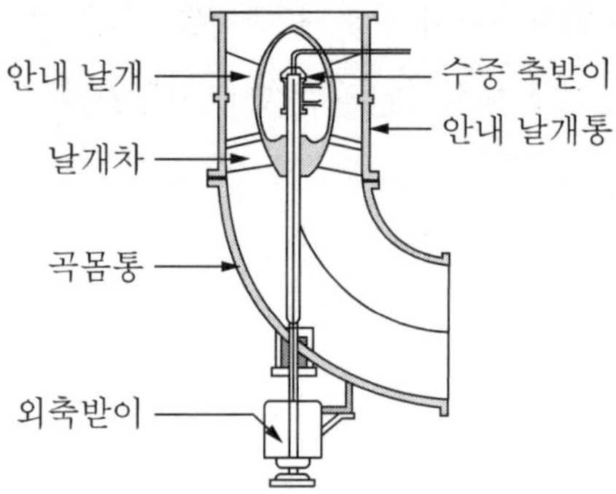

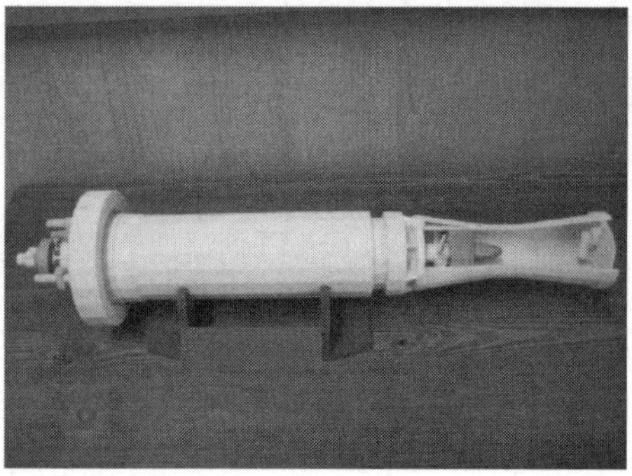

그림 13.25 축류 펌프

(2) 용적형 펌프

피스톤은 크랭크에 의해 움직이며, 피스톤이 오른쪽으로 움직일 때 배출밸브가 닫히고 흡입밸브는 열려서 액체가 실린더 안으로 흡입된다. 피스톤이 왼쪽 방향으로 움직일 때 흡입밸브는 닫히고 배출밸브가 열려서 실린더 안의 액체는 배출밸브에서 바깥으로 흘러나간다.

용적형 펌프는 대단히 높은 수압과 작은 유량에 적합하며 터보형 펌프보다 효율이 높다. 이 펌프는 피스톤, 플런저, 회전자 등에 의하여 액체를 압송하는 유체 기계이며 왕복동 펌프와 회전 펌프가 있다.

① 왕복동 펌프(reciprocating pump)

왕복동 펌프는 실린더 속에서 피스톤 또는 플런저를 왕복 운동시켜 액체를 흡입 가압하여

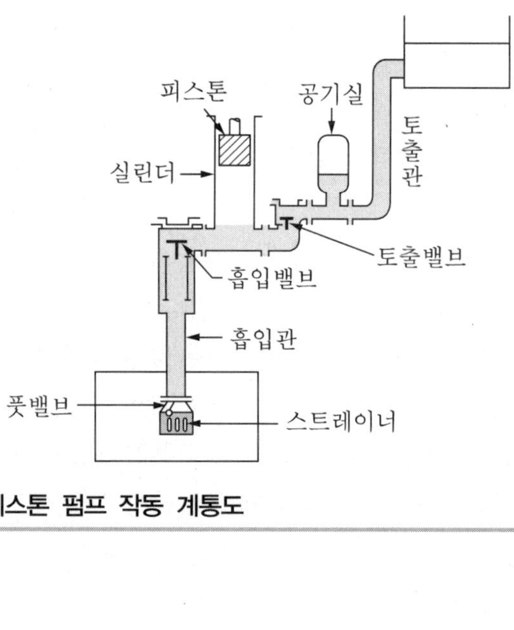

그림 13.26 왕복동 피스톤 펌프 작동 계통도

송출하는 펌프이다. 왕복동 펌프는 양수량은 적으나 구조가 간단하며, 고양정, 고압용에 적당하나 왕복동에서 생기는 송수압의 변동이 심하므로 토출량의 변화가 있으면 수량조절이 어렵다. 펌프의 종류로는 피스톤 또는 플런저가 왕복할 때마다 흡입과 토출을 하는 단독 플런저 펌프, 플런저의 1회 왕복마다 2회의 흡입과 토출이 발생하는 복동 플런저 펌프가 있다.

펌프의 종류로는 피스톤 펌프, 플런저 펌프, 다이어프램 펌프 등이 있다. 플런저 펌프는 피스톤 대신 플런저를 사용한 펌프이다.

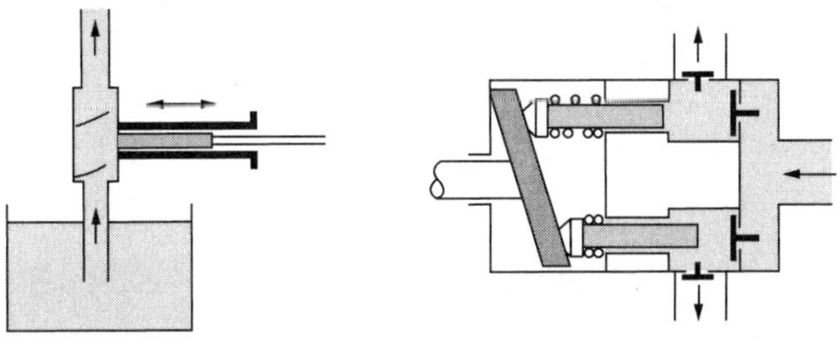

(a) 단동 플런저 펌프　　(b) 복동 플런저 펌프

그림 13.27 플런저 펌프

② 회전 펌프(rotary pump)

케이싱 안에서 1~3개의 회전자(로터)를 회전시켜 연속적으로 흡입하여 그것의 밀어내기 작용으로 액체를 압출하는 형식의 펌프이다. 이 펌프는 기름, 도료, 그리이스 등과 같이 점도가 높은 액체를 송출하는 데 적합하다. 펌프 종류로는 기어펌프, 베인펌프, 보일러 급수용 또는 화학약품 수송용 펌프 등이 있다.

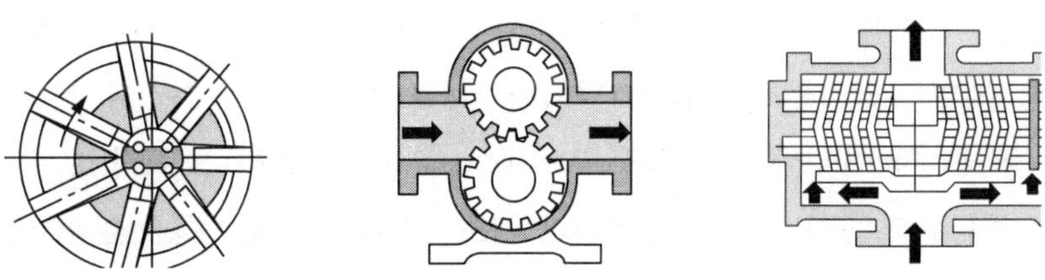

(a) 베인펌프　　(b) 기어펌프　　(c) 나사펌프

그림 13.28 회전 펌프

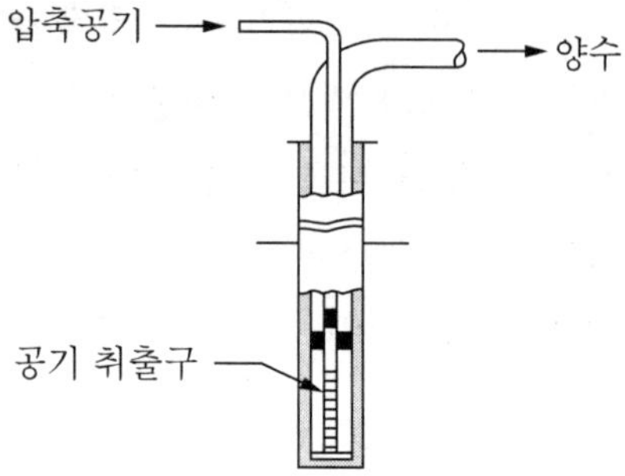

그림 13.29 공기 양수 펌프

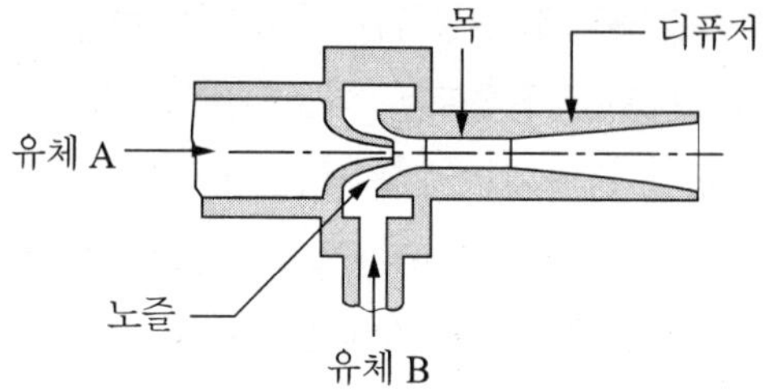

그림 13.30 제트 펌프

③ 공기 양수 펌프(air lift pump)

양수관의 하단 내부에서 압축 공기를 흡입해서 발생되는 공기의 기포의 부력을 이용하여 거품과 함께 양수한다. 효율은 20~40% 정도로 좋지 않지만 구조가 간단하고 고장이 적으므로 압축 공기를 쉽게 얻을 수 있을 때나 모래가 많은 우물물, 오수액체, 깊은 우물물의 퍼 올림 등 특수 조건일 경우에 사용된다.

④ 제트 펌프(jet pump)

수중에 제트부를 설치하고 벤튜리 관의 원리를 이용하여 증기 또는 물을 노즐을 통해 고속으로 분사시켜 압력 감압에 의한 흡인 작용으로 양수하는 펌프이다. 보일러 급수용, 오폐수 배출용, 가종용 제트 펌프 등에 사용한다.

8-2 펌프의 양정

물이 올라가는 높이를 양정이라고 하고, 이 단위는 물 단위 중량당 지니고 있는 에너지로서 물을 올릴 수 있는 물기둥 높이(m)로 나타낸다. 그림 13-31에서 수조의 수면에서 펌프 중심까지의 수직 높이를 흡입 양정이라고 하고 H_s(suction head)로 표시하며, 펌프 중심에서 토출 수면까지의 수직 높이를 토출 양정이라 하고 H_d(discharge head)로 표시한다.

실양정은 수조의 수면에서 송출 수면까지 실제로 물을 이송시켜야 할 높이를 말하고 H_a (actual head)로 표시한다. 즉, 흡입양정과 토출양정의 합을 말한다. 또한 펌프가 물을 흡입 수면에서 토출 수면까지 양수하기 위해서는 실양정에 상당하는 에너지와 관내의 마찰 손실이나 기타 손실에 상당하는 만큼의 에너지를 물에 가해야 한다. 따라서 전양정 H_t는 다음과 같다.

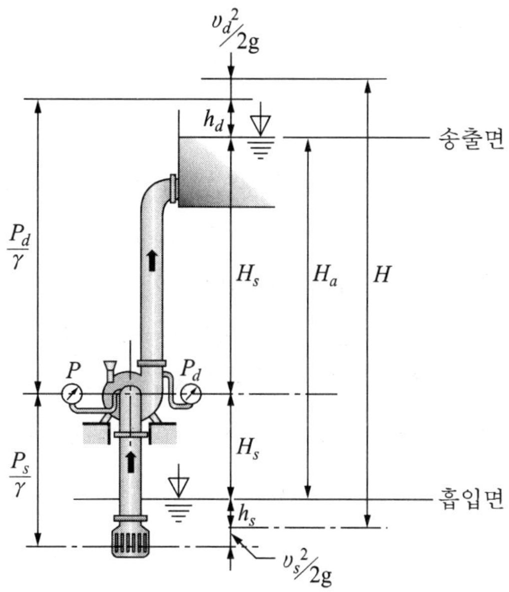

그림 13.31 펌프의 양정

$$H_t = H_a + H_f + \frac{v_2}{2g} = H_s + H_d + H_f + \frac{v_2}{2g}$$

여기서, H_t : 전양정(m)

H_a : 실양정(m)

H_s : 흡입양정(m)

H_d : 투출양정(m)

H_f : 마찰손실수두(m)

$\frac{v_2}{2g}$: 토출구 속도수두(m)

여기서 투출구의 속도수두($\frac{v_2}{2g}$)는 소요수량을 토출관에서 토출시키는 필요한 에너지로서 유속이 작은 경우는 그 값이 미약하기 때문에 생략해도 전양정의 값은 큰 변화가 없다. 따라서 펌프 전양정 H_t는 다음 식으로 나타낸다.

$$H_t = H_a + H_f = H_s + H_d + H_f$$

8-3 펌프의 이상 현상

(1) 공동현상(cavitation)

유체의 포화 증기압 아래로 압력이 떨어져 부압이 되면 액체는 기화되어 기포를 발생하고 액체 속에 공동이 생기게 된다. 이를 공동현상이라 한다.

펌프 속에 기체가 들어오므로 펌프의 흡상능력이 기체의 증가에 따라 점차 적어지고, 결국에는 흡상능력이 없어지며 펌프가 공전하므로 기계적 사고를 야기한다. 또한 발생한 기체가 고압부에 오면 붕괴되고, 이때 큰 압력이 생긴다. 독특한 소리가 나며 펌프가 진동하고, 임펠러, 가이드 밸브 등이 손상되고, 펌프의 효율을 저하시키고 수력기계의 손상 혹은 파괴의 원인이 된다.

① 공동현상의 방지

펌프가 공동현상에 대해 안전하기 위해서는 시설상으로부터 이용가능한 유효흡입수두 $(NPSH)_{av}$가 펌프가 필요로 하는 유효흡입수두 $(NPSH)_{re}$보다 커야 한다.

펌프가 필요로 하는 유효흡입수두[$(NPSH)_{re}$: net positive suction head]라 함은 펌프가 공동현상을 일으키지 않으면서 물을 회전차 입구의 최상위에 이르는 최소의 수두를 말한다.

$$(NPSH)_{av} = \frac{P_a}{\gamma} - \left(\frac{P_v}{\gamma} + H_a + H_{fs}\right)$$

여기서, P_a : 흡입수면의 절대압력(kg_f/m^2)

P_v : 유체의 온도에 상당하는 포화증기압(kg_f/m^2)

H_a : 흡입양정(흡입상일 때 +, 압입일 때 −)(m)

γ : 유체의 비중량(kg_f/m^3)

$$(NPSH)_{re} = \sigma \times H$$

여기서, $(NPSH)_{re}$: 펌프가 필요로 하는 유효흡입수두(m)

σ : Thoma의 캐비테이션 계수

H : 펌프의 총양정

공동현상계수 σ는 펌프의 비교 회전도(N_s)의 함수로 표시된다.

펌프의 총양정, 토출량 및 회전수가 변하면 H_{av}도 다르게 된다.

공동현상을 방지하기 위해서는 $(NPSH)_{av} > 1.3 \times (NPSH)_{re}$가 되도록 선정해야 한다.

8-4 수격작용(water hammer)

(1) 개요

하수 등을 펌프로 압력수송 하는 경우, 운전 중 펌프가 정전 등에 의해 급정지하게 되면 관내를 흐르고 있던 하수는 갑자기 유속이 떨어져 결국에는 정지상태가 되고 이어 역류하게 되며, 그 사이에 관내압력은 크게 상승 또는 하강한다. 이러한 과도현상을 수격작용이라 하며, 펌프의 급기동 또는 토출측 밸브를 급격히 개폐할 경우에도 일어날 수 있다.

다음의 경우는 수격작용을 분석하는 것이 바람직하다.

- 관내유량이 115 m^3/h 이상이고, 동력학적 수두가 14 m 이상인 경우
- 역지밸브(check valve)를 가지고 있는 고양정 펌프시스템
- 수주분리가 일어날 수 있는 시설, 즉 고위점이 있는 시설, 압력관으로 자동공기배출구나 공기진공밸브가 있는 시설과 관길이가 100 m 이상인 경우

수격작용의 정도는 관내유속의 시간적 변화, 관로의 기복과 연장, 펌프나 원동기의 회전관성 및 펌프의 특성 등에 따라 다르다.

(2) 수격작용의 피해

- 압력강하로 인해 관로를 사용하지 못하게 된다.
  압력강하로 관로 내의 물이 증기압 이하로 되는 부분이 나타나서 수주분리를 일으키고, 이 공동부분이 다시 물로 채워질 때 충격압이 생겨 관을 파괴한다.
- 압력상승에 의해 펌프, 밸브 및 관로 등을 파괴한다.
  펌프 및 원동기가 거꾸로 회전하는데 대한 고려가 없을 때는 역전에 의한 사고를 일으킨다.

(3) 수주분리 발생의 방지방법

펌프에 플라이휠을 붙여 펌프의 관성을 증가시켜 급격한 압력강하를 완화한다(소용량의 펌프에 유리하며, 용량이 큰 펌프나 토출측 관로연장이 긴 경우는 플라이휠이 과도하게 됨).

토출측 관로에 압력조절수조(serge tank)를 설치해서 부압발생 장소에 물을 보급하여 부압을 방지함과 아울러 압력상승도 흡수한다.

토출측 관로에 입방향 압력조절수조를 설치하여 압력강하시에 물을 보급해서 부압발생을

방지한다. 평상시에 역지밸브는 관로와 분리된다(하수의 경우 역지밸브에 이물질이 낄 우려가 있음).

펌프의 토출구 부근에 공기탱크를 두거나 또는 부압 발생지점에 흡기밸브를 설치해서 압력강하시에 공기를 불어넣는다.

관내유속을 낮추거나 관거상황을 변경한다.

(4) 압력상승의 방지법

펌프의 토출구에 완만히 닫을 수 있는 역지밸브 또는 완만히 닫을 수 있는 측관이 달린 역지밸브를 설치하여 역류하는 물을 서서히 차단해서 압력상승을 작게 한다(관로가 비교적 짧은 경우에 적합함).

역지밸브를 설치하지 않고 펌프의 토출측 밸브를 유압 또는 수압에 의해 자동적으로 서서히 폐쇄한다. 고양정, 대용량의 펌프에 적합하다.

소방기초전기

P·A·R·T

6

Chapter 14 전기 이론 기초

1. 전기 생성

1-1 마찰 전기

건조한 유리막대를 건조한 명주 헝겊에 문지르면 유리막대는 종잇조각이나 털과 같은 가벼운 물체를 끌어당긴다. 이것은 유리막대의 성질이 변한 것이 아니고 마찰에 의해서 생긴 전기가 유리막대에 붙어 있어 이 전기가 가벼운 물질을 끌어 당기기 때문이다. 유리막대에 전기가 부착되어 있는 이 전기를 전하(electric charge)라고 한다. 전하는 전기회로의 특성, 동작을 설명하는 데 필요한 몇 가지 양(+) 중에서 가장 기본적인 양이라 할 수 있다.

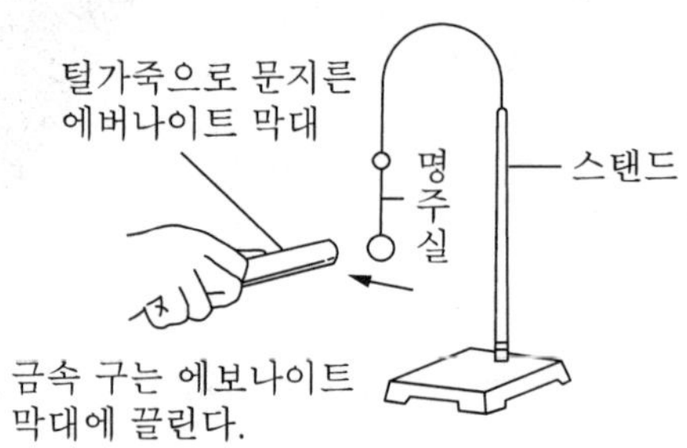

그림 14.1 마찰전기

마찰에 의하여 생긴 전기는 두 가지 종류가 있는데 그림 14.2의 실험으로 확인할 수 있다.

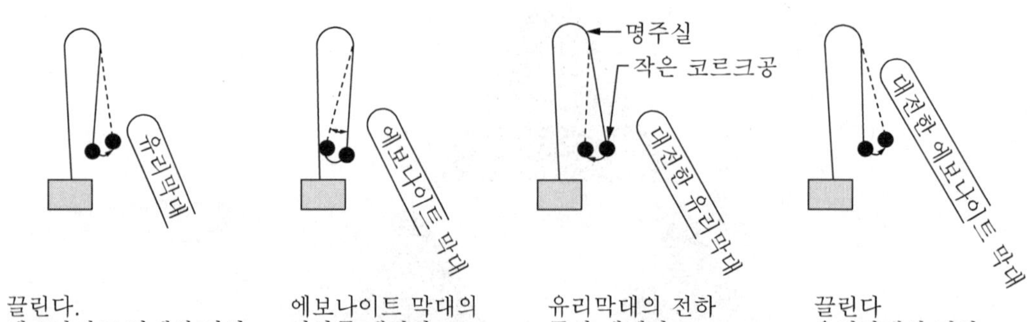

그림 14.2 (+)전기와 (−)전기

먼저 명주헝겊으로 마찰하여, 대전하고 있는 유리막대를 코르크의 작은 공에 접촉시켜 유리막대의 전기적 일부를 코르크에 이동시킨다. 그 다음 유리막대를 코르크의 작은 공에 접근시키면 공은 유리막대로부터 달아난다. 그러나 모피로 마찰하여 대전시킨 에보나이트 막대를 접근시키면 코르크 공은 에보나이트 막대로 끌려온다. 이런 사실로부터 유리막대와 에보나이트 막대가 가지고 있는 전기는 다른 작용을 하는 것을 알 수 있다.

이때 유리막대에 대전하고 있는 전기를 (+)전기 또는 양전기, 에보나이트에 대전하고 있는 전기를 (−)전기 또는 음전기라 한다. 이와 같이 양전기나 음전기를 띠는 현상을 대전(electrification)되었다고 하고, 전기를 띠고 있는 물체를 대전체(electrified body)라 한다.

1-2 대전 서열

원자는 중심에 (+)전하를 띤 핵과 주위에 (−)전하를 띤 전자가 분포하고, 두 전하량이 보통의 경우 평형상태에 있게 된다. 여기에 외부에서 힘을 가하면 전자는 잘 움직여 다른 물체로 이동하게 되고, 전하의 불균형을 이루게 되어 전기를 띠는 물체가 된다. 이때 전자가 이탈된 물체는 전체적으로 (+)전기를 띠게 되어 (+)로 대전되었다고 하고, 전자를 얻어서 (−)전기를 띤 물체를 (−)로 대전되었다고 일컫는다.

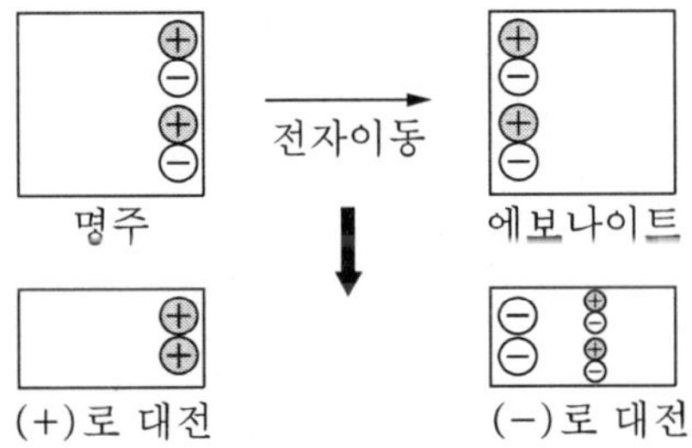

그림 14.3 대전

이때 두 물체 사이에 한 쪽은 전자를 빼앗기고 한 쪽은 전자를 얻게 되는데 이는 주로 원자가 전자수 때문이다. 즉, 원자가 전자는 각 에너지 단계마다 2, 8, … 개의 전자가 채워지면 안정화되는 성질이 있다. 예를 들어, 두 번째 에너지 단계의 원자들은 8개의 전자를 채우거나 혹은 전자를 모두 잃어버리려는 성질이 있다.

보통의 경우에는 핵(+)과 전자(−)의 전기력 평형에 의해 전자와 핵의 전하량이 같지만 마찰 등에 의해 외부에서 힘을 가하면 전자들이 이동하여 전기를 띠게 된다. 대전된 물체는 시간이 다시 지나면 외부로 전자를 내보내거나 끌어당기는 방법으로 다시 전기적으로 중성인 상태로 가게 된다. 예를 들어, 플라스틱 빗으로 마른 머리카락을 빗으면 머리카락에 있는 전자가 플라스틱 빗으로 이동하게 된다. 결국 머리카락은 전자가 빠져나가 전체적으로 (+)전하를 띠게 되고, (−)전하를 띤 전자가 이동된 빗은 (−)로 전기를 띠게 된다.

대전서열은 두 물체를 문지를 때 한 쪽은 (+)전기로, 다른 쪽은 (−)전기로 대전된다. 이것은 전자를 가지려는 힘의 차이, 바꾸어 말하면 전자를 버리려는 힘의 차이가 있기 때문이다. 이 대전서열의 예로 다음과 같은 물질이 있다.

(+) 털가죽 - 머리카락 - 상아 - 유리 - 명주 - 나무 - 솜 - 고무 - 셀룰로이드 - 황 - 에보나이트 - 플라스틱 (−)

위 대전서열에서 보듯이 털가죽 쪽으로 갈수록 (+)로 대전되려는 성질이 강하고 에보나이트 쪽으로 갈수록 (−)로 대전되려는 성질이 강하다. 예를 들어, 유리와 고무를 비비면 유리는 (+)로 대전되고 고무는 (−)로 대전된다. 또한 명주와 에보나이트막대를 비비면 명주 안의 (−)전자가 에보나이트막대로 이동하여 명주는 (+), 에보나이트막대는 (−)로 대전된다. 이와 같이 마찰전기의 전하가 발생하는 순서로 나열하는 것을 대전서열이라 한다.

예제 절연체 중에 플라스틱, 고무, 종이, 운모 등과 같이 전기적으로 분극현상이 일어나는 문체를 무엇이라 하는가?

solution 유전체

2. 원자와 전자

물질의 구조를 살펴보면 어떠한 물질이라도 물질은 모두 원자라고 하는 극히 적은 입자(미립자)의 집합으로 되어 있으나, 물체에 따라서는 두 종류 이상의 원자가 붙어서 분자라고 하는 미립자가 모여서 된 것도 있다. 따라서 물질의 성질이 다른 것은 물질을 만들고 있는 원자의 종류가 다르기 때문이다.

원자의 구조는 중심부분에 양전하(+)를 가진 원자핵이 있으며 원자핵 주위에 음전하(−)를 가진 전자가 궤도를 회전하고 있다.

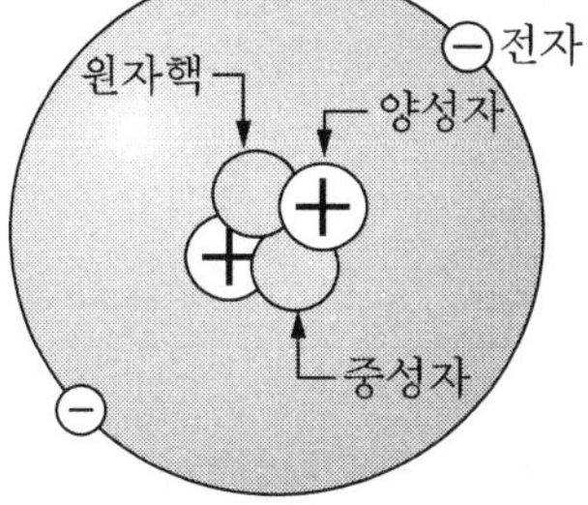

그림 14.4 원자의 구조

음전하(−전기)를 가진 미립자를 전자라고 하며, 이 전자는 어떠한 곳에 있어도 그것이 가지고 있는 (−)전기 양은 일정하다는 것으로 알려져 있다.

원자핵은 (+)전기를 띠는 양성자와 전기를 띠지 않는 중성자로 구성되어 있다. 원자는 원자핵에 (+)전기, 원자핵 주위에 (−)전기를 가진 전자가 돌고 있으나, 일반적으로 물질은 중성으로서 원자 내부에 있는 전기 작용은 밖으로 나타나지 않는다. 이것은 전자가 가지고 있는 (−)전기와 원자핵 중 양성자가 가지고 있는 (+)전기가 전자의 궤도이탈 상호작용으로 상쇄되기 때문이다.

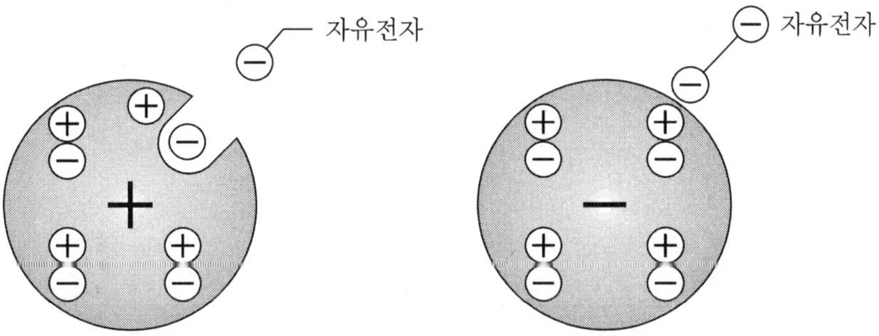

그림 14.5 전자의 궤도이탈

2-1 자유전자와 전자의 이동

어떠한 물질이든지 원자가 모여서 만들어진다. 그런데 원자의 중심에는 (+)전기를 가진 원자핵이 있고, 그 주변을 전자가 회전하고 있는 것이다. 자유전자란 물질 속이나 진공 속을 원자 내 전자들이 핵과의 인력에 의해 고정되어 있는데 반해, 일정 영역 내에서 움직임이 자유로운 전자이다.

이 원자의 제일 바깥 궤도를 돌고 있는 전자는 원자핵으로부터 제일 멀리 떨어져 있으나 보통 상태에 있어서는 전자와 원자핵은 상호 인력이 작용하고 있으므로 원자로부터 전자는 떨어지지 않는다.

그런데 한 개의 물질을 다른 물질과 마찰하면 한 물질에서 원자핵 주위를 돌고 있던 외곽 전자가 다른 물질의 원자핵에 이끌려 그 쪽으로 이동되어 간다. 그러면 전자가 없어진 물질은 전체 전자의 힘보다 원자핵의 힘이 커지게 되므로 물질 전체의 전기적인 성질은 (+)로 대전되고, 반대로 전자를 받은 물질의 전체적인 전기적 성질은 (−)로 대전된다. 따라서 마찰로 인한 전기의 종류는 항상 (+)전기와 (−)전기로 대전됨을 알 수 있다.

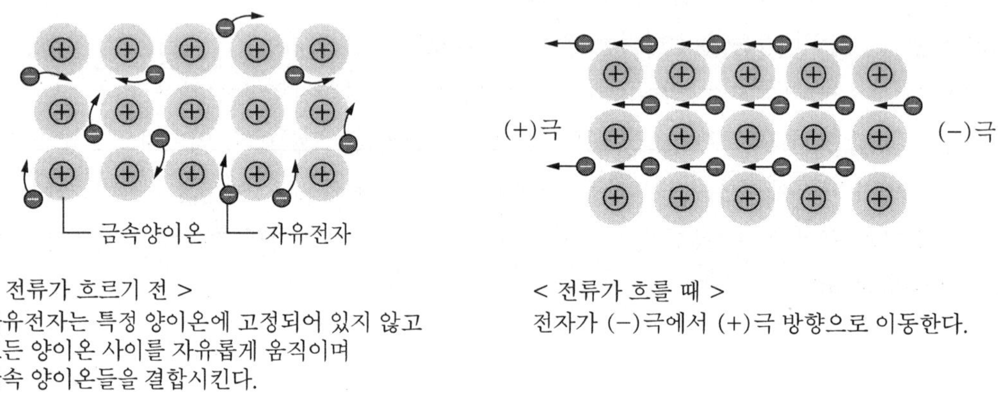

그림 14.6 자유전자

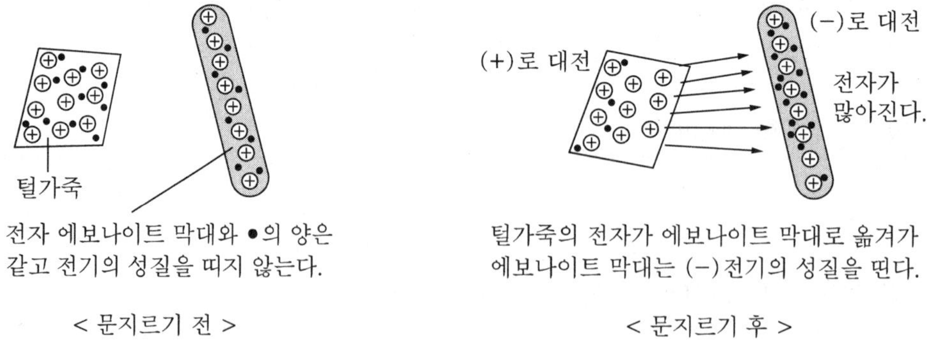

그림 14.7 전자의 이동

3. 전류의 흐름

물의 높이가 다른 두 물통을 연결하면 높은 물통에 있는 물이 낮은 물통으로 흐른다. 이때 물을 흐르게 하는 에너지원은 두 물통의 수압차이다. 두 물통의 수압차가 클수록 물의 흐름은 빨라지고, 수압차가 작을수록 물의 흐름은 느려진다. 또 물의 높이가 같아지면 물은 더 이상 흐르지 않게 된다. 물을 계속 흐르게 하려면 펌프를 이용하여 수압차를 계속 유지시켜 주어야 한다.

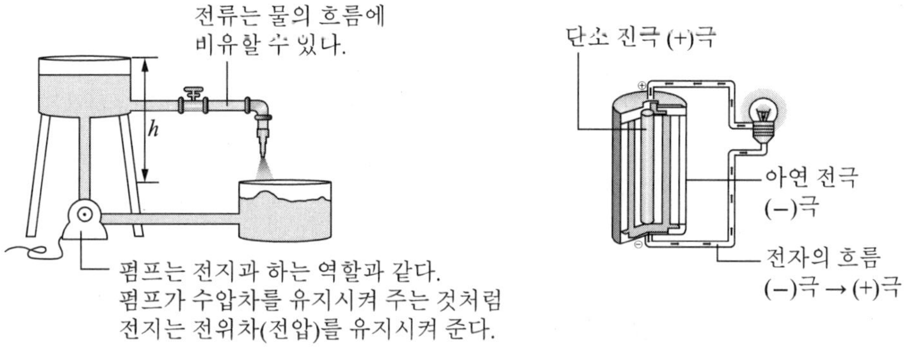

그림 14.8 전류의 흐름

전위차에 의해 전자들은 (−)극에서 도선을 따라 (+)극으로 이동한다. 이러한 전자들의 흐름을 '전류'라고 한다. 이 전자들을 자유전자라고 하는데, 동이나 철 등의 금속이 전기를 잘 통하는 것은 이 자유전자 때문이다. 즉, 전류란 전하를 띤 자유전자 입자들의 흐름이다. 과학자들은 전류가 흐르는 방향을 (+)극에서 (−)극으로 정하였다. 전지와 같은 화학 전지를 회로에 연결하면 전자들이 일정한 방향으로 움직인다. 이와 같이 도선 내에서 전자들이 한 방향으로 움직일 때 생기는 전류를 '직류'라고 한다.

그러나 전기에너지를 만들기 위해 전자들이 한 방향으로만 움직일 필요는 없다. 도선 속에 있는 전자들이 움직이는 방향이 바뀌더라도 전류가 흐를 수 있다. 이와 같이 도선 내에서 전자들이 움직이는 방향이 주기적으로 바뀔 때 생기는 전류를 '교류'라고 하며, 가정에서 사용하는 전기는 교류이다. 60 Hz의 교류가 흐른다는 것은 전자들이 1초에 120번씩 방향을 바꾼다는 것을 의미한다.

3-1 전류의 세기

파이프 속에 물이 흐르고 있다고 가정해보자. 파이프 속에서 흐르는 물의 세기는 단위 시간당 파이프 끝에서 나오는 물의 양을 측정하면 된다. 마찬가지로 도선 속에서 흐르는 전류의 세기도 같은 방법으로 나타낼 수 있다. 전류의 세기는 회로의 어떤 지점을 1초 동안에 지나는 전자의 수로 나타낼 수 있다. 1초 동안 지나가는 전자의 수가 많으면 전류의 세기는 세고, 전자의 수가 적으면 전류의 세기는 약하다. 전류의 기호는 I이고, 단위는 암페어(A)를 사용한다. 1암페어의 전류가 흐를 때 도선의 어떤 지점을 1초 동안에 지나가는 전자의 수는 6.25×10^{18}개이다.

1암페어(A)는 1초 동안에 1쿨롱(C)의 전하량이 지나가는 전류의 세기를 말한다. 전자 1개가 가진 기본 전하량이 1.6×10^{19}C이므로 6.25×10^{18}개의 전자가 모여야 1쿨롱이 된다.

Chapter 15 전기 회로 기초

1. 전기회로

회중전등에 건전지를 연결하면 전구에 불이 켜진다. 이는 건전지의 전하가 도선을 통하여 전구에 전류가 흘렀기 때문이다. 이때 전류가 흐른 통로를 살펴보면 그림 15.1과 같이 건전지의 (+)측 → 소형전구 → 스위치 → 금속도체 → 건전지 (−)측 → 건전지 내부 → 건전지 (+)측과 같이 전류가 흐르는 통로에 끊어진 곳이 없는 것을 알 수 있다.

전류는 보통 끊어진 곳이 없는 통로를 통하여 흐르며, 이와 같이 전기가 흐르는 통로를 전기회로라고 한다.

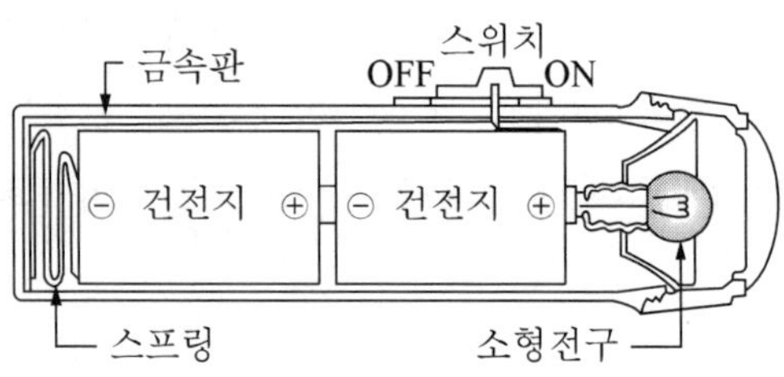

그림 15.1 전류회로

2. 단위와 정의

2-1 전류

100와트(W)의 전등이 60와트의 전등보다 밝은 것은 우리들이 일상생활에서 경험하고 있다. 이것은 100와트의 전등 쪽이 60와트의 전등보다 더 큰 전류를 나타냈기 때문이다.

이러한 전류의 양을 정의하기 위하여 전하의 양을 알아보면 전자 1개가 가지고 있는 전하의 양은 1.602×10^{19} 쿨롱(C)이다. 즉, 1 [C]이 포함하는 전자의 수는 1.602×10^{19}(개)이다. 이와 같이 전류의 흐름은 전기 회로에서 전하의 이동이 있어야 하며, 전하의 이동은 전류(electric current)를 형성한다. 이때 전류의 세기는 회로의 어느 단면을 단위 시간에 통과하는 전하량으로 정의하며 그 M.K.S 단위는 암페어(ampere ; A)이다. 1 [A]는 매초 1 [C]의 전하가 이동할 때 전류이다.

따라서 일정 율로 t초 동안에 Q [C]의 전하가 이동한다면 전류 [I]와 전하량 Q 사이에는

$$I = \frac{Q}{t} \text{ [A]} \quad \text{또는} \quad Q = tI \text{ [C]}$$

인 관계가 성립한다.

이동하는 전하량이 시간적으로 변할 경우 미소시간 dt (s)동안 dq (C)의 전하가 이동한다면 이때의 전류는

$$i = \frac{dq}{dt} \text{ [A]}$$

가 되며 이로부터 통과하는 전하량은

$$q = \int i dt \text{ [C]}$$

와 같이 표시된다.

예제 단면적이 5 [cm^2]인 도체가 있다. 이 단면적을 3 [sec] 동안에 30 [C]의 전하가 흘러가면 전류는 몇 [A]가 되는가?

solution 단위 시간당 수직으로 이동한 전하량이 전류이므로

$$I = \frac{Q}{t} \text{ [A]} = \frac{Q}{t} = \frac{30}{3} = 10 \text{ [A]}$$

2-2 전위와 전압

물은 수위가 높은 곳에서부터 낮은 곳으로 흐르며 두 지점 사이의 수위차가 클 수록 물 흐름의 세기 또는 물의 속도가 커진다. 즉, 수위차에 해당되는 에너지 변환이 일어난다. 마찬가지로 도선 속의 전하 이동 역시 도선의 두 지점간의 전위차가 형성될 때 이루어진다고 볼 수 있다. 전위(electric potential)는 전기적인 위치 에너지라 할 수 있고 이것이 수위에 해당되며, 전위차 또는 전압은 수위차, 수압 등에 비교될 수 있다. 그림 15.2의 (a)처럼 전압은 수조에 있어서 물의 이동과 같은 원리라고 볼 수 있다. 그러나 (b)와 같이 건전지의 (+)와 (−)사이에 작은 전구를 연결하면 전류는 어느 시간 동안 계속해서 흐른다. 이것은 건전지의 (+)와 (−)사이의 전압은 흘러도 없어지지 않기 때문이다. 건전지와 같이 전류를 계속 흐르게 하는 작용을 기전력이라 한다.

물이 흘러 수위가 변화할 때 에너지 변환이 수반되듯이, 전기회로에 전류가 흐를 때에도 에너지 변환 또는 전송이 일어나면서 이 전후에 있어서 전위차가 발생한다. 이때 두 점간의 전위차는 단위 정전하가 이동할 때 얻거나 또는 잃게 되는 에너지로 결정되며, 이것은 M.K.S 단위로 볼트(volt ; V)가 쓰인다. 즉, 1 [V]는 1 [C]의 전하가 두 점 사이를 이동할 때 얻거나 잃는 에너지가 1 [J]이 되는 두 점간의 전위차를 말한다.

따라서 Q [C]의 전하가 어느 두 점 사이를 이동해서 얻거나 잃는 에너지가 W [J]이며, 이때 두 점 사이에 V [V]의 전위차가 형성된다면 이들 사이에는

$$V = \frac{W}{Q}\ [\mathrm{V}] \quad \text{또는} \quad W = QV\ [\mathrm{J}]$$

의 관계가 성립된다.

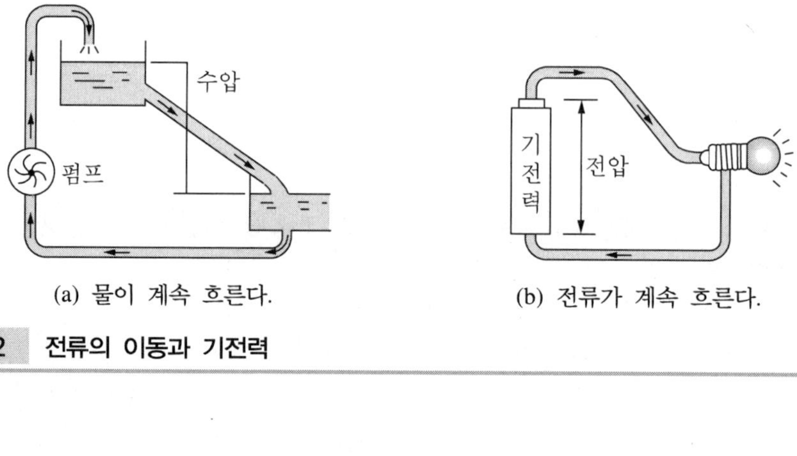

(a) 물이 계속 흐른다.　(b) 전류가 계속 흐른다.

그림 15.2 전류의 이동과 기전력

일반적으로 미소전하 dq [C]이 이동할 때 수반되는 에너지의 변화가 dw [J]이라면 이때의 전위차는

$$v = \frac{dw}{dq} \ \ [\mathrm{V}]$$

가 되며 이를 적분형으로 표시하면

$$w = \int vdv \ \ [\mathrm{J}]$$

이 된다.

2-3 도체와 절연체

전선에는 주로 동선이 많이 사용되는데 그 이유는 전기 저항이 작기 때문이다. 은선이나 철 또는 알루미늄 선 등도 전기가 잘 통한다. 일반적으로 금속은 전기가 잘 통하는 성질을 갖고 있으며, 전기가 잘 통하는 물질을 도체라고 부르는데 이러한 도체에는 금속뿐만 아니라 액체도 있다. 예를 들면, 그림 15.3과 같이 식염수 속에 두 개의 전극을 넣으면 전류계가 움직인다. 이것은 식염수 속에 전류가 흘렀기 때문이다. 전류가 통하는 액체는 식염수뿐만 아니라 산이나 알칼리를 물에 용해시킨 것도 전류가 통하는 것을 알 수 있다. 그러므로 이들 액체도 도체라고 한다. 전류가 잘 통하지 않는 물질은 부도체 또는 절연체라고 한다.

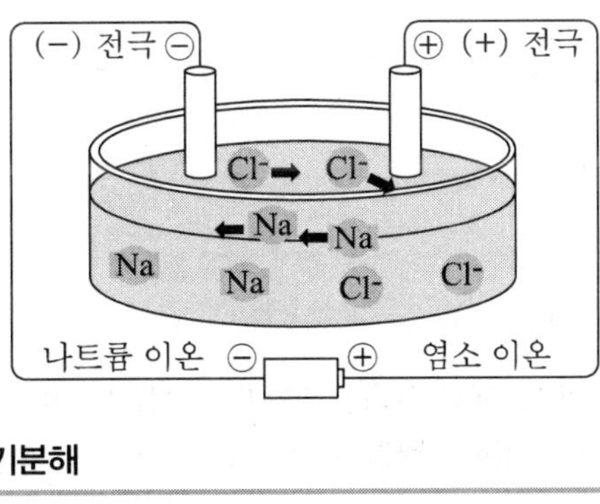

그림 15.3 식염수의 전기분해

2-4 전력과 전력량

전력(electric power)은 전기가 단위 시간에 하는 일의 양, 엄밀하게 말하면 단위시간에 변환 또는 전송되는 에너지로 정의되며 이에 대한 M.K.S 단위로는 와트(watt ; W)가 쓰인다. 1 [W]는 매초 변환되는 에너지가 1 [J]일 때의 전력을 말하며 변환되는 에너지 W [J]이 시간적으로 일정할 때의 전력 P는

$$P = \frac{W}{t}\ [\mathrm{W}]$$

가 된다. 또한 식 $W = QV$, $Q = It$이므로 위의 식 P는

$$P = VI\ [\mathrm{W}]$$

와 같이 표시될 수 있으며, 이로부터 t [s] 동안에 변환되는 에너지 또는 전력량 W는

$$W = Pt = VIt\ [\mathrm{J}]$$

이 된다.

전력의 실용 단위로는 킬로와트(kW), 마력(horse power ; HP)이 많이 쓰이며, 1 [kW] = 1,000 [W], 1 [HP] = 746 [W]의 관계가 있다. 또한 전력량의 단위로서는 와트 아워(watt-hour ; Wh) 또는 킬로와트 아워(Kwh)가 많이 사용되며, 1 [Wh] = 3,600 J, 1 [Kwh] = 1,000 [wh]의 관계가 있다.

예제 2분간에 876,000 [J]의 일을 하였다. 그 전력은 얼마인가?

solution $1\ [\mathrm{J}] = \frac{1}{4.2}\ [\mathrm{cal}] = 0.24\ [\mathrm{cal}]$

주울의 법칙 $H = 0.24Pt$

$P = \frac{H}{t} = \frac{876{,}000}{120} = 7{,}300\ [\mathrm{W}] = 7.3\ [\mathrm{Kw}]$

예제 1,200 [W]의 전기밥솥을 매일 1시간, 60 [W]의 전등을 매일 8시간 사용했을 때 가정에서 1달(30일) 동안에 사용하는 전력량은 몇 [Kwh]인가?

solution $W = P \cdot t = (1{,}200 \times 1) + (60 \times 4 \times 8) \times 30 = 93{,}600\ [\mathrm{wh}] = 93.6\ [\mathrm{Kwh}]$

2-5 저항

도체의 종류에 따라 전기가 잘 통하는 정도가 다른 것은 전기가 도체 중에 통과할 때 전기의 흐름을 방해하는 힘이 다르기 때문이다. 이와 같이 전기의 흐름을 방해하는 것을 전기저항 또는 저항이라고 한다.

저항의 크기를 나타낼 때에는 오옴(Ω)이라는 단위를 사용하며, 동일한 도체에 있어서 저항은 도체의 길이와 단면적에 따라 각각 다르게 나타낸다. 만일 동선의 굵기가 일정하고 길이가 1 m이고 저항이 1이라고 가정하면, 저항 변화는 같은 길이의 동선이라도 굵기가 5배(단면적이 5배)로 되면 저항은 1/5로 된다는 것이다. 그리고 동선의 굵기는 변함없고 길이만 2배로 증가된다면, 저항은 2배로 커진다는 사실이다. 즉, 물질의 저항은 길이에 비례하고 단면적에 반비례한다는 것을 알 수 있고 다음과 같은 식을 얻을 수 있다.

$$R = \rho \frac{l}{S} \ [\Omega]$$

표 15.1 대표적인 물질의 저항률

물질	저항률[Ω · m]	물질	저항률[Ω · m]
은	1.62×10^{-8}	대리석	$10^7 \sim 10^8$
동	1.72×10^{-8}	베크라이트	$10^6 \sim 10^{10}$
알루미늄	2.75×10^{-8}	플라스틱(PVC)	$1 \sim 10^{14}$
철	9.8×10^{-8}	플라스틱(P.E)	$1 \sim 10^{13}$
주석	11.4×10^{-8}	알코올	$4 \sim 10^4$
납	$10^8 \sim 10^{11}$	벤젠	$2.7 \sim 10^{11}$
유리	3×10^{11}	틀루엔	$2.5 \sim 10^{11}$
자기			

예제 전선을 균일하게 3배의 길이로 당겨 늘였을 때 전선의 체적이 불변이라면 저항은 몇 배가 되겠는가?

solution 전선의 체적이 불변이므로 길이를 3배로 늘이면 단면적은 1/3배가 되므로

$$R = \rho \frac{l}{S} \ [\Omega] = \rho \frac{3l}{\frac{S}{3}} = \rho \cdot 9 \frac{l}{S} = 9R[\Omega]$$

참고 : 휘트스톤 브리지에 의한 저항측정

측정범위 보통 $0.1\Omega \sim 1\text{ M}\Omega$까지의 저항을 측정하는 사용되는 계기

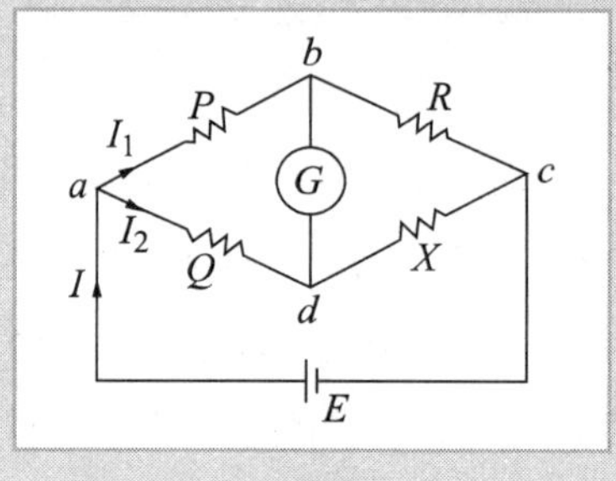

$I_1 P = I_2 Q,\ I_1 R = I_2 X$

$\therefore\ \dfrac{I_1}{I_2} = \dfrac{Q}{P} = \dfrac{X}{R}$

예제 위의 휘트스톤 브리지 그림에서 $P=2[\Omega]$, $Q=4[\Omega]$, $R=50[\Omega]$에서 검류계에 흐르는 전류는 0이 되었다. X는 얼마인가?

solution 브리지의 평형조건에서 $PX=RQ$이므로 $2X=50\times4$

$\therefore\ X=\dfrac{200}{2}=100[\Omega]$

2-6 오옴의 법칙(Ohm's law)

그림 15.4와 같이 도체에 전류가 흐를 경우, 도체 양단에 나타나는 전압강하 v는 그림에 표시된 것처럼 어느 정도 미만의 전류 값에서는 전류 i에 비례관계가 성립되는 선형성(linearity)구간이 있다. 즉, 전압 v는 전류 i에 비례한다.

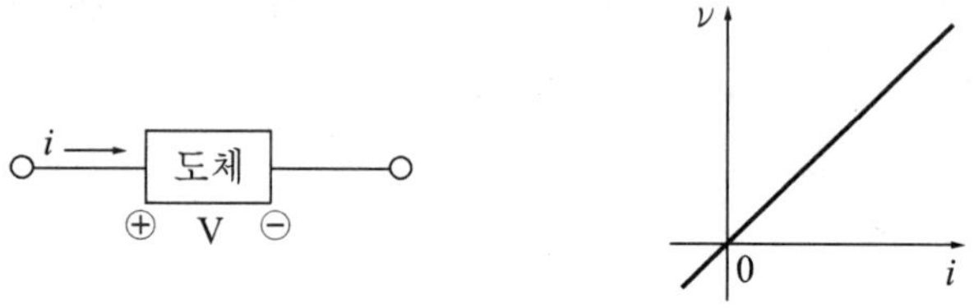

그림 15.4 도체에서의 전압－전류 특성

이때 비례상수(곡선 기울기)는 도체의 모양 및 종류에 따라 달라지며, 여기서 비례상수가 크다는 것은 일정 전류가 통과하는 동안 보다 큰 전압강하가 나타남을 의미한다. 또한 이는 전하로부터 도체에 공급되는 에너지보다 크기 때문에 일정 전압이 도체 양단에 인가될 경우 전하가 도체를 통과하기가 보다 어려워짐을 뜻한다. 따라서 이때의 비례상수는 전류의 흐름을 저해하는 요소라 할 수 있기 때문에, 이를 도체의 전기저항 또는 간단히 저항이라 하여 R로 표시한다.

도체양단의 전압 v와 전류 i, 도체저항 R사이에는

$$v = Ri \quad \text{또는} \quad i = \frac{v}{R}$$

와 같은 관계가 성립되며 이를 오옴의 법칙(Ohm's law)이라 한다.

결국 오옴의 법칙은 "도체에 흐르는 전류는 전압에 비례하고 저항에 반비례 한다"고 말할 수 있다. 저항의 M.K.S 단위로는 오옴(ohm ; Ω)이 사용된다. 위 식으로부터 $R = \frac{v}{i}$ [Ω]인 관계가 성립하므로 1 [Ω]은 1 [A]의 전류를 흐르게 하기 위해 1 [V]의 전압을 필요로 하는 도체의 저항값을 의미한다.

전류를 통하기 쉬운 정도는 전도율(conductivity ; σ)을 사용하고 기호는 σ, 단위로는 [Ω^{-1}/m]를 사용한다. 고유저항 ρ [Ω · m]와 전도율 σ는 역수의 관계가 있어서 다음과 같은 식이 성립한다.

$$\sigma = \frac{1}{\rho} \ [\Omega^{-1}/\mathrm{m}]$$

따라서 단면적 S [m^2], 길이 l [m]인 저항이 R [Ω]이라고 하면 그 전도율 σ는 다음과 같이 된다.

$$\sigma = \frac{1}{\rho} = \frac{1}{RS/l} = \frac{l}{RS} \ [\Omega^{-1}/\mathrm{m}]$$

그러므로 물질의 저항은 길이에 비례하고 단면적에 비례한다.

예제 저항 10 [Ω]인 전열기에 220 [V] 전압을 가하면 몇 [A]의 전류가 흐르는가?

solution 오옴의 법칙 $i = \frac{v}{R} = \frac{220}{10} = 2.2$ [A]

2-7 주울의 법칙(Joule's law)

전류가 흐르는 도체에서는 얼마간의 열이 발생한다는 사실을 처음 실험으로 입증한 사람은 주울(Joule)이다. 그는 "도체를 흐르는 전류에 의해서 단위 시간에 발생하는 열량은 I^2R에 비례한다"라고 했는데 이 법칙을 주울의 법칙이라 하며, 이때 발생되는 열을 주울열이라 부른다. 주울열은 도체를 통과하는 자유전자가 도체물질의 입자와 비탄성 충돌을 일으킬 때 발생되는 열에너지가 외부로 방출된 것이며, 이때 자유전자와 물질입자의 충돌현상은 바로 도체에서 전류의 흐름을 저해하는 저항으로 작용하게 된다. 결국 도체의 저항값이 존재하는 한 주울열은 필연적으로 수반된다.

주울의 법칙 $H = kI^2Rt$로부터 1 [J]의 에너지는 1 [A]의 전류가 1 [Ω]의 저항에 1초 동안 흐를 때의 열에너지로 정의된 것이기 때문에 **M.K.S** 단위계에서 비례상수 k는 1이 된다.

따라서 주울열 H [J]은

$$H = I^2Rt$$

가 된다. 또한 $1\,[\mathrm{J}] = \frac{1}{4.2}\,[\mathrm{cal}] = 0.24\,[\mathrm{cal}]$의 관계가 있으므로 위의 식은

$$H = \frac{1}{4.2}I^2Rt = 0.24I^2Rt \quad [\mathrm{cal}]$$

로도 표시된다.

주울의 법칙은 전기에너지를 열에너지로 변환하여 나타낸 것으로 이 열에너지는 전등, 전기용접, 전열기 등에 이용된다. 그리고 전압과 전류의 곱을 주울의 법칙에 적용하면 다음과 같이 나타낼 수 있다.

$$P = VI = \frac{V^2}{R} = I^2R \quad [\mathrm{J/s}]$$

2-8 키르히호프 법칙

직병렬회로는 오옴의 법칙에 의해 회로 전류를 계산할 수 있는데 직병열 이외의 회로에 대해서는 키르히호프 법칙을 사용한다. 키르히호프 법칙은 어떠한 회로에도 적합한 일반원칙이다.

키르히호프 법칙은 1법칙인 전류의 법칙과 제2법칙인 전압에 관한 법칙이다. 복잡한 회로의 전류・전압을 알기 위해서는 키르히호프 1, 2법칙을 연립방정식을 만들어 이것을 풀면 된다.

(1) 제1법칙(전류의 법칙)

도선의 임의의 분기점에 유입 또는 유출되는 전류의 대수합은 각 순간에 있어서 0이 된다. 즉, 분기점에 있어서 유입되는 총 전류는 유출되는 총 전류와 같다. 그림 15.5에서 분기점 0에 유입되는 전류를 양(+)으로 하고 유출되는 전류를 음(−)으로 하면

$$I_1 - I_2 + I_3 + I_4 = 0$$

일반적으로는

$$\sum_{i=1}^{n} I_k = 0$$

이 된다.

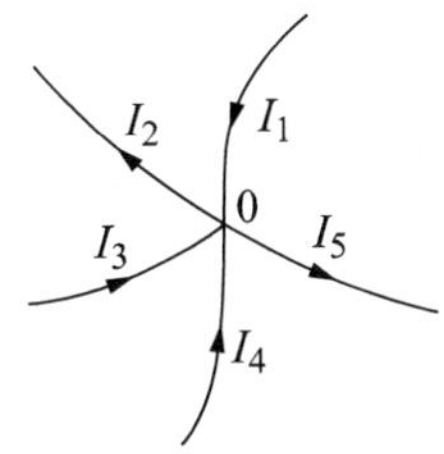

그림 15.5 키르히호프의 전류법칙

그림에서 임의의 시간동안 도체의 한 분기점에 유입된 전하만큼 그 점에서 반드시 유출되기 때문에 그 점에 전하가 축적될 수도 없고 그 곳으로부터 발생할 수도 없다는 것을 의미한다. 따라서 제1법칙을 전하보존의 법칙이라고 한다.

(2) 제2법칙(전압의 법칙)

회로망 내의 임의의 폐쇄회로에서 한 방향으로 일주하면서 취한 전압상승의 대수합은 각 순서에 있어서 0이다. 그림 15.6의 폐회로에서 시계방향으로 일주할 때 전압상승을 양(+), 전압강하를 음(−)으로 하여 총합을 취하면

$$-V_1 + V_2 + V_3 - V_4 = 0$$

일반적으로

$$\sum_{k=1}^{n} V_k = 0$$

이 되며 이는 폐회로에서 한 방향으로 일주하면서 취한 전압상승의 총압은 전압강하의 총압과 같다.

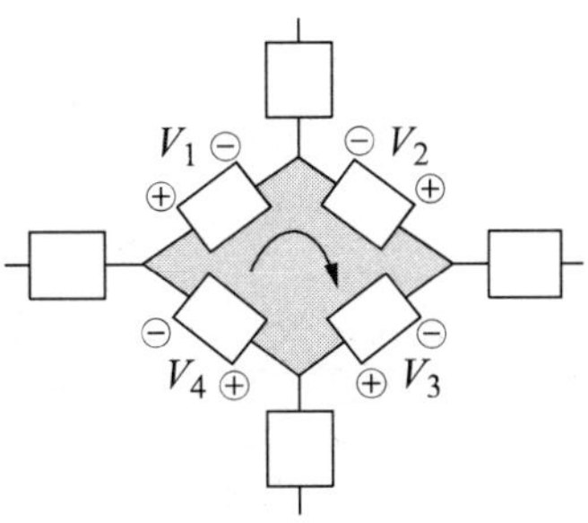

그림 15.6 키르히호프의 전압법칙

Chapter 16 교류

1. 교류회로

(1) 전류의 종류

전기회로에는 전원과 회로소자의 종류 및 상태에 따라 시간적으로 변화하는 전류가 흐른다, 시간의 변화에 따라 그 크기와 방향이 일정한 전류를 직류(direct current ; D.C)라고 하며, 시간의 변화에 따라 그 크기와 방향이 주기적으로 변화하는 전류를 교류(alternating current ; A.C)라 한다. 교류 중에서도 그 파형이 사인(sine)곡선을 그리는 전류를 정현파(sine-wave)라고 하며, 정현파가 일그러진 모양의 파형을 왜형파(distoryed wave) 또는 비정형파(non-sinusoidal wave)교류라고 한다.

(2) 전류-전압의 파형

전기회로에는 전원과 회로소자의 종류 및 상태에 따라 시간적으로 변화하는 모양이 그려져 있다. 그림 16.1에는 여러 종류의 전류가 시간에 따라 변화하는 모양이 그려져 있다. 그림 (a)와 같이 시간의 변화에 관계없이 일정한 전류라 하며 그림 (b), (c)와 같이 그 크기와 방향이 주기적으로 변화하는 전류를 교류라고 한다.

교류 중에서도 그림 (b)와 같이 그 파형이 사인(sine)곡선을 그리는 교류를 정현파교류라고 하며 그림 (c)와 같이 정현파가 일그러진 파형을 왜형파 또는 비정현파교류라고 한다. 일

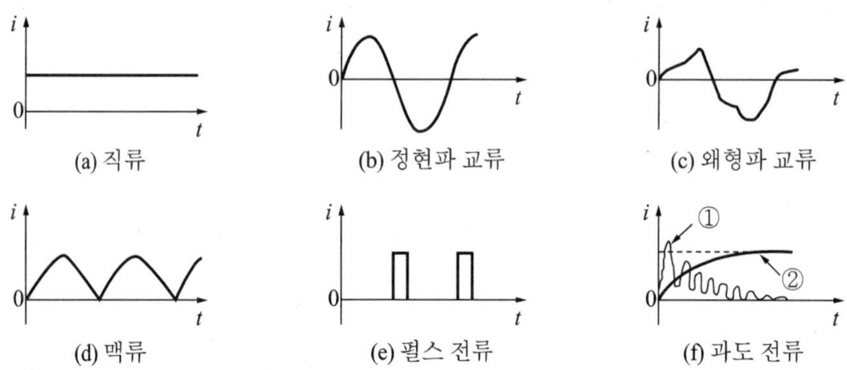

그림 16.1 전류의 여러 파형

반적으로 교류라 함은 정현파를 의미한다. 그림 (d)는 (b)와 같은 정현파가 정류되어 생기는 맥류(pulsating current)이며, 그림 (e)와 같이 시간변화에 따라 충격적으로 나타나는 전류를 펄스전류(pulse current)라 한다. 그리고 (f)의 ①, ②와 같이 회로의 개폐시나 회로정수의 변화 등에 기인해서 과도적으로 흐르는 전류를 과도전류(transient current)라 한다.

(3) 정현파 교류 기전력

정현파 교류 기전력을 발생하는 가장 간단한 장치는 그림 16.2 (a)와 같은 2극 발전기이며, 그림 (b)는 그림 (a)에 대한 단면도이다. 발전기 내에서 도체를 중심으로 중심점 0을 중심으로 하여 일정한 속도로 반시계 방향으로 회전시키면 도체에는 정현파 기전력이 유도된다.

도체에 발생되는 유기기전력은

$$e = Blv\sin\theta \qquad [\text{Wb}]$$

$$\theta = \omega t$$

$$e = Blv\sin\omega t \qquad [\text{V}]$$

양쪽 도체를 생각하면 기전력은

$$e = 2Blv\sin\theta \qquad [\text{Wb}]$$

$$e = 2Blv\sin\omega t \qquad [\text{V}]$$

$$e = E_m\sin\omega t \qquad [\text{V}]$$

위의 식을 그래프로 나타내면 그림 16.2의 (c)와 같은 정현파가 되며 정현파의 진폭 또는 최대치인 $2Blv$를 E_m이라 하면 E_m은 유기기전력 e의 최대치가 된다. 여기서, B는 자속밀

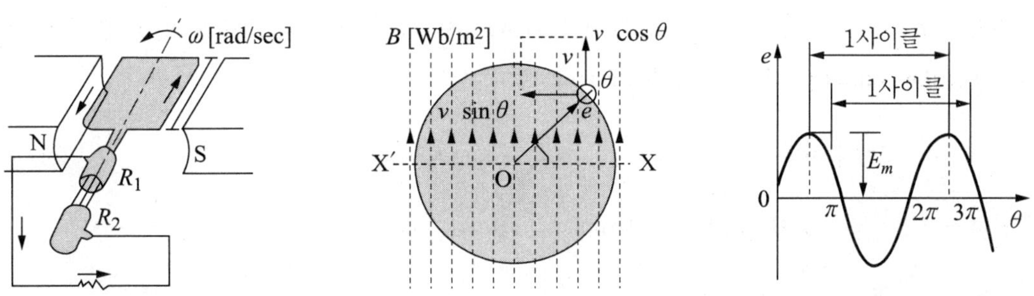

(a) 2극 발전기의 원리도 (b) 전기자의 단면도 (c) 정현파 기전력

그림 16.2 호정현파 기전력의 발생

도(Wb/m^2), v는 선속도(m/s), ω는 각속도(rad/sec), l은 자계와 직각으로 놓인 길이를 나타낸다.

그림 (c)에서 기전력이 한 번 변화하여 다시 원상태가 되기까지를 1싸이클이라 하며, 1사이클이 변화하는 데 걸리는 시간을 주기, 1초 동안의 사이클 수를 주파수(frequency) f라 하고 주파수의 단위로는 헤르츠(Hz)가 사용된다.

참고 : 웨버 [Wb]

자기력선속의 단위로서 1 Wb는 자기력선속밀도(자기유도율)가 1만 G(가우스)인 균일한 자기장에 수직인 넓이 1 m^{2}의 평면을 통과하는 자기력선속

예제 $e = 141.4\sin(100\pi t)$ [V]의 교류전압이 있다. 이 교류의 실효값은?

solution $\text{실효값} = \dfrac{\text{최대값}}{\sqrt{2}} = \dfrac{141.4}{\sqrt{2}} = 100\ [\text{V}]$

(4) 주파수와 주기

정현파 기전력은 그림 16.2 (a)와 같은 2극 방식 외에 다극 방식에 의해서도 발생될 수 있다. 그러나 다극 방식의 경우 도체인 전기자(armature)가 공간적으로 360° 회전하지 않고도 도체에 발생되는 기전력은 1사이클이 될 수 있다. 따라서 정현파 교류에서는 공간각에 관계없이 1사이클의 각을 2π[rad]로 정하고 이것을 기준으로 하여 표시되는 각을 특히 전기각이라 한다.

주파수 f인 정현파의 경우 1초 동안에 변화하는 전기각은 $2\pi f$ [rad]이 되며, 이를 특히 각속도(angular velocity) 또는 각주파수(ω)라 한다.

$$\omega = 2\pi f\ [\text{rad}]$$

일반적으로 주기 T와 주파수 f사이에는 다음의 관계가 있다.

$$f = \frac{1}{T}\ [\text{Hz}],\quad T = \frac{1}{f} = \frac{2\pi}{\omega}\ [\text{s}]$$

그림 16.2 (a)와 같은 2극 방식의 경우 1초간의 전자각 또는 각주파수 ω는 바로 전기자의 회전 각속도와 일치하지만 다극 방식의 경우에는 일치하지 않는다. 전기각을 θ, 전기자의 회전각을 θ'라 하면 4극 방식의 경우 $\theta = 2\theta'$, 6극일 때 $\theta = 3\theta'$, 8극일 때 $\theta = 4\theta'$ ⋯ 가 되어 일반적으로 P극 방식인 경우 $\theta = \frac{P}{2} \cdot \theta'$와 같은 관계가 성립한다.

따라서 P극 발전기의 경우 전기자의 1회전마다 $\frac{P}{2}$사이클의 기전력이 유기되므로 전기자의 1분간의 회전수(rpm)를 N이라 하면 기전력의 주파수 f는

$$f = \frac{P}{2} \cdot \frac{N}{60} = \frac{PN}{120} \ [\mathrm{Hz}]$$

가 되며, 여기서 N을 동기속도라고도 한다.

예제 $e = A\sin\omega t + B\cos\omega t$ [V]인 교류 전압의 주파수는?

solution 각속도 $\omega = 2\pi t$, 주파수 $f = \frac{\omega}{2\pi}$

예제 극수 10, 동기속도 600 [rpm]인 동기발전기에서 나오는 전압의 주파수는 몇 [Hz]인가?

solution $N_s = \frac{120f}{P}$에서 $f = \frac{N_s \times P}{120} = \frac{600 \times 10}{120} = 50 \ [\mathrm{Hz}]$

(5) 교류의 크기 표시

교류의 크기를 표시하는 방법에는 순시값, 최대값, 실효값, 평균값 등이 있으나 대개 교류는 실효값으로 표시되고 있다. 실효값은 열작용을 발생하게 하는 직류값으로 표시된 방법이다.

순시값(root mean square value ; r.m.s)은 시간의 변화에 따라 순간순간 나타나는 정현파의 값을 하며, 순시값 $i = I_m \sin\omega t$의 전류의 열작용은 i^2에 비례하며 그림 16.3과 같이 시간적으로 변화하나, 이것과 열작용이 같은 직류 값을 I라 하면 I^2은 i^2의 1사이클의 평균이라야 한다.

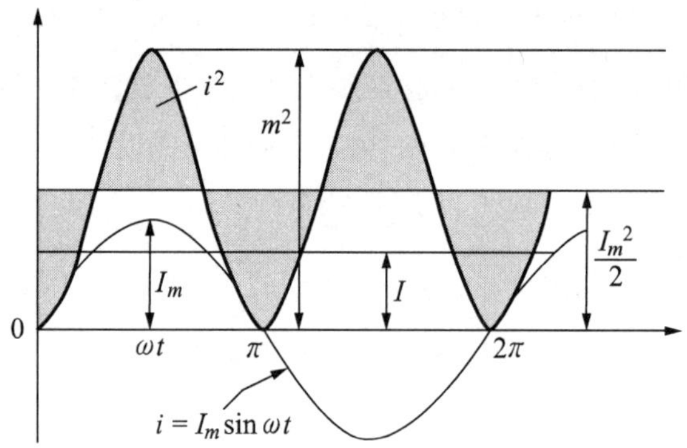

그림 16.3 순시값과 실효값

그림에서 정현파 전류 및 전압의 실효치는 각각

$$I = \frac{I_m^2}{2} = \frac{I_m}{\sqrt{2}} = 0.707 I_m$$

$$V = \frac{V_m^2}{2} = \frac{V_m}{\sqrt{2}} = 0.707\, V_m$$

이므로 정현파의 순시값 표시식은 다음과 같이 표현된다.

$$i = I_m \sin\omega t = \sqrt{2}\, I \sin\omega t$$

$$v = V_m \sin\omega t = \sqrt{2}\, V \sin\omega t$$

이 관계는 정현파 교류의 최대값과 실효값 사이에는 다음의 관계가 있다.

$$\text{실효값} = \frac{\text{최대값}}{\sqrt{2}}, \quad \text{최대값} = \sqrt{2} \times \text{실효값}$$

전압계, 전류계 등 대부분의 교류용 계기는 순시값의 제곱에 비례하는 토크(torque)를 지시하도록 되어 있기 때문에 그 눈금은 실효값을 나타낸다.

예제 3각파의 최대값이 1이라면 실효값, 평균값은 각각 얼마인가?

solution 삼각파의 전파전류 평균값은 $\frac{A}{2}$, 실효값은 $\frac{A}{\sqrt{3}}$, 최대값은 A

2. 기본적인 교류회로

(1) 저항회로

그림 16.4 (a)처럼 저항 R만을 가지는 회로에 $i = I_m \sin\omega t$ [A]의 정현파 전류가 흐른다면, 자항 양단의 전압은 오옴의 법칙에서

$$v = Ri = RI_m \sin\omega t \quad [\mathrm{V}]$$

여기서, v의 최대치를 V_m이라 하면 RI_m과 같게 된다. 전압과 전류의 최대치 사이에는

$$v_m = RI_m$$

인 관계가 있게 되며 전압, 전류의 실효치 사이에는

$$V = RI \quad \text{또는} \quad I = \frac{V}{R}$$

가 성립된다. 그림 16.4 (b)는 저항 R만으로 된 교류회로에서의 순시값 전압과 전류의 관계를 보여준 것이다.

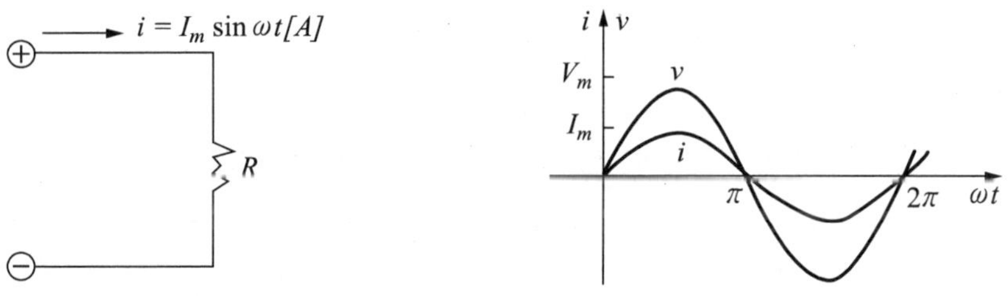

(a) 저항만의 회로　　(b) 순시치 전압과 전류

그림 16.4 저항회로의 전압-전류 관계

참고 : 저항만의 회로 특징

① 전압과 전류는 동일 주파수의 정현파이다.
② 전압과 전류는 동상이다.
③ 전압과 전류의 최대치 또는 실효치의 비는 R이다.

예제 내부저항이 0.1 [Ω]인 전지 10개를 병렬 연결하면 전체 내부 저항은?

solution 같은 저항 n개 병렬은 n으로 나누면 되므로 $\frac{0.1}{10} = 0.01[\Omega]$

예제 그림과 같은 회로에서 a, b간에 E [V]의 전압을 가하여 일정하게 하고 스위치 S를 닫아을 때의 전전류 I [A]가 닫기 전 전류의 3배가 되었다면 저항 R_x의 값은 약 몇 [Ω]인가?

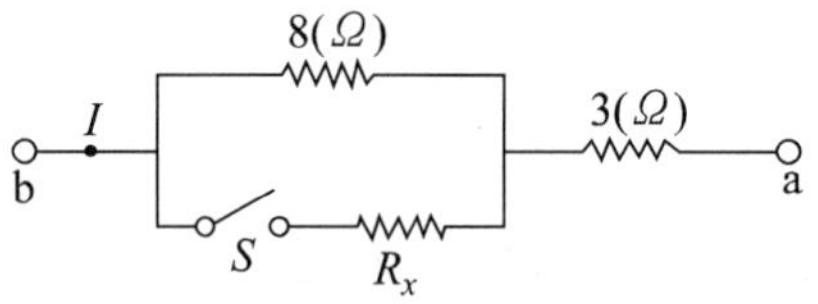

solution 스위치를 열었을 때 저항이 8+3=11이므로 스위치를 닫으면 전류가 3배 된다는 건 저항이 1/3로 줄어들었다는 뜻이므로 저항이 3.67이 된다. 따라서 스위치를 닫으면 저항은 직렬 쪽 3.67, 병렬 쪽 0.67이 된다.

(2) 인덕턴스 회로

인덕턴스는 회로를 흐르는 전류의 변화에 의해 전자기유도로 생기는 역기전력의 비율을 나타내는 양으로 단위는 H(헨리)이다. 자속변화의 원인에 따라 자체인덕턴스와 상호인덕턴스로 나눈다.

회로를 흐르는 전류가 변하면 회로를 관통하는 자력선속도 함께 변한다. 자속의 변화는 전자기유도현상을 일으키고, 회로에는 전류의 변화를 방해하는 방향으로 유도기전력이 생긴다. 따라서 자속 변화의 영향을 많이 받는 고리모양의 회로, 특히 코일에서 이 현상이 두드러진다. 전자기유도현상에서 유도기전력의 크기는 자속의 변화율로 결정된다. 하지만 회로 또는 코일의 모양이 일정한 경우 자속의 변화량은 전류의 변화량에 비례하고, 이때 비례상수가 인덕턴스가 된다.

따라서 유도기전력의 크기는 인덕턴스와 전류의 시간당 변화율의 곱으로 표현된다.

유도기전력의 원인, 즉 회로를 통과하는 자속 변화의 원인에 따라 두 가지로 나눈다. 역기전력이 자기 자신의 회로에 흐르는 전류의 변화로 유도될 때의 인덕턴스를 자체인덕턴스라 하고, 결합되어 있는 상대방의 회로에 흐르는 전류의 변화로 유도될 때는 상호인덕턴스라고 한다.

그림 16.5 (a)에 $i = I_m \sin\omega t$ [A]의 정현파 전류가 인덕턴스 L만을 갖는 이상적인 인덕터에 흐를 때 전류의 방향으로 생기는 전압강하 v는

$$v = \omega L I_m \sin(\omega t + 90^\circ)$$

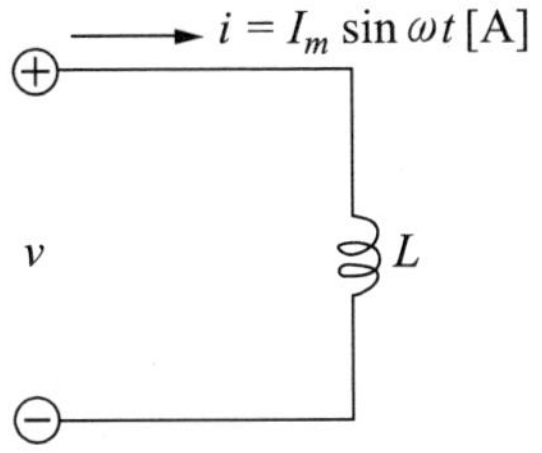

(a) 인덕턴스의 회로

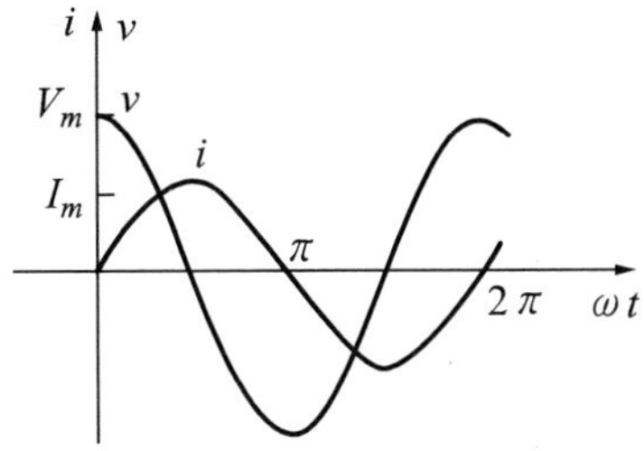

(b) 순시치 전압과 전류

그림 16.5 인덕턴스 회로의 전압-전류 관계

여기서, ωLI_m은 v의 최대치가 된다.

$$V_m = \omega LI_m$$

이로부터 전압, 전류의 실효치 사이의 관계를 보면

$$V = \omega LI \quad \text{또는} \quad I = \frac{V}{\omega L}$$

가 성립한다.

참고 : 인덕턴스 회로의 특징

① 전압과 전류는 동일 주파수의 정현파이다.
② 전압은 전류보다 위상이 90° 앞선다.
③ 전압과 전류의 최대치 또는 실효치의 비는 ωL이다.

인덕턴스 회로를 저항 회로의 경우와 비교하면 ωL은 저항회로에서의 R과 같은 일종의 교류저항임을 알 수 있다. 그러므로 이것을 저항과 유사한 개념을 갖는 리액턴스라 하며 X_L로 표시하며 단위는 오옴[Ω]이다.

$$X_L = \omega L = 2\pi f L \ [\Omega]$$

따라서, 전압강하 $v = X_m I_m \sin(\omega t + 90°)$

$$V = X_L I \quad \text{또는} \quad I = \frac{V}{X_L} \ (\text{실효값})$$

와 같이 쓸 수 있으며 이는 인덕턴스만의 교류회로에서는 오옴의 법칙이라고 할 수 있다. ωL은 보통의 저항과는 달리 전압이 전류보다 위상이 90° 앞서게 하는 효과가 있으므로 이를 특히 유도성 리액턴스라고 부른다.

예제 어떤 코일에 60 [Hz], 5 [V]의 교류전압을 가하니 1 [A]의 전류가 흐른다. 이 코일의 인덕턴스는 얼마인가?

solution $X_L = 2\pi f L,\ X_L = \frac{E}{I} = \frac{5}{1} = 5\ [\Omega]$

$$L = \frac{X_L}{2\pi f} = \frac{X_L}{2 \times 3.14 \times 60} \fallingdotseq 13.3\ [\mathrm{mH}]$$

참고 : 리액턴스

교류회로에서 저항은 임피던스(Z로 표기)로 나타낸다. 이 임피던스의 요소는 저항(R)과 리액턴스(X)이고 단위는 오옴(Ω)을 사용한다.
리액턴스 역시 저항과 같이 전류의 흐름을 방해하는 역할을 하지만 교류일 경우만 나타나며 접속된 전압과 흐르는 전류의 위상이 서로 다르게 나타난다. 인덕터에 의한 리액턴스를 유도리액턴스라 하고, 축전기에 의한 리액턴스를 용량성 리액턴스라 한다.

(3) 캐퍼시턴스(용량성) 회로

교류 회로에 전류를 흘렸을 경우 전류가 전압보다 위상이 앞선다고 하면 이 회로의 리액턴스는 용량성이라고 한다. 그림 16.6은 캐퍼시턴스 회로의 전압과 전류의 관계를 나타낸 것이다.

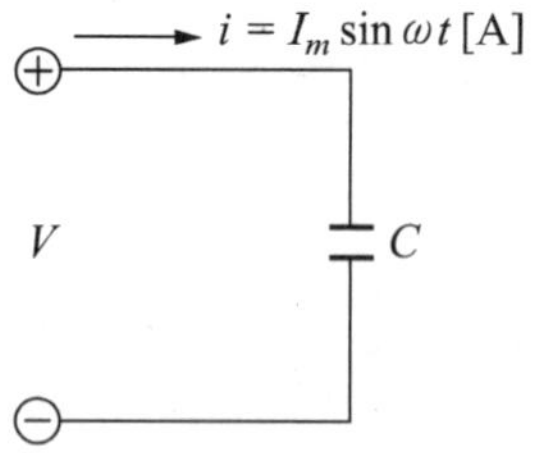

(a) 커패시턴스의 회로

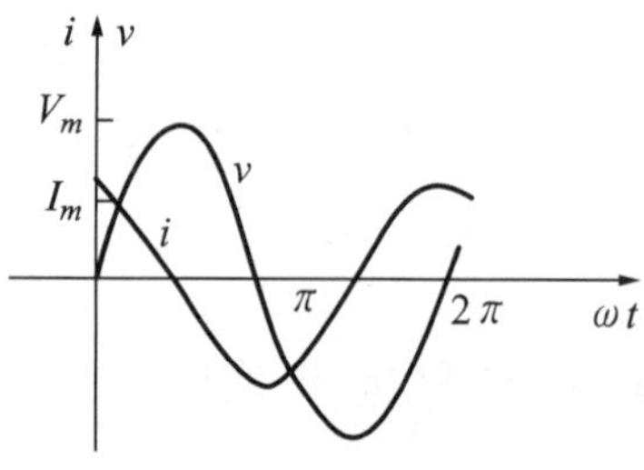

(b) 순시치 전압과 전류

그림 16.6 캐퍼시턴스 회로의 전압-전류관계

전압과 전류의 실효치 사이에는

$$V = \frac{1}{\omega C} I \quad \text{또는} \quad I = \omega C V = \frac{V}{1/\omega C}$$

의 관계가 성립한다. 용량성 회로에 있어서 $\frac{1}{\omega C}$은 용량성 리액턴스라고 하고 X_c로 표시되며 ωL과 마찬가지로 회로 전류를 제한하는 교류 저항으로서 역할을 하지만 인덕턴스와는 달리 전압이 전류보다 90° 뒤지게 하는 효과가 있으므로 유도성 리액턴스와 구별하기 위하여 유도성 리액턴스 X_L의 부호는 정(+)으로 용량성 리액턴스 X_C의 부호는 부(−)로 한다.

$$X_C = -\frac{1}{\omega C} = -\frac{1}{2\pi f C} \; [\Omega]$$

참고 : 캐피시턴스 회로의 특징

① 전압과 전류는 동일 주파수의 정현파이다.
② 전압은 전류보다 위상이 90° 높다.
③ 전압과 전류의 확대치 및 실효치의 비는 $\frac{1}{\omega C}$이다.

예제 $R = 100\,[\Omega]$, $C = 30\,[\mu F]$의 직렬회로에 $f = 60\,[Hz]$, $V = 100\,[V]$의 교류전압을 가할 때 C의 용량 리액턴스$[\Omega]$는?

solution $X_c = \frac{1}{2\pi f C} = \frac{1}{2\pi \times 60 \times 30 \times 10^{-6}} = 88.4\,[\Omega]$

예제 3상3선식 송전선로에서 소호 리액터의 인덕턴스 L은?

solution $X = \omega L = \frac{X_c}{3} = \frac{1}{3\omega C}$

$\therefore\; L = \frac{1}{3\omega^2 C} = \frac{1}{3(2\pi f)^2 C}$

(4) 단상교류 전력과 역율

단상교류에서 전압과 전류의 곱을 전력으로 표현하는 것은 전열기, 백열전구 등 저항부하에 해당한다. 이때는 실효치를 사용하는 전류와 같이 취급된다. 그러나 저항만의 회로가 아니고 코일, 콘덴서가 혼합된 경우에는 전압과 전류의 파형이 위상차가 발생한다. 전압 V와

전류 I에 θ의 위상차가 있을 때 전력은

$$P = VI\cos\theta\ [\mathrm{W}]$$

로 표시된다. 여기서 P는 소비전력 또는 유효전력이라고 부른다. VI를 피상전력, $\cos\theta$를 역률이라고 한다. 역률은 피상전력에 대한 유효전력의 비이고 이 값에서 전압과 전류의 곱이 어느 정도 소비되는가를 알 수 있다.

예제 어떤 회로에 200 [V]의 교류전압을 가하니 소비전력이 3.2 [Kw], 역률이 0.8이었다. 이 회로의 저항은?

solution

$$P = EI\cos\theta$$

$$I = \frac{P}{E\cos\theta} = \frac{3,200}{200 \times 0.8} = 20\ [\mathrm{A}]$$

$$P = I^2R,\ R = \frac{3,200}{20^2} = 8\ [\Omega]$$

예제 200 [V], 40 [W]의 형광등에 정격 전압이 가해졌을 때 형광등 회로에 흐르는 전류는 0.42 [A]이다. 이 형광등의 역률(%)은?

solution $P = VI\cos\theta$에서 $\cos\theta = \frac{P}{VI} = \frac{40}{200 \times 0.42} = 0.476 = 47.6\%$

3. 3상 교류회로

3상 교류는 $\frac{2\pi}{3}$ [rad]의 위상차를 갖는 주파수의 동일한 단상교류가 3개 모여 있으므로 동일 전력을 전송하는 것이 단상 교류에 비해 전선량이 적게 소모되므로 경제적인 방법이다.

또한 코일을 $\frac{2\pi}{3}$ [rad]씩 각도를 띄워 배치하고 3상 교류를 가하면 간단히 회전자계를 얻을 수 있는 장점 때문에 동력용 전원으로 적합하다.

그림 16.7 (a)와 같이 평등자계 안에 3개의 도체를 공간적으로 $\frac{2\pi}{3}$ [rad]만큼 떨어지게 배치하고 이것을 각속도 ω [rad/s]로 반시계 방향으로 회전시키면 도체 a의 기전력은 V_a가 되고 도체 b는 도체 a보다 $\frac{2\pi}{3}$ [rad] 뒤져 있으므로 V_a보다 전기적으로 $\frac{2\pi}{3}$ [rad] 뒤져서는 기전력 V_b가 되며 도체 c는 도체 $\frac{3\pi}{4}$ 뒤져 있으므로 기전력 V_c가 된다. 각각의 기전력은

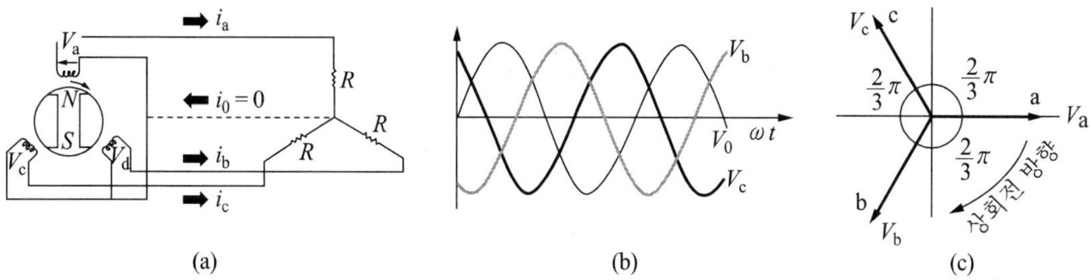

그림 16.7 3상 교류의 발생

v를 기준으로 할 때 다음 식으로 표시되며 3개의 기전력을 1조로 한 것이 3상 교류이다. 3상 교류에 대한 파형은 그림 16.7 (b)이고 이들을 식으로 표시하면 다음과 같다.

$$V_a = V_m \sin\omega t$$

$$V_b = V_m \sin\omega t \left(= \frac{2\pi}{3}\right)$$

$$V_c = V_m \sin\omega t \left(= \frac{3\pi}{4}\right)$$

기전력에 대한 위상의 순서는 $V_c \rightarrow V_b \rightarrow V_c$로 되는데 이렇게 될 때 상순 또는 상회전은 abc라고 한다. 3상 교류의 기전력의 합은 항상 0이다. 즉, $V_a + V_b + V_c = 0$이다.

3상 교류를 벡터도로 표시하면 그림 16.7 (c)와 같이 된다. 이 3상교류를 그림 16.8 (a)와 같이 4개의 전선으로 평형 3상 부하에 보내면 각 상의 전압 V_a, V_b, V_c에 의하여 흐르는 전류 $I_a + I_b + I_c = 0$이 되므로 공통의 전선 N에는 전류가 흐르지 않으며 이를 중성선이라고 하고 이와 같은 결선 방식을 3상 4선식이라 한다. 또한 그림 16.8 (b)와 같이 중성선 N을 제거하여도 3상 교류를 보낼 수 있으며 이와 같은 방식은 3상 3선식이라 한다.

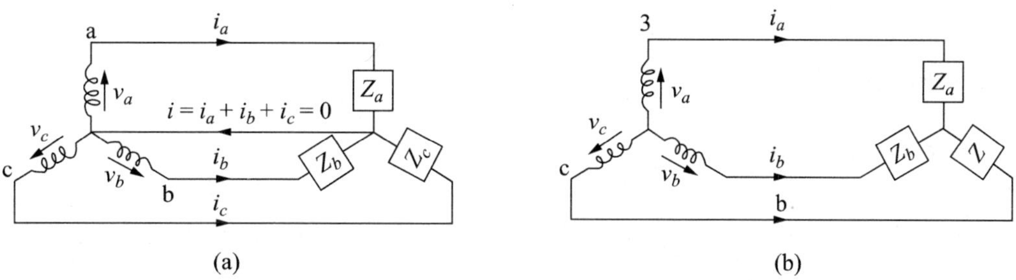

그림 16.8 삼상 3선식과 삼상 4선식

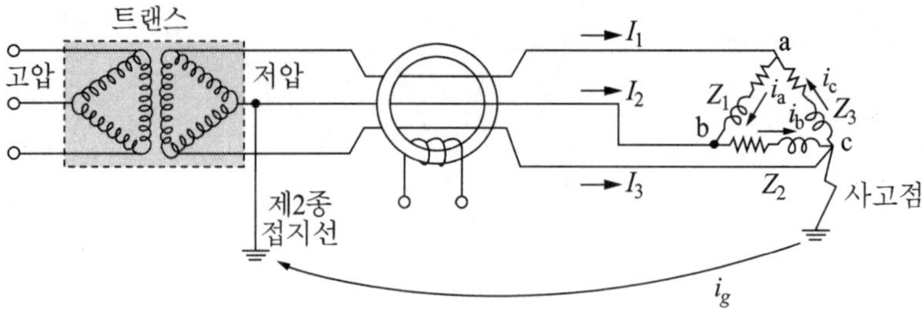

그림 16.9 3상 3선식에서 누설전류 검출

(1) 3선 3선식에서 누설전류의 검출

원통을 관통하는 왕복 전류값의 차이에 의한 합성자계가 존재할 경우에 이 합성자계의 값에 비례하여 원통의 출력단자에 기전력이 발생하도록 하면 전기회로의 누전을 검출할 수 있게 되는 데 이와 같은 용도로 만들어진 것을 영상변류라고 한다. 그림 16.9와 같이 3상 3선식 전원회로의 에에서 사고전의 누설전류는 1 g에 대해 영상변류기에서는 ϕ g인 자속이 발생하게 되므로 단상의 경우와 마찬가지로 이 자속에 상당하는 출력전압이 영상변류기 출력단자에 나타나게 된다.

수식으로 영상변류기의 작동을 알아보면 우선 키르히호프 법칙 중 제1법칙에서 유입되는 전류의 합은 유출되는 전류의 합과 같으므로 누출되는 전류가 없다면 a점에서 $I_1 + I_c = I_a$, b점에서 $I_2 + I_a = I_b$, c점에서 $I_3 + I_b = I_c$, 이 3개의 식을 정리하면

$$I_1 + I_2 + I_3 = 0$$

이 식은 누설전류가 없기 때문에 영상 변류기상에 유도전류가 발생되지 않는 의미이고 누출저류 I_g가 발생하면

$$I_3 + I_b = I_c + I_g$$

위의 식을 정리하면

$$I_1 + I_2 + I_3 = I_g$$

이 된다. 이 식은 I_g에 의한 ϕ g만큼의 자기 유도현상이 일어난다. 이렇게 누설전류에 의하며 영상변류기상의 코일에 전류가 발생하게 되고, 이것을 증폭하여 누전차단기의 수신부로 발신하게 된다.

(2) 상전압과 선간전압

3상 회로에는 상전압과 선간전압이라 부르는 전압이 있다. Y결선(star connection)의 경우에는 송전선 상호의 전압으로 선간전압은 상전압의 $\sqrt{3}$ 배로 된다. Δ결선(delta connection)에서는 상전압과 선간전압은 같지만 선전류는 선간전류의 $\sqrt{3}$ 배로 된다.

예제 어느 공장의 평형 3상 부하 전압을 측정하였을 때 선간 전압이 200 [V], 소비전력 21 [kw], 역률 80%였다. 이 때 전류는 약 얼마인가?

solution $P = \sqrt{3}\, VI\cos\theta$

$$I = \frac{P}{\sqrt{3}\, VIcos\theta}\,[\mathrm{A}] = \frac{21\times 10^3}{\sqrt{3}\times 200\times 0.8} \fallingdotseq 76\,[\mathrm{A}]$$

(3) 회전자계

전류에 의한 자계의 세기(자화력)는 전류에 비례한다. 그림 16.10과 같이 어느 코일에 $i = I_m\,\sin\omega t$ $[A]$의 단상전류를 흘렸을 때 자계의 세기 H는 비례상수를 k라 하면

$$H = kI_m\,\sin\omega t = H_m\,\sin\omega t \;\; (\text{단, } H_m = kI_m)$$

로 되어 발생자계는 항상 OO'축상에서 교대로 변화한다. 이와 같은 자계를 교반자계(alternating magnetic field)라 한다. 단상교류에 의해서 생기는 이와 같은 교번자계는 한 축상에서 교대로 변화하지만, 공간에 $\frac{2\pi}{n}$씩 간격을 두고 배치된 n개의 코일에 n상 교류의 전류를 흘리면 그 합성자계는 공간을 회전하는 자계로 된다.

결국 회전자계는 평형 3상 교류를 코일에 흘릴 때 합성자계의 크기는 시간에 관계없이 일정하며 그 방향은 시계방향으로 ω의 각속도로 회전한다. 3상 전동기는 이 회전자계를 응용한 것이며, 이때 전류의 상순이 바뀌면 합성자계의 회전방향도 바뀌게 되어 결국 전동기의 방향도 바뀌게 된다.

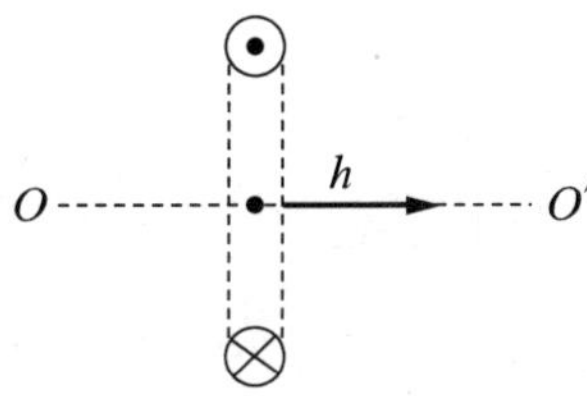

그림 16.10 전류가 만드는 자계

4. 전자기에 관한 법칙

도체에 전류가 흐르면 그 주위에 자기가 나타난다. 자기가 있는 공간에 전류가 흐르고 있는 도체가 있으면 그 도체에 힘이 작용한다. 전동차나 전기세탁기 등에 사용되고 있는 전동기는 이와 같은 작용을 이용한 것이다. 역으로 자기가 있는 공간에서 도체가 운동하면 도체에 전압이 나타나는데 이를 이용한 것이 발전소의 발전기이다. 또한 전선을 감은 코일 내의 자기를 변화시키면 코일에 전압이 나타나는데 이것을 이용한 것이 변압기이다.

(1) 앙페에르 오른나사법칙

그림 16.11 (a)와 같이 전선에 전류를 흘리고 그 부근에 자침을 가져가면 지침은 어떤 방향을 향하게 된다. 자침은 이동하면서 그 방향을 알아보면 원형의 자력선(자장)이 생겼음을 알 수 있다.

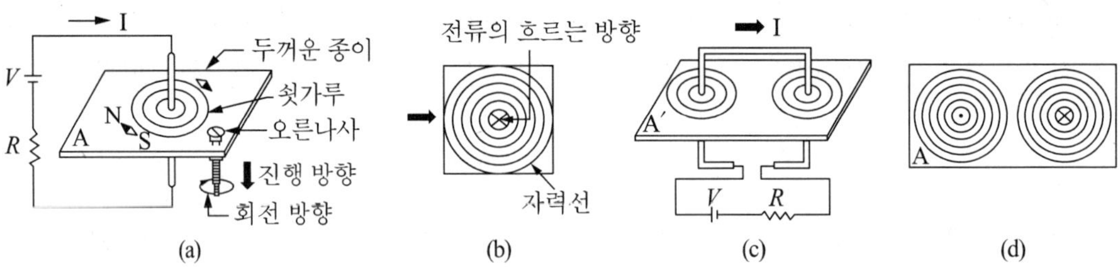

그림 16.11 전류에 의한 자장

이와 같이 도선에 전류가 흐르면 그 주위에 자장이 흐른다. 이 경우 전류의 방향과 자장의 방향은 각각 오른 나사의 진행방향과 회전방향이 일치한다. 즉, 전류의 방향을 오른나사가 진행하는 방향으로 하면 이 때 발생되는 자기장의 방향은 오른나사의 회전방향이 된다. 이와 같은 성질을 앙페에르 오른나사 법칙(ampere's right-handed screw rule)이라고 한다.

(2) 전자력

2개의 자석을 가까이 하면 흡인력 또는 반발력이 작용한다. 전류가 흐르는 2개의 코일을 가까이 해도 이들 사이에 힘이 작용한다. 이와 같은 힘을 전자력(electromagnetic force)이라 한다.

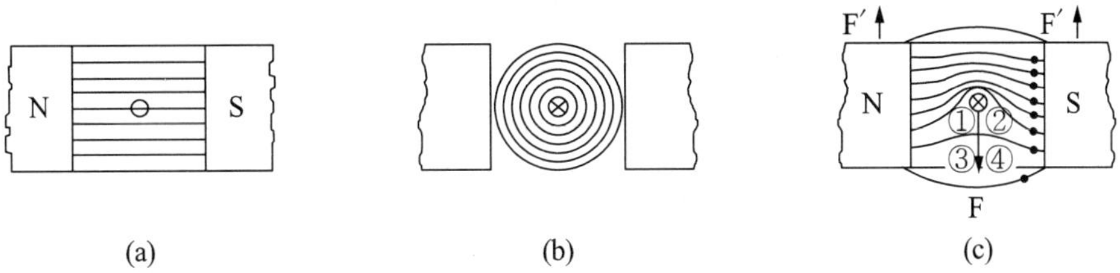

그림 16.12 전자력에 의한 힘의 방향

자장 내에 도체에 놓고 전류를 흘리면 그 전류의 방향을 따라 도체에 작용하는 힘의 방향이 전류의 방향과 자장에 어떤 일정한 관계가 있음을 알 수 있다. 그림 16.12는 자력선에 의한 전자력의 방향을 설명한 것이다. 먼저, 도체에 전류가 흐르고 있지 않을 때 자석만의 자력선은 그림 (a)와 같다. 자석이 없을 때 도체에 전류가 흐르고 있으면 그림 (b)와 같고 자장 내에 전류가 흐르고 있으면 그림 (c)와 같은 방향의 힘 F가 생긴다.

(3) 플레밍의 왼손 법칙(전자력)

전류와 자계 간에 작용하는 힘은 전류와 자계의 양자에 대하여 수직이고, 또한 전류 및 힘의 세 방향은 우수계를 형성한다. 이 관계를 알기 쉽게 설명한 것이 플레밍의 완손 법칙(Fleming's left-hand law)이다.

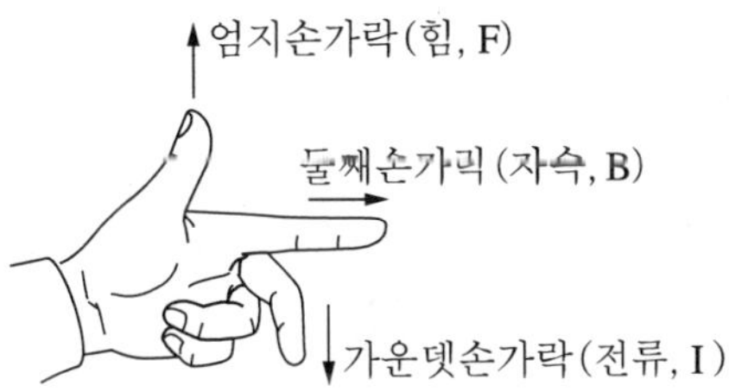

그림 16.13 플레밍의 왼손 법칙

그림 16.13과 같이 왼손의 엄지손가락, 둘째손가락 및 가운데 손가락을 서로 직각이 되도록 하면 $F = BIl$에 의하여 엄지손가락은 힘의 방향(F의 방향), 둘째손가락은 자계(자력선)의 방향(B의 방향), 가운뎃손가락은 전류의 방향(I의 방향)이다.

(4) 플레밍의 오른손 법칙(전자유도)

그림 16.14와 같이 기전력 U, 속도 v, 자속밀도 B가 서로 수직인 경우 이들의 방향관계를 이용하여 편리하게 나타낼 수 있다. 오른손의 엄지손가락, 둘째손가락 및 가운데 손가락을 서로 직각이 되도록 하면 $U = vBl$ 에 의하여 엄지손가락은 도체의 방향(v의 방향), 둘째손가락은 자속의 방향(B의 방향), 가운데손가락은 기전력의 방향(U의 방향)의 관계가 있으며 이것을 플레밍의 오른손 법칙(Fleming right-hand law)이라고 한다.

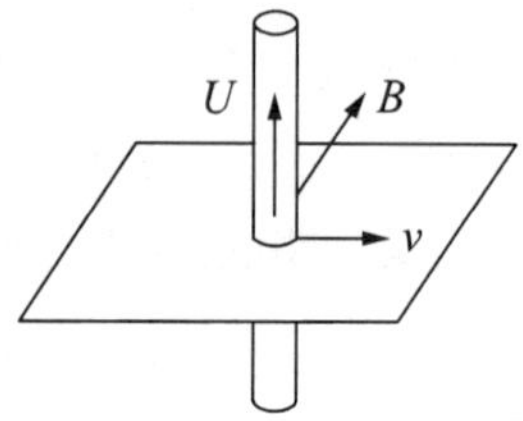

그림 16.14 플레밍의 오른손 법칙

> **참고 : 렌츠의 법칙**
>
> 유도기전력은 자신의 발생원인이 되는 자속의 변화를 방해하려는 방향으로 발생한다.
>
> **참고 : 페러데이 전자유도법칙**
>
> 유도기전력의 크기는 코일을 지나는 자속의 매초 변화량과 코일의 권수에 비례한다.

5. 직류전동기

(1) 직류전동기의 원리

직류전동기의 원리는 자계 중에 코일을 설치하고 이것에 전류를 흘리면 플레밍의 왼손법칙에 따른 전자력을 얻을 수 있다. 그림 16.15 (a)와 같이 자극 N, S 사이에 코일 $abcd$를 놓고 이것에 직류전원으로부터 브러시 B_1, B_2, 정류자편 C_1, C_2를 거쳐 전류를 흘리면 코일에 ab 및 cd 변에는 각각 시계방향의 토오크가 생기므로 코일 전체가 시계방향으로 회전한다. 그리고 반회전한 다음에 그림 (b)의 위치에 와도 ab 및 cd에는 시계방향의 토오크가 발생하므로 코일전체는 그림 (a)와 같이 시계방향으로 회전한다.

이와 같이 하여 코일에 전류가 흐르는 동안에는 시계방향으로 계속해서 회전한다. 이것이 직류전동기인데, 그 원리로부터 알 수 있는 바와 같이 직류발전기를 그냥 직류전동기라고 할 수 있다. 따라서 직류전동기의 주요 구조부는 직류발전기와 거의 같으며 자계권선과 전기자권선의 연결방식에 따라 분권, 직권, 복권으로 분류되는 발전기와 같다.

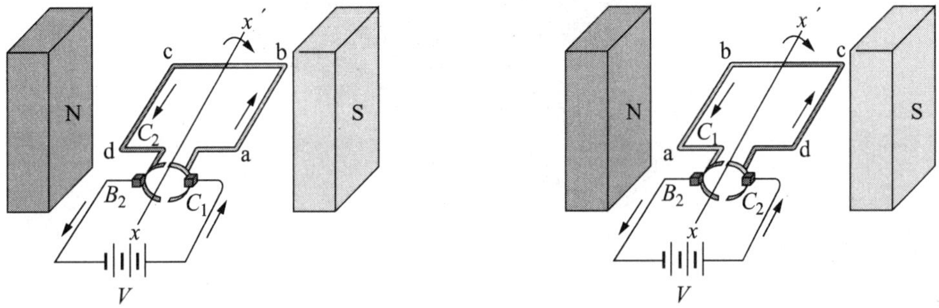

그림 16.15 직류전동기의 작동원리

(2) 기본구조

직류전동기의 구조는 그림 16.16과 같으며 주요 부분은 자극철심(pole core), 전기자 철심(armature core), 계철(yoke)과 전로를 구성하는 전기자권선(armature winding), 정류자(commutator), 브러시(brush), 기자력을 만들어 주는 자계권선(field-winding)이다.

이외에 중형기 이상의 직류기에는 자극 N, S의 중간위치에 보극(inter pole)이 있는 것이 많으며, 자극표면에 보극권선(compensating winding)이 감겨 있는 것도 있다. 계철은 연동철을 구부려서 용접하든가 다이캐스팅으로 만든다.

전기자철심은 두께 0.5 mm 정도의 규소강관을 원형 또는 익형으로 가공한다. 전기자코일에는 도전율 97% 이상의 연동을 절연하여 사용한다. 절연은 전기적 내력뿐만 아니라 운전중의 압력에 견딜 수 있는 기계적 강도를 가져야 한다. 주자극은 두께 0.8~1.6 mm의 연동판을 펀칭(punching)해서 여러 개의 판으로 만든 다음, 리벳으로 조이고 계철에 볼트로 고정한 자극판을 붙이는 경우도 있다. 계자권선은 전류가 적고 권수가 많은 것(분권권선)과 전류가 크고 권수가 적은 것(직권권선)이 있는데 구조가 다르다. 분권권선은 에나멜 절연 또는 면

절연을 한 가는 전선을 권선틀에 겹쳐서 감고 운모지, 절연포 등으로 절연한 것을 사용하고 직권권선은 굵은 나동봉을 감거나 리본모양의 동대를 운모지, 석면지 등을 끼워서 평권으로 감은 것을 사용한다.

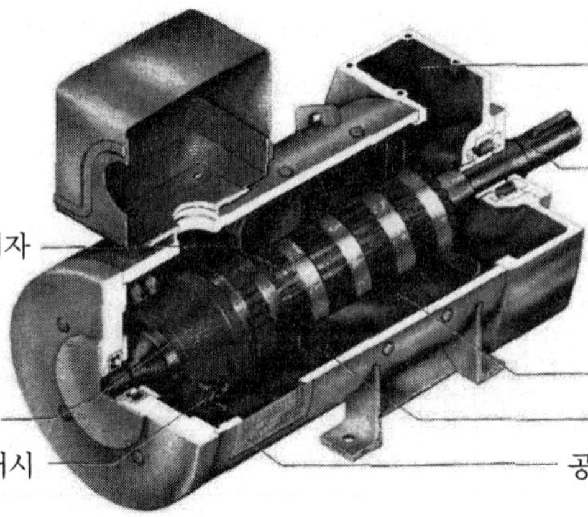

그림 16.16 직류전동기의 구조

참고 : 다이캐스팅

다이 주조라고도 하는데 필요한 주조형상에 완전히 일치하도록 정확하게 기계가공된 강제의 금형에 용융금속을 주입하여 금형과 똑같은 주물을 얻는 정밀주조법이다. 치수가 정확하므로 다듬질할 필요가 거의 없는 장점 외에 기계적 성질이 우수하며, 대량생산이 가능하다는 특징이 있고 제품으로는 자동차부품이 많으며, 전기기기 · 광학기기 · 차량 · 방직기 · 건축 · 계측기의 부품 등이 있다.

참고 : 보극권선

전기자의 반작용을 없애기 위해 주된 자기극인 N극과 S극의 사이에 설치한 소자극권선. 이 소자극의 권선은 전기자권선과 직렬로 연결한다.

(3) 직류전동기의 종류와 특성

직류전동기는 그 자계계속을 영구자석으로 하는 경우에는 자석전동기라 부르며, 전자석으로 만드는 방법에 따라 다음과 같이 분류된다.

① 타여자 전동기 : 외부의 직류전원으로 전자석을 여자하는 방식

② 자여자 전동기 : 전기자에 가하는 동일한 전원으로 전자석을 여자하는 방식으로 다음과 같은 것들이 있다.

ⓐ 분권전동기 : 전기자의 양단에 병렬로 분권계좌 권선을 설치한 것

ⓑ 직권전동기 : 전기자 권선에 지렬로 지렬 자계권선을 설치한 것

ⓒ 복권전동기 : 분권과 직권의 2개의 자계권선을 설치한 것

- 가동복권 : 양권선의 자속이 서로 합해지도록 설치한 것
- 차동복권 : 양권선의 자속이 서로 차이가 발생하도록 설치한 것

그림 16.17에는 직류전동기 종류에 따른 접속하는 방법을 나타내었다.

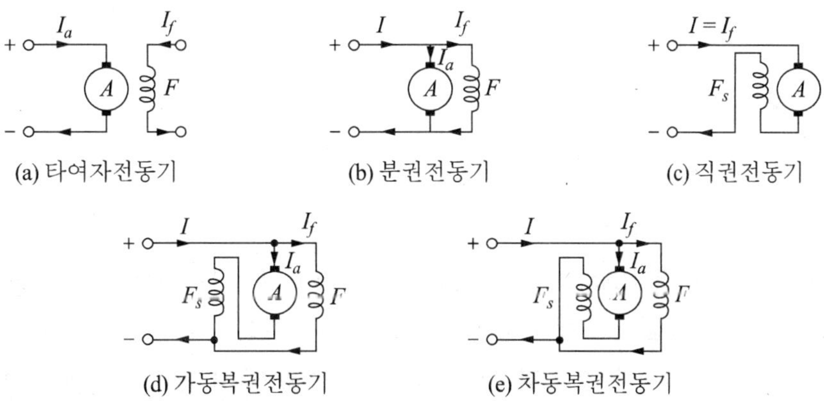

그림 16.17 직류전동기의 접속

예제 계자권선이 전기자에 병렬로만 접속된 직류기는 무엇인가?

solution 계자권선이 연결이 안 되면 타여자기, 직렬로 연결되면 직권기, 병렬로 연결되면 분권기, 직병렬로 연결되면 복권기이다.

6. 3상 유도전동기

6-1 원리

(1) 유도전동기의 기본법칙

유도전동기는 다음과 같은 2가지 기본법칙을 응용한 전동기이다.

첫째, 전자유도법칙이다. 도체가 자속을 끊으면 기전력이 유기되며 이 기전력의 방향은 플레밍의 오른손 법칙에 따른다.

둘째, 자계와 전류사이에 기계적인 힘이 작용한다는 법칙이다. 즉, 전류를 흘리고 있는 도체가 자계 안에 놓여 있을 때 이것에 기계적인 힘이 작용한다. 이 힘의 방향은 플레밍의 왼손법칙에 따른다.

자속밀도를 B [Wb/m^2], 도체의 길이를 l [m], 도체와 자속에 대해서 다같이 직각방향이 되는 속도를 v [m/s], 그 방향의 힘을 f [N], 유기기전력을 e [V], 전류를 I [A]라면

$$e = Blv \text{ [V]}$$
$$f = Bil \text{ [N]}$$

의 관계가 있다.

(2) 유도전동기의 원리

1824년에 아르고의 원판(Arago's rotating disc)이라고 부르는 현상이 발견되었다. 그림 16.18과 같이 동체의 원판을 수평인 축에 붙이고 자유롭게 돌도록 한다. 이 원판 가까이 수평축 둘레에 도는 영구자석을 놓고 자석을 핸들로 어떤 방향으로 빨리 돌리면 동원판은 자석

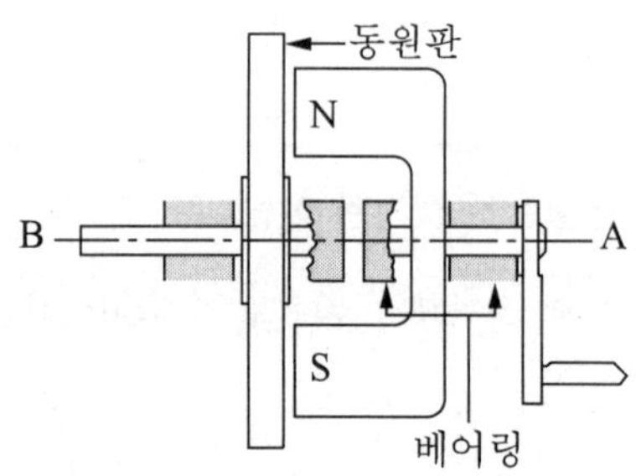

그림 16.18 유도전동기의 원리

이 만드는 자계의 자속을 끊으므로 동판 안에 기전력이 유기되고 이 안에 전류가 흐른다. 이 전류는 자계 안에 있으므로 힘이 생기며 이 힘에 의하여 동판이 회전한다.

따라서 동원판의 회전속도는 자속을 끊을 만큼 자석의 속도보다 느리게 되어야 한다. 만일 같은 속도로 회전하면 동판은 자속을 끊지 못하므로 기전력이 유기되지 않고 전류가 흐르지 않아 회전하는 힘이 생기지 않기 때문이다.

유도전동기는 이러한 원리에 따른 것인데 실제의 3상 유도전동기에서는 자석을 돌리는 대신에 고정된 3상 교류를 흘렸을 때 생기는 회전자속을 이용하며 적당한 권선을 감은 원통형의 철심(회전자)이 동판 대신의 역할을 한다.

(3) 회전자계

자속을 회전시키면 자석의 자극을 실제로 돌리는 대신에 고정자에 3상 권선을 감고 이것에 3상 교류를 흘러서 만들어지는 회전자계를 이용한다. 그림 16.19와 같이 3개의 코일 I, II, III을 서로 120°만큼씩 떨어뜨려서 감고 이들에 $\frac{2\pi}{3}$(120°)씩 위상이 다른 3상 교류를 흘렸다고 하면 코일 I에 흐르는 전류에 의하여 O점에 만들어지는 자계는 O_{x1}의 방향이 되고 그 크기는 전류에 비례한다. 코일 II의 전류로 만들어진 자계는 O_{x2}를 향하고 코일 III으로 만들어진 자계는 O_{x3}방향이 되고 이들 3개의 자계를 합성한 자계가 O점에 생기며, O점의 합성자계의 크기는 $\frac{3}{2}H_m$이다. 이 식에서 각방향의 자계의 세기는 H_m이다. 이 식에서 t를 포함하지 않기 때문에 시간과는 무관하고 언제나 세기가 일정하다.

또한 합성자계와 횡축사이의 각을 θ라고 하면

$$\theta = -\omega t$$

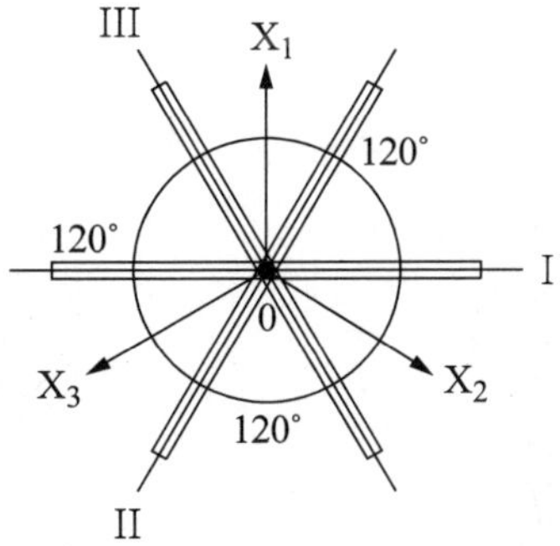

그림 16.19 회전자계

로 표현된다. 자계는 전류와 같은 크기를 가지며 동기속도로 시계방향으로 회전하고, 그 세기는 각 코일이 만드는 최대자계의 3/2배이다.

회전자계는 동기속도로 회전하므로 매분의 회전수를 N_s라고 하고 극수를 P, 주파수를 f라 하면 다음과 같다.

$$N_s = \frac{120f}{P}$$

예제 4극 60 [Hz], 7.5 [Kw]의 3상 유도저동기가 1,728 [rpm]으로 회전하고 있을 때 2차 유기기전력의 주파수[Hz]는?

solution

$$N_s = \frac{120f}{P} = \frac{120 \times 60}{4} = 1{,}800\ [\text{rpm}]$$

$$\text{슬립}[S] = \frac{N_s - N}{N_s} = \frac{1{,}800 - 1{,}728}{1{,}800} = 0.04$$

$$f_2 = S \times f = 0.04 \times 60 = 2.4\ [\text{Hz}]$$

(4) 회전방향

위의 경우는 권선 II에 권선 III보다 위상이 120° 앞선 전류를 흘렸을 때이다. 이것과 반대로 해서 권선 III에 권선 II보다 120° 앞선 전류를 흘리고 3상 교류의 위상을 I, II, III의 순서로 하면 황축방행의 자계는 부호가 바뀌고 $\theta = \omega t$가 되어 회전 자계의 회전 방향은 반시계 방향이 된다.

그러므로 3상 유도전동기는 그림 16.20과 같이 고정자의 2개 단자를 바꾸면 회전방향을 반대로 할 수 있다.

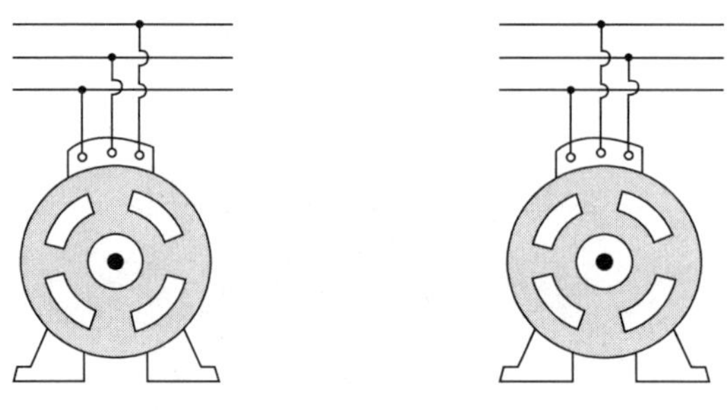

(a) 정방향 (b) 역방향

그림 16.20 회전방향

6-2 구조

(1) 고정자(stator)

고정자는 그림 16.21과 같이 규소강판을 층지게 꼬이게 해서 만들며, 이 철심의 주내에 파져 있는 슬롯에 코일을 넣어 이것에 고정태(stator frame)를 두른 것이다. 고정자 권선은 소형 전동기의 경우 환형의 2중 면권선을 사용하고, 용량이 큰 전동기에는 평각선을 2중 면권으로 해서 감는다.

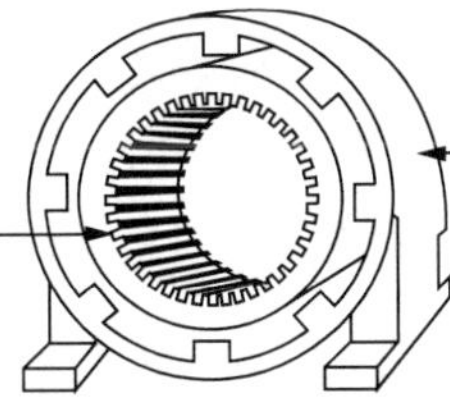

그림 16.21 고정자의 구조

참고 : 면권선

도체에 면사를 한 겹 또는 두 겹으로 긴밀하게 옆으로 감은 것으로, 일반 전기 기기의 권선에 사용한다.

(2) 회전자

회전자 철심은 원통형으로 되어 있고 규소강판을 성층해서 만든다. 회전자 철심의 외주에 있는 슬롯에 회전자 권선을 감는데, 이 회전자 권선은 고정자와 같은 극수의 다상권선(3상권선)으로 하는 경우와 회전자 철심의 슬롯에 굵은 동봉을 끼우고 이 동봉의 양단을 그림 16.22

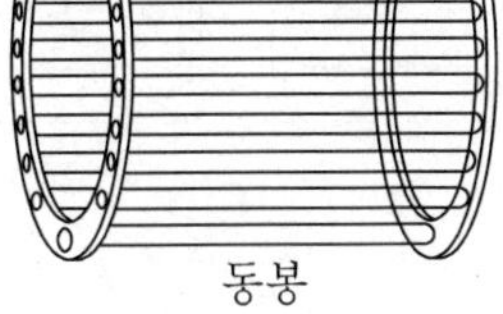

그림 16.22 농형권선

와 같이 단락환으로 단락한 권선(농형권선)으로 하는 경우의 2가지가 있다.

따라서 다상권선을 감은 회전자를 권선형 회전자(wound rotor)라 하고, 단락환 권선으로 된 회전자를 농형 회전자(squirrel cage rotor)라 한다.

6-3 기동

(1) 기동전류

기동시에는 $s=1$, 즉 회전자가 정지하고 있어 고정자에서 발생하는 회전자속은 동기속도로 회전자 권선을 끊게 되어 회전자 권선에는 큰 기전력이 유기되므로 회전자에 흐르는 전류는 전부하 전류의 5배 이상 되는 것이 보통이다. 이렇게 기동시에 전류가 많이 흐르는데도 불구하고 기동시키는 순간에는 2차 리액턴스가 커져 2차 역률이 나빠지므로 기동 토크는 적다. 그러므로 기동전류를 제한하고 기동토오크를 크게 하려고 여러 가지 기동법이 이용되고 있다.

(2) 권선형 전동기의 기동법

권선형 전동기에서는 위의 2가지 결점은 비례추이의 현상을 이용하면 한꺼번에 해결할 수 있다. 그림 16.23과 같이 회전자 권선에 전류를 공급하는 금속제 고리(슬립링)를 거쳐서 회전자에 기동저항(starting register)을 연결한다. 우선 저항을 최대로 하고 개폐기 S를 닫고 전동기가 가속하는데 따라 핸들을 반시계 방향으로 돌려 점차 저항을 줄이고, 적당한 속도에 이르면 단락장치로 슬립링 사이를 단락함과 동시에 브러시를 올리도록 한다.

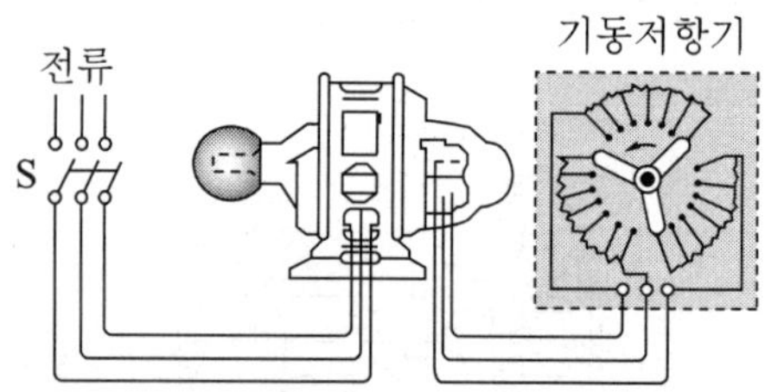

그림 16.23 권선형의 기동법

(3) 농형전동기 기동법

농형 전동기는 권선형과 같이 회전자에 저항을 넣을 수 없으므로 기동전류를 제한하기 위하여 공급 전압을 낮추어야 한다. 그런데 토오크는 공급 전압의 2승에 비례하므로 기동 토오크가 작아야 한다. 이것이 농형 전동기의 단점이며, 무부하 전압 또는 경부하가 아니면 기동이 안 된다. 따라서 농형은 일반적으로 소용량의 것이 많으며 기동법은 3가지가 있다.

① 전전압 기동

3.7 [Kw] 이하의 소용량 전동기는 기동장치 없이 직접 전전압을 공급해서 기동시킨다. 이때 기동전류는 전부하전류의 6배 정도가 되지만 전부하 전류 자체가 적으므로 지장이 없다.

② $Y-\Delta$ 기동

고정자 3상 권선을 운전시에는 Δ로 연결하고 기동시에만 Y로 연결하면 1상 권선에 가해지는 전압은 기동시 전전압의 $\frac{1}{\sqrt{3}}$, 즉 60% 정도가 된다. 이것을 $Y-\Delta$ 기동이라고 한다. Y, Δ로 고정자 권선의 접속을 바꾸려면 그림 16.24와 같이 처음에 개폐기를 기동 측에 닫고 전 속도에 이르렀을 때 운전 측에 닫으면 된다.

이러한 경우 기동 토오크는 $(1/\sqrt{3})^2 = 1/3$이 되지만 기동전류는 전부하 전류의 약 3배가 되어 전 전압 기동전류의 1/2로 감소한다. 보통 10～15 [Kw] 정도까지 이 방법에 의하여 기동시킨다.

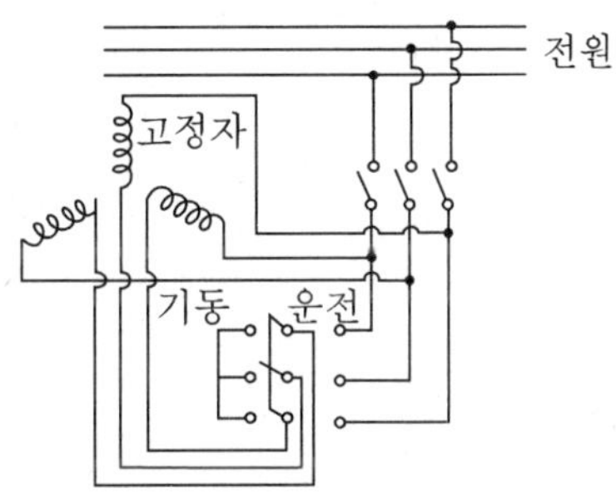

그림 16.24 $Y-\Delta$ 기동법

③ 기동보상기에 의한 기동

기동보상기라 하는 단권 변압기를 사용하여 공급전압을 낮추어 기동시키는 방법이다. 보통 10～200 [Kw] 정도의 전동기를 이 방법으로 기동시킨다.

전동기를 전원에 접속하여 기동할 때에 전압을 감소시키기 위하여 사용하는 일종의 단권 변압기로, 전압을 감소시킴에 따라 기동회전력도 감소된다.

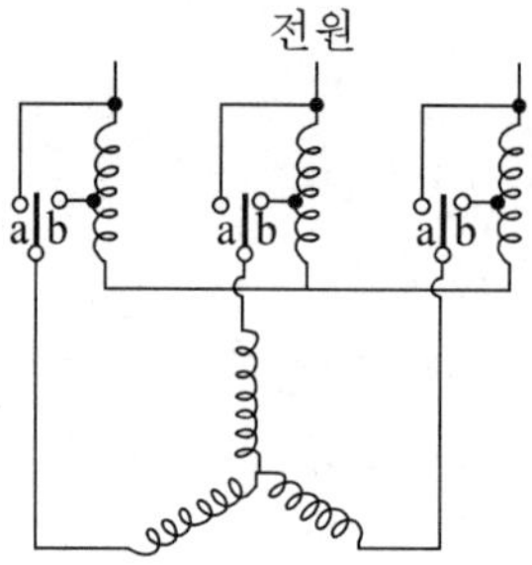

그림 16.25 기동보상기에 의한 기동

④ 리액터 기동

리액터 기동은 전원과 전동기 사이에 직렬 리액터(공극이 있는 리액터)를 삽입하여 전동기 단자에 가해지는 전압을 떨어뜨리는 방법이다.

전동기의 전원측에 직렬로 리액터를 넣어서 이 리액터로 전압강하를 시켜서 감압기동하고 기동 후에는 단락시키는 방식으로 기동보상기에 의한 기동에 비하여 기동조작이 간단하다. 따라서 리액터 기동기는 기동보상기와 함께 광범위하게 농형유도전동기의 기동에 사용되고 있다. 그림 16.26은 리액터에 기동방식을 나타내었다. 그림에서 X_m [Ω]은 리액턴스를 나타낸다.

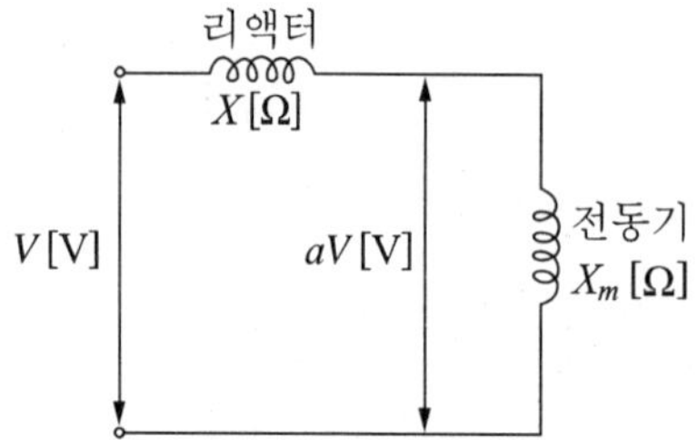

그림 16.26 리액터에 의한 기동

6-4 단상유도전동기

단상유도전동기는 회전자가 각형으로 고정자가 단상으로 되어 있기 때문에 회전자계를 자기 스스로 얻을 수 없다.

대부분 출력 400 [W] 이하인 소형전동기인데 가정용 전기기구인 선풍기 · 전기세탁기 · 우물펌프 등은 단상유도전동기를 내장하고 있다. 유도전동기는 3상기가 좋으며, 750 [W] 이상의 것은 대부분이 3상이다. 단상기가 소형기기에 많이 사용되는 것은 일반 가정의 전원이 단상교류이기 때문이다. 기동은 위상차를 이용한 기동으로는 분상기동형, 콘덴서기동형, 세이딩코일형, 모노사이클형이 있고, 단상직권정류자 전동기를 이용한 기동으로는 반발기동형이 있다.

(1) 분상기동형

분상기동형은 주권선 M에 대하여 전기가 90° 늦은 위치에 가는 기동권선 S를 놓고 주권선 전류 I_M과 기동권선전류 I_s 의 위상이 늦도록 불안정한 2상 회전자계로 기동한다. 회전자에 원심력으로 작동하는 스위치를 두고, 이것을 보조권선에 넣어 둔다. 회전속도가 정상속도의 80% 정도로 되면 스위치가 끊어져서 주권선만으로 회전을 계속하는데, 이것을 저항 분상형이라고 한다.

(2) 콘덴서기동형

콘덴서기동형은 기동권선 S에 기동용 콘덴서 C를 삽입하여 주권선 전류 I_M과의 위상차를 이용한다. 이것은 사용방법에 따라 콘덴서기동형, 2가 콘덴서전동기, 영구 콘덴서전동기로 분류된다. 콘덴서기동형은 펌프, 세탁기, 환풍기, 냉장고, 공업용 제봉틀 등에 사용된다.

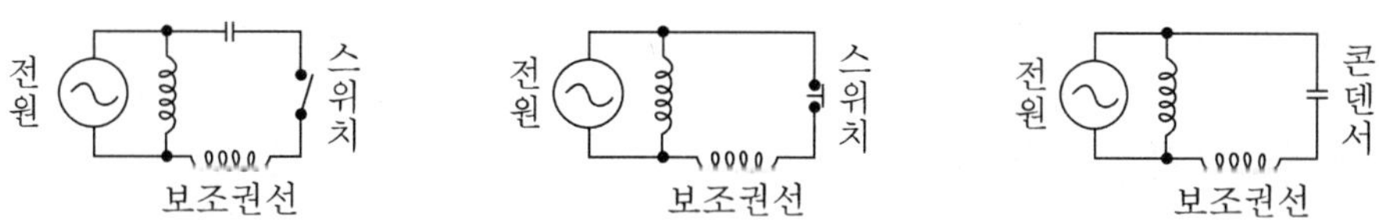

(a) 콘덴서분상형 (b) 저항분상형 (c) 콘덴서런형

그림 16.27 분산기동형 기동법

(3) 셰이딩 코일형(shading coil)

수 W의 소형에 많이 사용되는 방식으로, 고정측에 주권선 외에 셰이딩 코일을 놓고, 이것으로 시동 토크를 얻는 것이다. 회전자가 농형이고 고정자의 성층 철심은 몇 개의 돌극으로 되어 있다. 자극 철심에는 1차 권선 만이 감겨 있고 자극의 일부는 세이딩에 코일이 감겨져 있다.

특징은 기동 토오크가 대단히 적고 운전 중에도 세이딩에 전류가 흐르기 때문에 효율과 역률은 모두가 낮고 속도변동률이 크다. 구조가 간단하고 견고하기 때문에 수 10 [W] 이하의 소형전동기에 널리 사용된다. 주로 소형 환풍기나 오디오 등에 사용된다.

(4) 반발형

고정측은 주권선뿐이고, 회전측은 직류기처럼 정류자가 있어 그 위에 둔 2개의 브러시를 단락하고 있다. 브러시의 위치를 가감함으로써 큰 시동 토크를 얻을 수 있다. 즉, 시동시에는 다른 종류의 전동기로서 동작하는데, 가속 후에는 원심력 스위치로 정류자를 단락하여, 다상의 회전자 권선으로 바뀌어 유도전동기로서 작동한다.

반발기동형은 다른 전동기에 비해 기동 토오크가 크기 때문에 많은 힘을 필요로 하는 곳에 적당하다. 기동 토오크는 전부하 토오크의 300~500% 정도로 기동전류는 전부하 전류의 350%이다. 주로 펌프나 공기압축기 등에 사용된다.

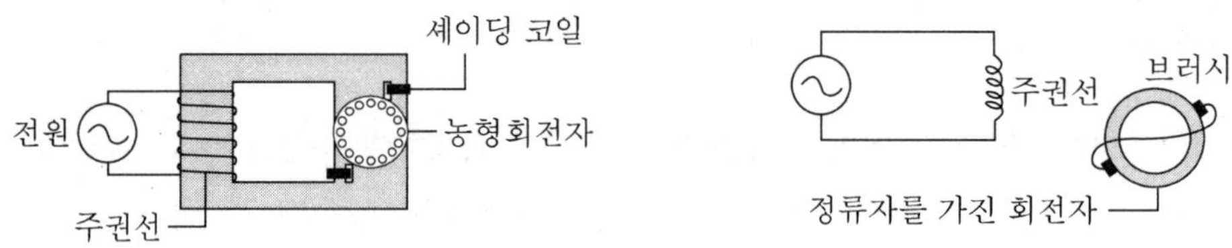

그림 16.28 세이딩코일형(좌)과 반발형(우)

6-5 교류정류자전동기

직류 전동기의 회전자와 고정자를 조합한 것으로 교류로 운전하지만 직류 전동기와 같은 특성을 나타낸다.

(1) 단상직권정류자 전동기

직류 직권전동기에 교류를 인가하면 반 사이클마다 전류의 방향이 바뀌지만 자계와 전기자 전류의 방향이 동시에 변화하므로 회전 방향은 바뀌지 않는다. 이것이 단상직권정류자 전동기의 회전원리이고, 특성적으로도 직류직권전동기와 유사하고 기동토오크가 크기 때문에 전기드릴, 믹서 등에 이용한다. 또한 직·교류 양용으로 사용할 수 있으므로 직·교류 양용 전동기라고 부른다.

(2) 3상 분권정류자전동기

3상 전원에서 사용하는 정류자 전동기로 가장 많이 사용되는 유형의 전동기이다. 이것은 권선형 3상 유도전동기의 회전자 권선에 3상 전원을 인가하여 고정자 권선인 2차 권선에 전원을 가한다. 또한 회전자와 같은 슬롯으로 3차권선(직류기의 전기자 권선과 같음)을 시설하여 정류자와 브러시를 고정자권선에 붙인다.

이 전동기는 바깥쪽에 부착된 핸들의 조작으로 많은 브러시를 동시에 이용함으로써 속도를 대폭적으로 자유롭게 바꿀 수 있기 때문에 속도제어를 필요로 할 경우에 사용된다.

7. 정전기

(1) 정전기의 발생

정전기 현상에 대한 인류의 관심은 과학사 중에서도 가장 오래된 것 중의 하나로, 기원전 600년 경 그리스의 철학자 탈레스는 장신구인 호박과 형겊을 마찰시키면 호박이 먼지를 끌어당기는 것을 보고 이상히 여겨 그 원인이 무엇인가를 생각하기 시작했다고 한다. 현재 우리가 사용하고 있는 전기(electricity)라는 단어도 그리스어의 호박(elektron)에서 유래하였다고 한다.

그 후 오랫동안 신비에 쌓여 있던 정전기 현상에 대한 연구는 17세기에 이르러 활발히 진행되다가 18세기 말에 들어와서 생활에 필요한 전기의 연구에 따라 잠시 주춤하기도 하였다. 그러나 근래에 와서는 산업이 발달하면서 정전기 응용 기술에 대한 새로운 연구와 정전기 방전에 의한 폭발, 화재 등의 재해로 인해 더 많은 관심이 집중되고 있고, 이를 예방하기 위한 많은 연구가 이루어지고 있다. 일상생활에서도 합성 섬유나 합성수지 등을 많이 사용하는 관계로 생활 주변에서 정전기 현상을 경험하는 경우가 많다.

두 물체의 접촉으로 인한 정전기 발생과정은 그림 16.29와 같이 나타낼 수 있다. 즉, 두 물체의 접촉으로 인한 접촉면에서의 전기이중층의 형성과 전기이중층의 분리에 의한 전위상승 및 분리된 전하소멸의 3단계로 나누어지며 대전현상은 이 3단계 과정이 연속적으로 일어날 때 발생한다.

일반적으로 물체 내부에서는 정(+) 또는 부(−)의 전하가 존재하지만 그 양이 같으므로 총 전하량은 0이 되어 물체는 전기적으로 중성을 유지하고 있다. 그러나 접촉 전 물체의 표면 근방에 존재하는 공기 중의 타 이온을 흡착할 수 있는 흡착층과 물체 중의 불순물 등으로 인한 각종 이온이 존재하고 있으므로 물체 A, B가 접촉할 때 물체 A가 정이온을 물체 B가 부이온을 흡착하기 쉽다고 가정하면, 물체 A가 더 많은 정이온을, 물체 B가 더 많은 부이온을 흡착하기 때문에 접촉면을 통해서 전하의 재분배가 이루어지고, 그림 16.29 (b)와 같이 전기이중층이 형성된다. 물체의 표면은 공기와의 사이에 흡착층이 존재하여 질량이 서로 다른 각종 이온이 흡착되기 때문에 최종적인 평형상태의 전기이중층이 형성되기 위해서는 시간이 필요하다.

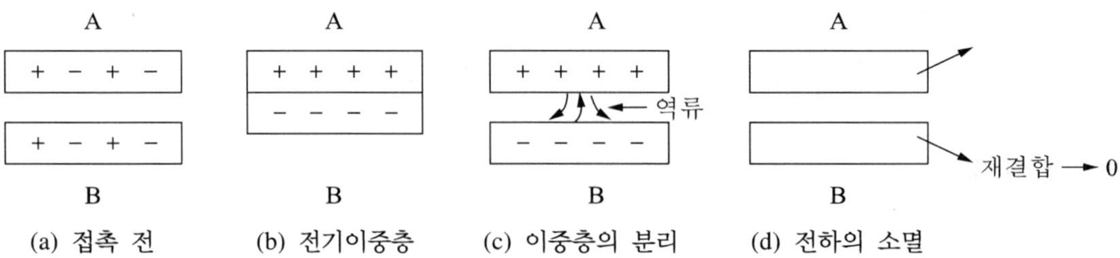

그림 16.29 접촉에 의한 정전기 발생과정

(2) 정전기 발생종류

① 마찰대전

두 물체의 마찰이나 미찰에 의한 접촉위치의 이동으로 전하의 분리 및 재배열이 일어나서 정전기가 발생하는 현상을 말하며, 접촉과 분리의 과정을 거쳐 정전기가 발생하는 대표적인 예로 고체, 액체류 또는 분체류에 의해서 발생하는 정전기는 마찰에 의해서 재해가 발생한다.

마찰전기는 두 물체 사이에서 발생한 마찰 에너지에 의해 한 쪽 물체의 전자가 다른 물체로 이동함으로써 발생한다. 이때 전자의 이동 방향은 두 물체의 상대적인 성질에 따라 결정된다. 예를 들어, 유리막대는 비단으로 마찰하면 양전하로 대전되지만 모피(毛皮)로 마찰하면 음전하로 대전된다. 즉 모피, 유리, 비단의 순으로 양전하로 대전되기 쉽다. 이와 같이 마찰

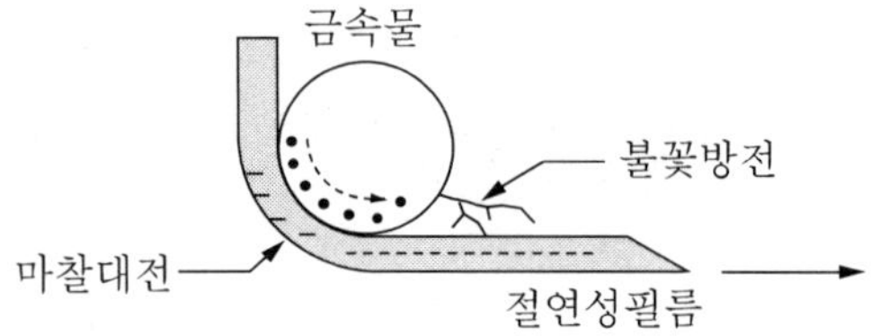

그림 16.30 마찰대전

에 의한 대전의 양·음에 관하여 차례대로 늘어놓은 것을 대전열이라고 한다. 예를 들면, 모피 → 유리 → 운모 → 비단 → 면포→ 목재 → 플라스틱 → 금속 → 황 → 에보나이트 순으로, 앞쪽일수록 양으로 대전되기 쉽고 뒤쪽으로 갈수록 음으로 대전되기 쉽다.

② 박리대전

서로 밀착되어 있는 물체가 떨어질 때 전하의 분리가 일어나 정전기가 발생하는 현상을 말한다. 이것을 접촉면적, 접촉면의 밀착력, 박리속도 등에 의해 정전기 발생량이 변화하며 일반적으로 마찰에 의한 것보다 더 큰 정전기가 발생한다는 것이 실험을 통하여 확인되고 있다.

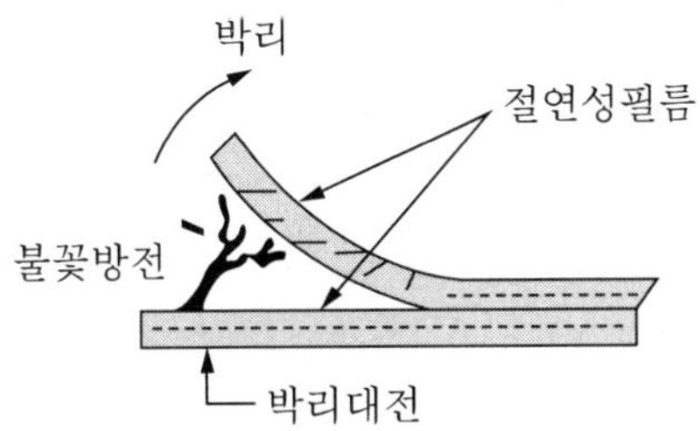

그림 16.31 박리대전

③ 유동대전

액체류가 파이프 등 내부에서 유동할 때 액체와 관벽 사이에 정전기가 발생한다. 액체류가 파이프 등 고체와 접촉하면 액체류와 고체와의 경계면에 전기 이중층이 형성되어 이때 발생된 전하의 일부가 액체류와 함께 유동하기 때문에, 정전기가 발생하는 현상으로서 정전기의 발생에 가장 큰 영향을 미치는 요인은 액체의 유동속도이지만 흐름의 상태에도 관계가 있으므로 굴곡, 밸브, 유량계의 형태와 수 등과도 관계가 있다.

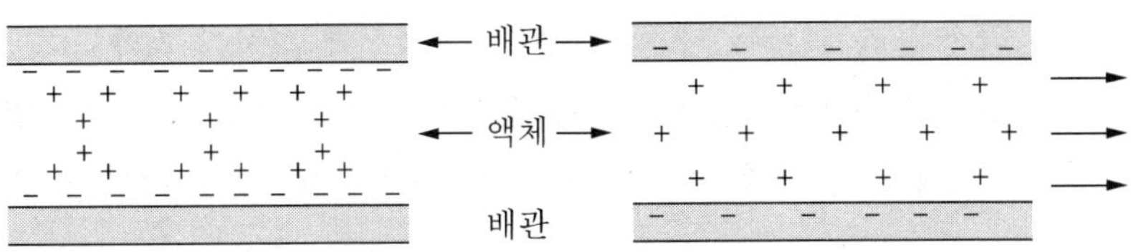

(a) 전지 액체 속의 이온전기 2중층 (b) 액체의 유동에 의한 전하분리

그림 16.32 배관 내 절련상 액체의 유동에 의한 정전기 발생

④ 분출대전

분체류, 액체류, 기체류 등이 단면적이 작은 분출구를 통해 공기 중으로 분출될 때 분출하는 물질과 분출구와의 마찰로 인해 정전기가 발생한다. 이 경우 분출되는 물질과 분출구를 구성하는 물질과의 직접적인 마찰에 의해서도 정전기가 발생하지만, 실제로 더 큰 정전기를 발생시키는 요인은 분출되는 물질의 구성입자들간의 상호충돌이다. 유체가 분사할 때 순수한 가스자체는 대전현상을 나타내지 않지만 가스 내에 먼지 등이 흡입하면 분출시에 대전한다.

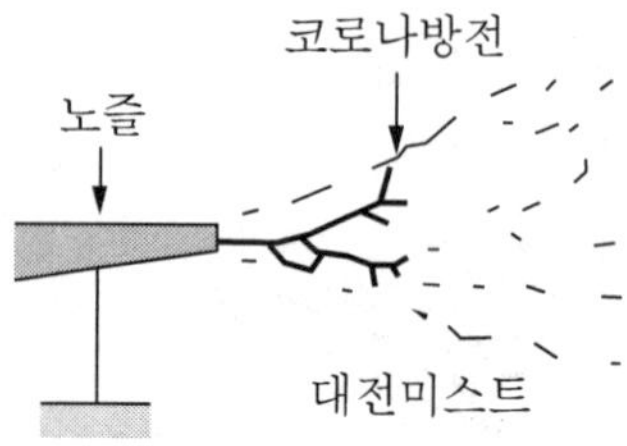

그림 16.33 분출대전

⑤ 교반 또는 침강에 의한 대전

액체가 교반할 때 정전기가 발생한다. 탱크로리 또는 탱커는 수송 중에 대전하므로 접지하도록 규정하고 있다. 실험에 의하면 진동 주파수에 따라 대전 전압의 극소값이 생성된다. 이것은 탱크 내벽과 기름의 마찰에 의한 대전이라는 것으로 설명되지 않는다. 이 극소부분을 제외하면 대전은 진폭이 커질수록 커지며 진동주기가 빨라질수록 커진다.

(3) 정전기 발생요인

① 물체의 특성

정전기 발생은 접촉 분리되는 두 가지 물체의 상호특성에 의하여 지배되며, 한 가지 물체만의 특성에는 전혀 영향을 받지 않는다. 일반적으로 대전량은 접촉이나 분리하는 두 가지 물체가 대전서열 내에서 가까운 위치에 있으면 적고 먼 위치에 있으면 있을수록 대전량이 큰 경향이 있다.

② 물체의 표면상태

물질의 표면상태는 정전기의 발생에 영향을 주어 일반적으로 표면이 원활하면 발생이 적어지게 된다. 물체표면이 수분이나 기름 등에 의해 오염되었을 때는 산화, 부식에 의해 정전기가 크게 발생한다.

③ 물질의 이력

정전기의 발생은 접촉, 분리가 일어날 때 최대가 되며 이후 접촉, 분리가 반복됨에 따라 발생량도 점차 감소한다. 그러므로 접촉, 분리가 처음으로 일어났을 때 재해발생 확률도 최대가 된다.

④ 접촉면적 및 압력

접촉면적은 정전기 발생에 큰 영향을 주며, 이것이 클수록 발생량이 커지고 접촉력이 증가하면 접촉면적도 증가하므로 결국 정전기의 발생량도 증가하게 된다.

⑤ 분리속도

분리과정에서는 전하의 완화시간에 따라 정전기 발생량이 좌우되며 전하완화 시간이 길면 전하분리에 주는 에너지도 커져서 발생량이 증가한다. 따라서 분리속도가 빠를수록 정전기의 발생량은 커지게 된다.

(4) 정전기 방전현상

정전기의 대전물체 주위에는 정전계가 형성되며 물체의 대전량에 비례하지만 이것이 점점 커지게 되어 결국, 공기의 절연파괴강도(약 30 Kv/cm)에 도달하게 되면 공기의 절연파괴현상, 즉 방전이 일어나게 된다.

① 불꽃방전

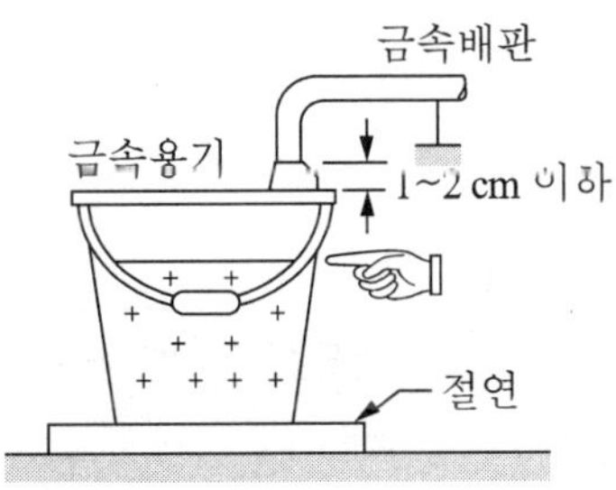

그림 16.34 불꽃방전

② 뇌상불꽃방전

번개와 같은 수지상의 방광을 수반하기 때문에 이렇게 불린다. 이 방전은 강력하게 대전한 입자군이 대규모(지름 수 m 이상)의 구름 무양으로 확산되어(대전운이라 부른다)일어나는 특수한 방전을 말한다.

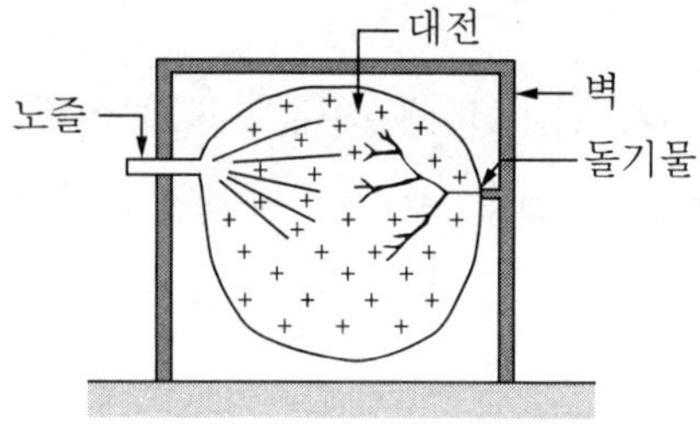

그림 16.35 뇌상불꽃방전

③ 코로나방전

기체 중에서 두 전극간의 전압을 상승시켜 가면 어느 값에서 불꽃 방전이 발생하는데, 전극간의 전계가 평등하지 않으면 불꽃 방전 이전에 전극 표면상의 전계가 큰 부분에 발광 현상이 나타나고 1~100 [μA] 정도의 전류가 흐르는 방전을 말한다.

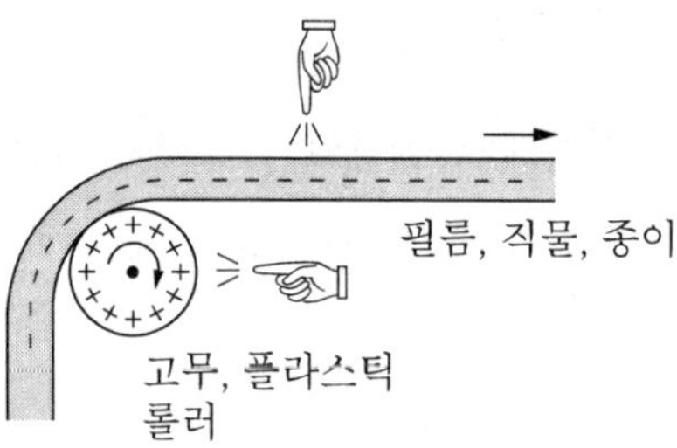

그림 16.36 코로나방전

④ 연면방전

연변방전은 절연물의 표면에 따라 강한 발광을 수반하여 일어나는 방전을 말한다.

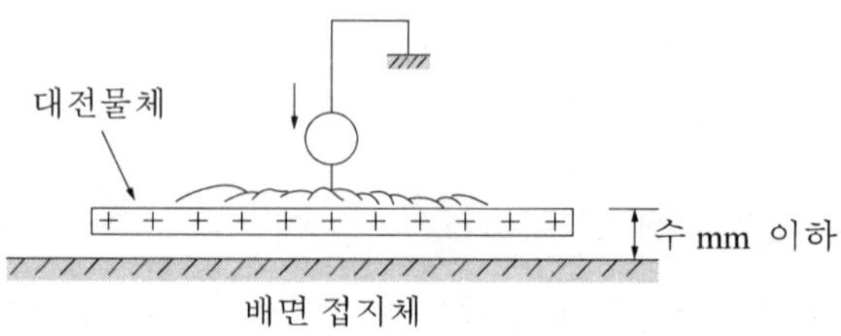

그림 16.37 연면방전

(5) 정전기 유도 및 축적

① 정전기유도

하나의 대전체가 절연된 물체에 접근하면 절연체에도 정전기가 유도되는데, 대전체와 가까운 곳에서는 대전체와 반대극성의 전하가 유도되고 먼 곳에는 동일 극성의 전하가 유도된다. 이에 유도된 물체의 먼 곳을 접지시키면 대전체와 동일한 전하는 소멸하게 되며 접지를 제거한 후 대전체를 제거하면 유도된 물체에는 대전체와 반대 전하만 남게 된다.

② 정전기 축적

생성된 정전기는 지면이나 기타 다른 물체로부터 절연되어 있을 경우 축적하게 된다. 실험에 의하면 절연저항이 1 $[\mathrm{M\Omega}]$ 이상이면 정전기가 충분히 흐르지 못하여 축적되며, 석유류 제품에 생성된 정전기는 석유류 전기전도도(도전율)가 10,000 $[p \cdot \Omega^{-1}/\mathrm{m}]$ 정도 이하이면 정전기가 축적되는 것으로 나타나 있다.

(6) 정전기 재해 발생한계

① 방전과 착화관계

방전이 발생하면 방전 경로 내에 있는 물질은 여기되고 화학반응력이 높아진다. 그러므로 연소범위 내에 있는 가연성물질은 방전에 의해 착화되고 적당한 조건이 갖추어지면 화재, 폭발로 발전한다. 가연성물질이 착화하는 데 필요한 에너지는 최소착화에너지로서 정의된다.

정전기 재해를 일으킨 사고의 경우 현장의 대전현상에서는 적어도 수회 이상 반복방전에 의해 재해가 발생하는 것으로 알려져 있다. 따라서 정전기 재해에 따른 최소 착화 에너지는 반복방전의 경우 각 1회마다 방전에너지가 중요한 자료가 된다.

가연성 물질이 방전에 의해 여기되고 이것이 원인이 되어 화재나 폭발이 발생하는 때에는, 방전에 의해 여기된 분자는 방전이 지속하는 기간 중에 여기상태를 유지할 것과 방전이 종료되기 전에 여기에너지의 재생산이 이루어지는 연소과정에 도달할 것의 최소한 두 가지 요건이 필요하다.

반복방전에서는 1회마다의 에너지는 적어도 반복회수의 증가에 의해 착화점에 주입하는 전체에너지는 증가하게 된다. 선행방전에 의해 잔류여기분은 반복횟수가 증가할수록 크게 된다. 선행방전에 의해 잔류여기분은 반복횟수가 증가할수록 크게 된다. 따라서 1회에 끝나는 방전보다 반복방전 쪽이 착화위험성이 높다.

② 인체대전과 전격

인체에 대한 전격은 정전기가 대전되어 있는 인체가 접지 또는 대전되어 있는 다른 물체와 근접하여 방전하는 경우와 대전되어 있는 물체에 인체가 접근하여 방전하는 경우에 발생하는 두 가지가 있다.

ⓐ 인체로부터 방전

인체에 대전되어 있는 전하량이 $2\sim3\times10^{-7}$ [C] 이상이 되면 이 전하가 방전하는 경우에 통증을 느끼게 되는데, 이것을 실용적인 인체의 대전전위로 표현하면 인체의 정전용량을 보통 100 [pF]으로 할 경우 약 3 [kV]가 되며, 이들의 관계는 표 16.1과 같다.

ⓑ 대전된 물체에서 인체로 방전

대전된 물체에서 인체로 방전이 일어날 경우에도 전격발생 전하량은 $2\sim3\times10^{-7}$ [C]이지만, 이 경우에는 물체의 정전용량이 각각 다를 수 있으므로 물체의 대전 전위에 대한 전격발생은 일률적으로 결정되지 않고 정년용량에 따른 값을 가지게 된다.

표 16.1 인체대전과 전격

인체전위 [kV]	전격의 정도	비 고
1.0	전혀 느끼지 못함	
2.0	손가락 끝 부분에 감지되나 통증은 없음	감지전달
2.5	방전한 부분이 침으로 감지되나 통증은 없음	
3.0	통증을 감지할 수 있음	
4.0	손가락으로 감지할 수 있음	방전발광이 보임
5.0	손등까지 전격통증을 느낌	
6.0	손가락에 강한 통증을 느끼며 전격을 받은 후 머리가 무겁게 느껴짐	
7.0	손가락과 손바닥에 강한 통증을 피부로 느낌	
8.0	손에 통증을 느낌	
9.0	손 전체에 강한 통증을 느낌	
10.0	손 전체에 강한 통증을 느끼며 전기흐름을 감지할 수 있음	
11.0	손가락에 강한 피부경감과 손 전체 강한전격을 느낌	
12.0	강한 전격으로 손 전체를 강타 당하는 느낌	

ⓒ 화재 및 폭발의 발생

정전기에 의한 방전에너지가 최소착화에너지보다 큰 경우에는 가연성 또는 폭발성 물질이 존재하는 경우에 화재 및 폭발이 발생할 수 있게 된다. 그러나 방전에너지는 간단히 구할 수 없기 때문에 대지전위나 대전전하량에 의해서 표현하게 된다. 그러나 정전기의 방전에너지는 대전상태가 같아도 대전물체가 도체인 경우와 부도체인 경우에 각각 다른 특성을 나타낸다.

가스일반

P·A·R·T

7

Chapter 17 가스사용의 역사

1. 가스의 역사

석유 및 석유대체 연료로서 주에너지원으로 사용되고 있는 천연가스의 최초 사용은 약 5천 년 전으로 추정하고 있다. 세계 4대 문명 발상지의 하나인 중국에서는 3,000년 전부터 제염공업에 천연가스를 사용하였으며 그 가스를 죽제관을 통하여 수송했다고 한다. 그런가하면 기원전 200년경에 중국인들이 염정을 깊이 140 m까지 시추했다는 기록이 남아있다고 알려져 있다. 또 소련의 바쿠지방 사원에는 2,500년 전부터 천연가스의 불꽃을 예배할 때나 신자를 화장할 때 사용했다는 기록이 남아있다고 알려져 있다.

그리고 천연가스에 대한 가장 유명한 전설은 기원전 약 1,000년 경 그리스 중부에 있는 파르나소스산에서 기원하며, 어느 날 한 목동에 의해 파르나소스산 위에서 불타는 샘을 발견하였고 바로 그곳에 여자 수도사가 사원을 짓고 살았는데 불타는 샘은 고대 페르시아와 인도에서 종교적인 도구로 사용된 곳으로 유명하다. 고대 그리스인, 페르시아인, 인도인들은 천연가스 에너지로서의 가치나 잠재적인 유용성을 깨닫지 못했지만 A.D 100~125년 경 그리스 저술가 플루타르크에 따르면 오늘 날 이라크 지역에서 "영원한 불기둥"이란 기록이 나오는데 이는 땅이 살라진 틈에서 배출된 천연가스가 불빛에 의해 발화된 것으로 추정된다.

2. 석탄가스의 제조

석탄이 인류에게 알려진 것은 매우 오래 되었고, B.C 315년의 그리스 문헌에 석탄을 대장간의 연료로 사용한 사실이 기록되어 있다. 중국에도 4세기(삼국시대)에는 석탄이라는 글자가 나타났고, 12세기(송대)에는 석탄을 채굴해서 가정용 연료로 이용하였으며, 이에 세금이 부과되었다. 영국에서는 9세기에, 독일에서는 10세기에 석탄이 발견되었다고 전한다. 유럽에서는 영국의 헨리 3세가 13세기에 채탄 면허를 부여한 일이 기록에 남아 있으나 석탄의 이용이 비약적으로 증대한 것은 산업혁명이 일어난 후부터이다.

18세기에 접어들면서 1735년경 영국에서, 약간 뒤늦게 독일에서도 그 때까지 제철에 사용한 목탄 대신에 코크스가 제조되었다. 1769년에는 와트의 증기기관이 발명되어 동력원으로서의 석탄의 수요가 증대하기 시작했다. 1792년 영국의 W.머독이 석탄가스 제조를 개시하고 1807년에는 런던에서 처음으로 가스등이 점등되었다. 이 사이에 석탄의 생산량이 급격히 증가하여 1835년에는 전 세계에서 3600만 t에 불과했던 채탄량이 1855년에는 8900만 t, 85년에는 4억 2200만 t으로 증대했다.

한편 1856년에는 석탄가스에서 타르 및 암모니아를 회수하는 방법이 발명되고, 다시 1858년에는 영국의 바킨이 콜타르를 원료로 해서 합성염료를 만드는데 성공하여 그 후 지금까지 콜타르를 이용한 화학공업이 크게 발달하게 되었다. 1906년 독일의 F. 하버가 암모니아의 공업적 합성을 발명하였으며, 그 원료 가스를 석탄에서 제조하였다. 1913년에는 독일의 베르기우스에 의해 석탄의 수소첨가액화법에 의한 인조 석유를 발명하였다. 이 해의 세계의 채탄량은 12억 6000만 t에 달했으며, 석탄은 세계 에너지원의 3/4을 차지했다.

또 1923년에는 독일에서 석탄을 가스화하여 얻은 일산화탄소와 수소에서 메탄올을 합성하는 방법이 발명되었고, 1926년에는 같은 일산화탄소와 수소를 원료로 하여 석유를 합성하는 피셔 트로프슈법이 발명되었다. 제2차 세계대전 후 원료 가스를 목적으로 한 석탄의 완전가스로가 세계 각국에서 연구·개발되었으나 60년대에 접어들면서 합성화학공업의 원료로서 석유와 천연가스로 대체되었고, 에너지원으로서도 석유의 진출에 따라 그 중요성은 줄어들었다.

3. 고압가스의 제조

오랫동안 공기는 그 상태가 변하지 않는 영구불변의 기체라고 믿어 왔었다. 그러나 1895년 독인인 인데가 그 공기를 액화하여 산소와 질소를 분리실험에 성공함으로써 비로소 공기는 분리될 수 있는 다양한 물질의 집합으로 인식되었으며, 이것이 오늘 날 고압가스 공업의 효시로 여겨지고 있다.

그 뒤에 프랑스의 클로드, 레비, 엘브로네, 피쿠테 등이 공기에서 분리한 물질로 공업화가 가능하다는 것을 증명하였다.

그러나 이미 18세기 말부터 공기 중의 질소를 고정화시켜 여러 방면에 유용하게 사용하고자 연구가 행해져 왔으며 이론적으로도 어느 정도 완성되어 있었다. 이 같은 질소를 얻기 위한 노력은 1902년에 이르러 미국의 나이아가라에서 브레드리와 라보조이가, 1904년에는 노르웨이에서 빌게란트와 아이데가 공기 중에서 고압방전을 하여 산화질소를 생성시켜 질산으로부터 질산염을 만들어내는 데 성공함으로써 그 결실을 맺게 되었다. 또 1905년에는 독일에서 프랭크와 카로가 우연히 석탄질소의 제조방법을 발견했고, 1908년에는 독일에서 60년이 넘도록 모두의 연구과제였던 암모니아의 공업적 합성법을 완성해 하머의 특허로 발표했으며, 이듬해인 1909년에는 보슈와의 협력에 힘입어 완전한 암모니아의 합성법을 세상에 알렸다.

4. 제조가스에서 천연가스로의 전환

석탄은 제조가스의 원료로 제1차 세계대전이 끝날 때까지 광범위하게 이용되었지만 1930년대에 중유가 직접 발새로의 원료로써 이용됨에 따라 차차 석유로 대체하기 시작했다.

미국의 경우 1930년경에 서남부의 생산지대로부터 장거리 파이프라인에 의해 천연가스가 공급되기 시작하자 천연가스의 수요는 급속하게 증가하였으며, 비교적 싼값의 천연가스는 제조가스 산업의 지위를 크게 약화시켰다. 이에 따라 높아지는 생산원가의 부담으로 경제성을 상실한 제조가스 산업은 큰 위기를 맞기 시작하였으며, 이에 많은 제조가스 회사가 천연가스와 제조가스를 섞은 혼합가스나 천연가스 공급으로 전환했다. 또 천연가스의 이용이 불가능한 지역에서는 1930~40년대에 설쳐 액화석유가스, 즉 부탄이나 프로판으로 전환하였다.

이처럼 천연가스의 수요가 늘어감에 따라 1938년에는 파이프라인 회사의 서비스형태, 신규시장 진입 및 주간 파이프라인 요금 부과규제 등을 내용으로 하는 천연가스법을 제정하여 시행하였으며, 1972년에는 천연가스의 공급부족으로 알제리산 LNG (Liquid Natural Gas)를 최초로 수입하였다.

가스 산업의 태동 이후 오랫동안 석탄가스에 의존 영국 및 기타 선진 공업국들은 원가상승과 자원부족으로 점차 제조가스에서 천연가스로 에너지원을 전환하기 시작했다.

Chapter 18 국내의 가스도입

1. 우리나라 최초로 도입된 석탄가스

가스산업에 대한 우리나라의 최초의 인가는 고종의 오랜 관심과 더불어 조선정부의 산업화 시책에 따른 암묵적인 지원으로 권동수 등 뜻있는 한국인에 의해 명의를 받아 놓은 상태였으나, 일본의 식민지 야욕에 대해 무방비 상태였던 조선의 총체적인 위기와 맞물려 좌절되고 1905년 을사보호조약의 체결로 일본의 통감정치가 본격화되자 일본은 1906년 기존인가의 일부 무효화를 고시하면서 권동수 등이 이미 받은 권리를 빼앗아 갔으며, 이러한 토대위에서 당시 재부부 장관인 부친을 비롯한 막강한 배경과 일본 당국의 정책적 지원을 업은 일본인 증네관치 등이 그 뒤에 그 뒤에 다시 신청서를 제출한 박완혁, 김시현 등을 회유하여 결국 일본인이 대주주가 된 일한와사주식회사가 최초로 설립되었다.

한편 부산지역에서도 러일전쟁 직후부터 수년 동안 설립을 준비해오던 한국와사전기주식회사가 설립되었으며 1912년 8월 하순부터 가스공급을 시작하였다. 전자는 서울지역을, 후자는 부산지역을 영업지역으로 하였으며 양자의 차이점은 서울이 순수한 도시가스용이었던 반면에 부산은 생산량의 대부분을 가스기관 발전용으로 사용하고 나머지를 시중에 보급하였다.

그 이후 차츰 일본 거류민의 수와 함께 일본인 사업가들의 규모가 전국적으로 늘어나자 가스 사업체도 점차 늘어나 1942년 무렵에는 5개 업체 4개 공장으로 늘어났고 가스 판매량도 증가하였으나 태평양 전쟁 막바지에 이르러 가스 공급이 군시시설로 집중됨에 따라 가스의 시중 판매량도 1940년을 정점으로 줄어들었다.

1945년 해방 이후에 미군정의 주선으로 한때 일본탄이 수입되었으나 철도에 사용되는 양이 너무 많아 수요를 만족시킬 수 없었으며 정치적 혼란과 설비의 고장으로 설비의 절반 정도 밖에 가동되지 않았다.

6.25 전쟁으로 큰 피해를 입은 채 일부만이 가동되던 가스 공급 시설은 계속된 불황 끝에 1960년대에 들어서면서 원료원을 석유로 바꾸는 액화석유가스의 생산이라는 전환을 세웠으나 국가시책과 맞물려 뜻을 이루지 못하고 몇 년에 걸쳐 가스 제조 및 공급설비를 모두 매각처분함으로써 우리나라의 석탄을 이용한 가스 제조는 그 막을 내리게 되었다.

2. 고압가스의 도입

우리나라에 고압가스가 생산된 시기는 1927년 5월 2일 일본인 야구준(野口遵)에 의해 흥남에 설립된 조선질소비료주식회사가 비료를 생산하는 데 수반되는 산소, 수소, 질소, 암모니아, 이산화탄소, 아세틸렌 등을 자체 생산하면서 시작되었다. 그 이듬해인 1928년에는 역시 야구준에 의해 아세틸렌을 화학공장이 설립되었다.

1937년에는 일본의 고압가스회사인 제국산소주식회사가 프랑스에서 도입한 설비로서 서울 영등포에 제국산소공장이, 부산에 동양산소공장이, 그리고 일본인 근등에 의해 서울 청파동에 금강산소공장이 설립된 것으로 보아 이 시기가 전문적인 고압가스공업의 사실상의 태동기로 볼 수 있을 것이다.

그 뒤 1940년에 소림간삼(小林幹三)이 소화산소회사를, 제국산소(주)가 평양에 제국산소공장과 함경북도에 소림광업회사를, 이궁(二宮)이 동아산소를 설립한 것도 같은 해의 일이다.

한편 동아산소를 설립한 이궁은 1842년 영등포에 동아산소회사를 설립하는 등 해방 이전까지 전국에 10여개의 고압가스 공장이 일본인들에 의해 설립되었으며 점차 그 기술자의 수요증가에 따라 조선인들의 참여가 늘어났다.

이 시설들은 1945년 해방을 전후하여 남한의 경우 대부분 관련 상공인들에게 매매되거나 몰수 후 불하되었으며 북한의 경우는 북한정청에 귀속되었다.

6.25전쟁 당시에는 전쟁으로 인해 생산이 거의 중단되었으나 전후 복구와 병행하여 산업시설 건립으로 가스 수요가 증가하여 고압가스는 활기를 뛰기 시작하였으며, 그 뒤로 1962년에 정부의 경제개발 5개년 계획의 추진을 계기로 고압가스 공업은 놀라운 성장을 하게 된다.

3. 액화석유가스(LPG)의 도입

우리나라에 LPG가 처음 사용된 것은 1959년경 미군부대에서 사용하던 LPG가 유출된 계기로 처음으로 소개되었다. 그 뒤 1960년대에 한국전쟁으로 큰 피해를 입은 가스공급의 복구가 논의되면서 다른 한편으로는 일본에서 프로판을 들여와 보급하기 시작하였는데, 그 당시는 가스가 주입된 용기자체를 수입해서 사용한 후 용기는 다시 반출하여 수입하는 형태를 취하였다.

그러나 1961년에는 국내 LPG 수입판매회사가 생기기 시작하면서 그 공급이 늘기는 하였으나 가격이 비싸 일반인들은 사용할 엄두도 못 냈으며 번화가나 백화점의 진열장이 아니면 구경조차도 힘든 형편이었다. 또한 석탄가스 산업을 프로판으로 전환을 위해 상공부장관을 승인을 요청했으나 실현되지 못하였다.

1964년에 프로판 생산과 보급이 본격적으로 시작된 것은 대한석유공사의 울산공장이 설립되어 가동되면서 원유정제과정에서 LPG를 생산하면서부터이다.

1965년 2월에는 한국프로판가스공업 협회가 설립되었고 수요도 기하적으로 증가하였다. 그러다보니 프로판의 사용이 부의 척도가 되었고, 가스에 대한 이해부족과 사용미숙으로 사고를 당하는 일도 빈번했다.

1966년 6월에는 교통부가 6개월 LPG 버스의 시험운행을 실시하여 최초로 서울역과 정릉을 운행하는 휘발유버스에 부탄가스로 대체 운행하게 되었다. 같은 해 7월에는 석탄가스 공급설비마저도 처분됨으로써 우리나라의 석탄을 이용한 가스제조는 막을 내리고 가스 산업은 프로판 시대로 전환하게 되었다.

4. 액화천연가스(LNG)의 도입

1973년 10월 6일 발발한 제4차 중동전쟁을 계기로 OPEC의 석유수출금지조치와 양적제한을 통해 제1차 석유파동 이후 유가가 계속상승하면서 원유 도입선의 확보가 어려워지자 발전연료 대부분을 석유에 의존해오던 한국전력공사에서는 LNG에 대한 현황조사를 실시하였다.

1976년부터 가정에서 주원료로 사용되었던 연탄공급문제가 거론되면서 정부에서는 LNG 도입에 관심이 모아졌고, 1978년 동력자원부의 발족을 계기로 동년 9월에 6명의 전문가를 일본에 파견하여 LNG사업에 대한 정책 및 사업배경, 기술 등 전반적인 조사를 실시하여 LNG 도입사업을 추진시키는 데 기폭제가 되었다.

1980년 말부터 본격적인 가스화 시대로 돌입하여 사회적 요구에 발맞추어 도시가스가 LNG에서 LNG로 대체되면서 연료의 고급화가 이루어지기 시작했다. 1983년 8월에는 한국가스공사의 공기업이 설립되었으며, 1986년 10월에는 인도네시아에서 LNG를 최초로 수입하여 세계 7번째 도입국이 되었고 도시가스용으로 사용하기 시작했다.

1991년에는 국내조선업계에서 최초로 LNG선의 건조가 시작되었으며 세계 3대 LNG선

건조국가로 부상했다. 1998년 7월에 인천과 안산에서 4대의 천연가스버스 4대의 시범운행을 개시하였으며, 2000년 6월에 서울에서 15대의 천연가스 버스가 첫 운행 개시되었다.

2010년 인천생산기지는 1996년 LNG선 첫 입항 후 상업운전 개시한 이래 우리나라는 물론 전 세계에서 가장 큰 규모의 137만 6,100 m^2의 LNG터미널을 보유하여 현재 국내 천연가스 수요의 70%를 차지하고 있다.

Chapter 19 가스안전관리

1. 가스안전관리규정의 체계

우리나라의 가스안전관리는 사용상의 편리함과 청결함에도 불구하고 물리·화학적 특성 때문에 사고의 위험성이 높고, 또한 여러 형태의 수많은 소비자들에게 공급되므로 사고가 빈번하게 발생하며, 사고발생시에는 피해가 크고 광범위하다. 따라서 정부는 가스사용에 따른 재해를 사전에 예방한다는 차원에서 안전관리 제도를 수립하여 시행하고 있다.

1970년내 초 이전까지 압축가스단속법으로 가스사업을 관리해오다가 1973년 고압가스안전관리법을 제정하게 되었으며, 그 이후 1978년에는 도시가스에 관한 가스사업법을 제정하고, 1983년에는 LNG의 도입에 따라 도시가스사업법으로 전면 개정하였다.

또한 LPG의 수요가 급증하면서 유통체계를 관리하기 위해 1983년에 액화석유가스의 안전 및 사업관리법을 제정하여 LPG의 충전·판매·사용 및 가스용품의 안전관리에 대한 사항은 물론 가스의 적정한 공급과 사용을 위해 제도적으로 관리하게 되었다. 이렇게 가스관계법령제정으로 제도적인 관리체계의 기반을 마련한 이후 오늘에 이르기까지 다양한 가스산업의 발전에 따른 체계적인 가스안전관리 제도정착을 위해 정부와 한국가스안전공사는 가스로 인한 사고로부터 국민을 안전하게 보호하고 가스산업을 합리적으로 조성·육성하기 위한 다각적인 사업을 적극 추진하고 있다.

2. 가스법령의 체계

가스관계법이라 함은 고압가스관리법, 액화석유가스의 안전 및 사업관리법, 도시가스사업법을 지칭한다. 1978년 이전 가스관계법은 고압가스관리법 뿐이었다. 그러나 1970년대 후반이 되면서 생활연료로서 도시가스 및 액화석유가스의 보급이 확대되고, 이로 인한 가스사고가 급증하게 되자 사고예방과 수급안전을 도모하기 위하여 고압가스안전관리법 중 도시가스와 액화석유가스에 관한 사항을 분리해서 1978년 도시가스사업법을, 1983년 액화석유가스의 안전 및 사업관리법을 제정하여 오늘날의 가스관계 3법 체계를 이루게 되었다.

2-1 고압가스 안전관리법의 체계

(1) 고압가스안전관리법 규제의 분류

- 취급에 관한 규제 : 고압가스의 제조, 판매, 저장, 사용 등
- 제조에 관한 규제 : 고압설비에 따른 용기, 냉동기 및 특정설비 등

(2) 고압가스안전관리법 규제의 목적

- 타율적 규제 : 관청에 의한 허가, 승인, 사고검사 등
- 자율적 규제 : 공급자 의무, 시설의 안전유지의무, 자체검사의무 등

2-2 액화석유가스의 안전 및 사업관리법의 체계

(1) 액화석유가스의 안전 및 사업관리법 규제의 분류

- 취급에 관한 규제 : 액화석유가스의 충전, 집단공급, 판매, 저장 및 사용 등
- 제조에 관한 규제 : 밸브, 연소기 등 가스용품

(2) 액화석유가스의 안전 및 사업관리법 규제의 목적

- 타율적 규제 : 관창허가, 승인, 신고, 검사 등
- 자율적 규제 : 공급자 의무, 시설의 안전유지의무, 자체검사 의무 등

2-3 도시가스 사업법의 체계

(1) 도시가스 사업법 규제의 분류

- 취급에 관한 규제 : 가스도매 사업, 일반도시 가스사업 및 특정가스사용 등
- 시공에 관한 규제 : 도시가스시설

(2) 도시가스 사업법 규제의 목적

- 타율적 규제 : 관청허가, 승인, 신고, 검사 등
- 자율적 규제 : 공급자 의무, 시설의 안전성유지의무, 자체검사 의무 등

3. 가스종류별 행정기관 허가 및 신고사항

3-1 특정고압가스 사용신고대상

(1) 사용신고대상 특정고압가스 종류

수소·산소·액화암모니아·아세틸렌·액화염소·천연가스·압축모노실란·압축디보레인·액화알진·포스핀·셀렌화수소·게르만·디실란

(2) 사용신고대상자

- 저장능력 250 kg 이상인 액화가스저장시설을 갖추고 특정고압가스를 사용하고자 하는 자
- 저장능력 50 m^3 이상인 압축가스 저장설비를 갖추고 특정고압가스를 사용하고자 하는 자
- 배관에 의하여 특정고압가스(천연가스제외)를 공급 받아 사용하고자 하는 자
- 압축모노실란·압축디보레인·액화알진·포스핀·셀렌화수소·게르만·디실란·오불화비소·오불화인·삼불화인·삼불화질소·삼불화붕소·사불화유황·사불화규소·액화염소 또는 액화암모니아를 사용하고자 하는 자

- 자동차 연료용으로 특정고압가스를 사용하고자 하는 자
- 자동차용 압축천연가스 완속 충전설비를 갖추고 천연가스를 자동차에 충전하고자 하는 자

3-2 액화석유가스 사용신고 대상

(1) 액화석유가스 안전 및 사업관리법의 제1종 보호시설 또는 지하실 안에서 액화석유가스 사용자(주거용으로 사용하는 경우 제외)

(2) 식품위생법에 의한 식품접객업소 또는 집단 급식소로서

- 식품접객업소의 경우 영업장 면적이 100 m^2 이상(식품위생법에 의한 음식점, 주점, 과자점, 다방, 휴게실 등)
- 집단급식소의 경우는 수용인원이 50인 이상인 곳을 운영하는 자

(3) 공동으로 저장능력 250 kg 이상 저장설비를 갖춘 공동주택의 관리주체

(4) 저장능력 250 kg 이상 5 ton 미만인 저장설비를 갖추고 사용하는 자(자동절체기에 의해 용기를 접합하는 경우에는 500 kg 이상 5 ton 미만)

(5) 자동차의 연료

이상의 사항을 허가하거나 신고 받은 해당관청은 7일 이내에 소방서장에게 통보하여 화재의 예방 및 진압에 참고하도록 하여야 한다.

표 19.1 가스종류별 행정기관 허가 및 신고사항

종 류		관 계 법		허가 및 신고사항
고압가스	→	제조・충전, 고압가스용기 제조	→	시・도지사
고압가스	→	저장・판매	→	시장・군수・구청장 (허가)
특정고압가스 (H_2, O_2, Cl_2, NH_3, C_2H_2 등)	→	사용		시장・군수・구청장 (신고)
액화석유가스	→	특정사용자		시장・군수・구청장 (신고)

Chapter 20 고압가스의 분류

1. 고압가스의 정의

상온・상압 하에서 기체를 다량으로 운반, 저장하기 위해서는 그 부피를 작게 하는 것이 취급상 편리하기 때문에 기체를 압축 또는 압력을 가하여 부피를 작게 하거나 또는 가압, 냉각의 공정을 통해 액화시켜 부피를 작게 한다. 또한 반응장치 등에 있어서 고압으로 조작하면 그 효율이 증대되는 것이 있다.

이러한 이유로 기체를 압축 또는 액화시켜 고압을 이용하기에 이르렀지만, 그 반면에 압력이 높아진다는 점은 이것을 취급하는 장치 또는 용기 등으로부터 누설되기 쉽고, 또한 그 물질이 가연성 또는 독성으로서 그 용기가 파괴될 경우 여러 사람에게 큰 피해를 줄 우려가 있다.

그러므로 공공의 안전을 확보하기 위하여 고압가스안전관리법 등의 법이 제정되었으며 고압가스를 제조・저장・판매・운반 및 사용과 아울러 용기의 제조 및 취급이 규제되고 있다. 고압가스안전관리법에서는 어떤 온도에 있어서 일정 이상의 압력을 갖는 압축가스 또는 액화가스를 고압가스라 정의하고 있다.

2. 고압가스의 분류

2-1 물리적・화학적 특성에 따른 분류

가스는 통상 취급하는 상태, 즉 물리적인 상태, 가스의 성질, 인체에 유해한 위험성에 따라 일반적으로 물리적인 상태에 따라서 표 20.1과 같이 분류된다.

표 20.1 고압가스의 일반적 분류

구분	분류	성질	종류
가스상태에 따른 분류	압축가스	상온에서 압축하여도 액화하기 어려운 가스로 임계온도(기체가 액체로 되기 위한 최고온도)가 낮아 상온에서 압축시켜도 액화되지 않고 단지 기체상태로 압축된 가스	수소, 산소, 질소, 메탄 등
	액화가스	상온에서 가압 또는 냉각에 의해 비교적 쉽게 액화되는 가스로서 임계온도가 상온보다 높아 상온에서 압축시키면 비교적 쉽게 액화되어 액체상태로 용기에 충전하는 가스	액화 NH_3, Cl_2, CO_2, C_3H_8, C_4H_{10}, 산화에틸렌 등
	용해가스	가스의 독특한 특성 때문에 용매를 충전시킨 후 다공성물질에 용해시켜 사용되는 가스로 아세틸렌가스는 압축하거나 액화시키면 분해폭발을 일으키므로 용기에 다공물질(고체내부에 많은 빈공간을 가진 물질)과 가스를 잘 녹이는 용제(아세톤, 디메틸포름아미드)를 넣어 용해시켜 충전	아세틸렌(C_2H_2)
연소성에 따른 분류	가연성 가스	수소와 결합하여 빛과 열을 내며 연소하는 가스를 말하며 수소, 메탄, 에탄, 프로판 등 32종과 공기 중에 연소하는 가스로서 폭발한계 하한이 10% 이하인 것과 폭발한계의 상·하한의 차가 20% 이상인 것이 대상	메탄, 에탄, 프로판, 부탄, 수소 등
	불연성 가스	스스로 연소하지도 못하고 다른 물질을 연소시키는 성질도 갖지 않는 가스	N_2, CO_2, Ar 등 불활성 가스
	조연성 가스	가연성가스가 연소되는 데 필요한 가스 지연성 가스라고도 함	공기, 산소, 염소 등
독성에 따른 분류	독성가스	공기 중에 일정량 존재하면 인체에 유해한 가스 허용농도가 200 ppm 이하인 가스	Cl_2, NaH_3CO 등 31종
	비독성 가스	공기 중에 어떤 농도 이상으로 존재하여도 유해하지 않은 가스	O_2, H_2 등

2-2 고압가스안전관리법에서 정하는 고압가스

① 공공의 안전 확보를 위해 제정된 고압가스안전관리법에서는 어떤 온도에 있어서 일정 이상의 압력을 갖는 압축가스, 액화가스, 용해가스, 특수가스 4가지로 고압가스를 분류하고 있다.

② 이런 분류에는 이들 가스가 화학적 변화에 따라 다른 물질로 전환되지 않는 한 온도와 압력에 따라 상태가 변하기 때문이다.

표 20.2 가스법령에서 고압가스 분류

종류	정 의
압축가스	상용의 온도에서 10 kg/cm^2 이상이 되는 가스가 실제로 그 압력이 10 kg/cm^2 이상이거나 35℃에서의 압력이 10 kg/cm^2 이상이 되는 압축가스
액화가스	상용의 온도에서 2 kg/cm^2 이상이 되는 가스가 실제로 그 압력이 2 kg/cm^2 이상이거나, 2 kg/cm^2 가 되는 경우의 온도가 35℃ 이하인 액화가스
용해가스	15℃에서의 압력이 0 kg/cm^{2}를 초과하는 아세틸렌가스
특수가스	35℃에서의 압력이 0 kg/cm^{2}를 초과하는 특수가스 (액화시안화수소, 액화브롬화메탄, 액화산화에틸렌)

표 20.3 사용용도에 따른 고압가스 분류

구분	내 용	용 도
N_2	• 질소는 공기 중에 79% 존재, 무색, 무취, 무미 불활성 및 불연성 • 수소와 반응시켜 암모니아를 만드는 암모니아 합성에 가장 많이 사용되며 암모니아로부터 질산·비료·염료 등 많은 질소화합물을 제조 • 질소기체는 상온에서 화학적으로 비활성인데 이를 이용하여 산소와 습기를 제거하는 블랭킷·희석제로 사용된다. 또한 액체질소는 냉각제로 사용	• 철강, 금속, 석유, 화학, 섬유, 반도체, 의약품 등의 제조공정 • 각종 금속열처리, 분위기 가스 • 화학플랜트, 배관, 탱크 등의 퍼지가스 • 각종분석기의 캐리어가스 • 판유리 제조 • 용제회수 • 비료, 촉매, 신소재 등 의원료 • 가스배관 수리 등의 안전공학
O_2	• 산소는 각종 화학공업·야금 등에서 대량으로 사용 • 암모니아 합성, 그 밖의 합성화학공업에서의 원료가스제조에, 특히 철강관계 노공업에서 많은 사용량 • 산수소염·산소아세틸렌염 등으로 금속의 용접·절단 등, 액체산소 폭약·흡입·로켓 추진제 등의 사용 • 운반용에는 액체산소가 주로 사용되며 의학용 산소흡입에서는 50부피%로 해서 사용	• 제철, 제강, 금속정련 등 • 용접, 절단 • 큐폴라 용해로의 산소부하 • 유리용해로의 산소버너 • 로케트의 조연제 • 호흡용 의료기기 및 항공기 • 반도체소재의 산화 석유화학, 화학공업 등 • 폐수처리, 펌프표백 • 폐기물소각 • 식품 및 발효공업
C_2H_2	• 천연으로는 무존재 • 탄화칼슘에 물을 가하는 방법으로 제조 • 공업적으로는 천연가스 합성석유의 폐가스, 크래킹에 의해 생기는 탄화수소가스 등을 고온	• 아세틸렌램프 용접·절단 • 염화비닐·아크릴로니트릴·비닐아세틸렌 • 합성섬유나 합성고무의원료 • 아세트알데이드·아세트산·아니트릴 등

	에서 열분해하여 합성	의 용액 • 합성 중간체의 제조
CO_2	• 탄소나 그 호합물이 완전연소하거나 생물이 호흡 또는 발효할 때 생기는 기체 • 실험실에서 석회암 $CaCO_3$에 염산 HCl이나 황산을 작용시키는데 사용	• 청량음료로 사용 • 조연성이 없는 것을 이용하여 소화제로 사용
CO_2	• 탄산염·중탄산염 등에 무기산을 작용시켜도 생기는 데 공업적으로는 생석회 제조시의 석회암의 가열분해에 의한 부산물로서 얻거나 유기물의 연소시에 발생하는 기체로부터 회수하거나 알코올 발효시의 부산물로서 득실	• 청량음료로 사용 • 조연성이 없는 것을 이용하여 소화제로 사용 • 이산화탄소를 단열팽창하여 얻는 고체를 드라이아이스라고 하고 냉동제로 사용
Ar	• 질소, 산소와 더불어 공기의 3대 성분 중의 하나(약 0.9%) • 무색, 무미, 무취이며 불황성 및 불연성 가스 • 백열전구, 형광등, 진공관, 정류관 등에 봉입하는 기체로 사용 • 아르곤의 비활성을 이용하여 금속의 주조, 제련 등의 보호기체로 사용	• 용접(TIG, MIG) • 플라즈마에 의한 금속 절단 • 특수강의 정련 • 실리콘봉의 제조 • 반도체 집적회로 제조 • 전구 봉입용 가스 • 분석기의 캐리어 가스 • 분말금속, 탄소섬유제조
H_2	• 무색, 무취의 가연성 가스 • 암모니아·염산·메탄올 등의 합성에 대량으로 사용 • 기름을 경화시키기 위한 수소첨가, 액체연료의 제조, 산소수소 불꽃으로 금속의 절단과 용접, 백금 석영 등의 세공 등에도 사용 • 액체수소는 끓는 점이 아주 낮기 때문에 냉각제로 사용	• 유리공업, 식품공업 • 화학공업 • 반도체 제조 • 광섬유제조 • 금속열처리 환원제 • 자동차, 로켓의 원료
He	• 무색무취의 불황성 희귀가스로서 기구용 가스로 사용되며 불연성이므로 수소보다 안전 • 혈액에 대한 용해도가 작기 때문에 산소와 섞어서 잠수용 통기가스 • 중독이나 가사 등에 대한 산소흡입에 사용되며 최근에는 끊는점이 낮은 것을 이용하여 극저온을 얻기 위한 냉각에도 사용된다.	• 의료용 자기 공명 촬영기 • 특수용접용 • 분석기의 캐리어가스 • 반도체 제조 • 잠수용 혼합가스 • 레이저 가스 • 누설검사 및 원자로 • 기구, 비행선, 초전도 자기부상열차

Chapter 21 가스의 연소 및 폭발

1. 가스 연소의 특성

연소란 빛과 열을 수반하는 화학반응으로서 보통 공기 중이나 산소 중에서 물질이 산화되는 반응을 말한다. 가스의 폭발은 연소의 한 형태이며 격렬하게 연소하면서 폭음을 내며, 용기가 파열하거나 가스의 부피가 급격히 팽창한다.

1-1 가스의 팽창

관내에 가연성 가스와 공기의 혼합물(가연성 혼합가스 또는 혼합기체)을 넣고 그 끝단에 점화를 시키면 화염이 다른 한 쪽의 끝단을 향해서 전파해 나가게 되는데, 여기서 만일 화염 전파의 방향에 역방향으로 화염이 전파하는 속도와 같은 속도로 혼합기를 흐르도록 하면 전파화염을 어떤 위치에서 정지시킬 수 있게 된다.

실제로 버너라 하는 연소장치는 화구에서 화염을 안정시켜 연소열을 유효하게 이용하고 있는 것이지만 가스의 유속을 크게 하면 화염은 길게 되며 더욱 유속을 크게 하면 화염은 안정되지 않고 결국 불이 꺼지게 된다. 역으로 유속을 작게 하면 화염은 짧아지고 화염이 관내로 들어가 역화를 일으키게 되는데 이런 현상의 연소를 비정상 연소라고 한다.

혼합기가 용기 중에 들어 있으면, 혹은 용기 내가 아닌 외부에서도 화염속도가 클 경우에는 화염전파가 일어나며 압력이 상승하여 용기를 파괴하거나 큰 굉음을 발생한다. 이와 같은 경우를 폭발이라고 한다.

1-2 발화점과 인화점

① 발화점(ignition point)

외부에서 화염 등의 착화원을 주지 않고 물질을 가열시킴에 따라 증기가 주위의 에너지로부터 자발적으로 발화하는 최저온도이다. 가연성가스는 일반적으로 공기 또는 산소와 혼합할 때 그 농도가 연소범위 내에 들어 있지 않으면 발화가 일어나지 않는다. 연소범위 내에 있고 혼합기체가 일정하게 온도가 올라가 있을 때 전기불꽃이나 성냥불 등 일정량 이상의 에너지를 가하면 발화한다.

발화온도(착화온도)는 증기의 압력, 증기의 농도, 부피, 촉매물질의 종류, 발화지연시간, 흐름의 조건 등에 대한 함수이다. 발화온도에 대한 영향을 살펴보면 산소농도가 클수록, 계의 압력이 클수록, 부피가 클수록, 탄화수소의 분자량이 클수록 발화온도는 낮아진다.

② 인화점(flash-point)

가연성의 액체나 고체가 타기 위해서는 그 표면에 가연성 혼합기체가 형성되기까지의 온도에 달해 있지 않으면 안 된다. 여기에 착화원의 존재에 의해 발화가 일어나는데, 이와 같이 착화원 존재시 발화가 일어날 수 있는 최저 온도를 인화점이라고 한다. 따라서 인화가 되려면 액체온도에 한계온도가 있으며 이 온도를 인화점이라고 부른다.

참고 : 가연성 액체의 인화점(석유류)

$$A = 0.73 \times (B - 100)$$

여기서, A : 인화점, B : 초유점

1-3 연소한계(폭발한계)와 최소발화에너지

가연물에서 연소작용이 일어나고 그 연소작용이 계속되기 위해서는 필요한 산소의 한계가 있다. 가연성의 가스와 공기 또는 산소의 혼합기에는 거의 정해진 연소범위가 있는데 이 한계농도에서 저농도 쪽을 연소하한계(LEL)라고 하고, 고농도 쪽을 연소상한계(UEL)라고 한다. 연소범위는 가연성 기체(가연성액체 또는 증기 포함)의 공기와의 혼합율에 있어서 점화원에 의해서 필요적으로 연소가 일어날 수 있는 범위를 말한다. 가연성 액체의 증기의 농도가 진한 쪽을 상한이라고 하고' 농도가 엷은 쪽을 하한이라고 한다. 주요 기체의 연소한계를 표 21.1에 나타내었다.

① 연소하한계(LEL)

공기 또는 산소와 더불어 가연성 혼합물을 형성하는 증기들은 공기 또는 산소 내에서 점화원을 접촉시켜도 불꽃을 형성시키지 않는 최소증기 농도를 말한다.

② 연소상한계(UEL)

불꽃을 형성시키지 않는 최대 증기농도를 말한다.

표 21.1 각종 기체의 연소(폭발)한계

물질	폭발한계(%)				detonation한계(%)			
	공기 중		산소 중		공기 중		산소 중	
	하한계	상한계	하한계	상한계	하한계	상한계	하한계	상한계
수소	4.0	75	3.9	96	18.3	59	15	90
아세틸렌	2.5	81	2.3	95	4.2	50	3.5	92
메탄	5.0	15	5.1	61	6.5	12	6.3	53
프로판	2.1	9.5	2.3	52	-	-	3.2	37
에틸렌	2.7	36	2.9	-	-	-	-	-
일산화탄소	12.5	74	15.5	94	15	70	38	90
에틸에테르	1.9	36	2.1	82	2.8	4.5	2.6	> 40
암모니아	15	28	14	79	-	-	25	75
이황화탄소	1.0	50	-	-	-	-	-	-
가솔린	1.0	6	-	-	-	-	-	-

가연성가스 또는 증기의 위험도를 나타내는 기준으로서, 폭발범위의 하한계와 상한계의 차를 하한계로 나눈 값을 사용하고 H로 표시하면 위험도는 다음 식으로 표시된다.

$$H = \frac{UEL - LEL}{LEL}$$

예제 수소가스는 공기 중에서 하한계 4.1, 상한계 74.2이다. 위험도를 산출하시오.

solution $H = \frac{UEL - LEL}{LEL} = \frac{74.2 - 4.1}{4.1} = 17.1$

③ 연소한계 및 착화와의 관계

어떤 가연성 물질이 폭발(연소)할 수 있는 범위를 말한다. 즉, 가연성 기체의 농도가 적거나 클 경우 공기, 산소 내에서 점화원을 접촉시켜도 활성화된 유효한 접촉이 일어나지 못하여 불꽃을 형성시키지 않는 최소 또는 최대 증기 농도이다. 연소한계와 위험성의 관계는 다음과 같다.

- 한계범위가 넓은 것이 위험성이 크다.

- 하한계 범위가 낮을수록 위험성이 크다.
- 한계범위가 클수록 연소속도가 크다.
- 한계범위가 클수록 최소 점화에너지를 필요로 한다.

④ 연소한계를 좁히는 대책

불활성 기체(Ne, Ar, Xe, Rn, Kr)를 가연성 기체와 공기의 혼합물에 첨가한 경우, 하한계는 별로 영향이 없으나 상한계는 현저하게 저하하여 첨가량이 어느 정도에 이르면 상한계는 하한계에 일치한다. 이 점을 peak치(inflammability peak)라 하며 이 값이 낮은 불활성 기체일수록 첨가효과가 크다. 한 예로서 그림 21.1에 가솔린－공기 혼합계에서의 실험결과를 나타낸 바와 같이 일반적으로 질소, 탄산가스, 수증기 등에 비하여 할로겐화탄화수소는 연소억제작용에 의해 peak치보다 낮다. 이러한 작용을 갖는 물질의 가연성(폭발성) 혼합기체의 작용은 폭발방지 또는 화재의 소화에 이용되는 안전공학상 중요한 문제이다.

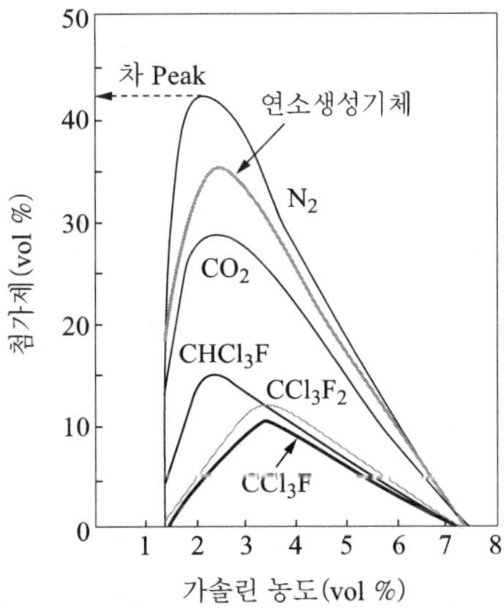

그림 21.1 불활성 기체를 가한 경우 가솔린－공기계의 연소한계

⑤ 공기 중의 양론농도(완전연소 조성농도 : C_{st})와 폭발한계와의 관계

양론농도(C_{st})는 가연성 물질 1몰이 완전히 연소할 수 있는 공기와의 혼합기체 중 가연성 물질의 부피(%)를 말하며, 유기물 $C_nH_xO_y$에 대한 양론농도는 다음과 같이 구한다.

$$C_nH_mO_\lambda Cl_f \text{의 경우 : } C_{st} = \frac{100}{1+4.773\left(n+\dfrac{m-f-2\lambda}{4}\right)}(\%)$$

여기서, n : 탄소

m : 수소

λ : 산소의 원자수

f : 할로겐 원소

참고 : 양론농도(완전연소 조성농도)

가연성 물질 1몰이 완전히 연소할 수 있는 공기와의 혼합기체 중 가연성 물질의 부피(%)이다. 즉, 가연성 물질의 발열량이 최대이고 폭발파괴력이 가장 강한 농도를 말한다.

예제 메탄(CH_4)가스의 완전연소 조성농도를 구하시오.

solution

$$C_{st} = \frac{100}{1+4.773\left(n+\dfrac{m-f-2\lambda}{4}\right)}(\%) = \frac{100}{1+4.773\left(1+\dfrac{4}{4}\right)} \fallingdotseq 9.48(\%)$$

참고 : C_{st} 와 폭발한계와의 관계

(1) 유기화합물의 폭발하한값(LEL)은 양론농도(C_{st})의 약 55%로 추정한다.

(2) 폭발상한값은 양론농도의 약 3.5배가 된다.

⑥ 르-사틀리에 법칙(Le-Chatelier' law)

가연성 물질의 한 종류가 아닌, 여러 가지 물질이 혼합되었을 때 폭발범위 값은 다음 식에 의한다.

$$\frac{100}{L} = \frac{V_1}{L_1} + \frac{V_2}{L_2} + \frac{V_3}{L_3} + \cdots + \frac{V_n}{L_n}$$

여기서, L : 혼합기체의 폭발하한계

$L_1, L_2, L_3 \cdots L_n$: 각 성분의 폭발하한계(vol %)

$V_1, V_2, V_3 \cdots V_n$: 성분가스의 용량(%)

예제 CH_4 70 %, 에탄 20 %, 프로판 10 % 혼합가스의 공기 중의 폭발한계는 다음 중 몇 vol % 인가? 단, 메탄 · 에탄 · 프로판의 폭발하한계는 각각 5.0 %, 3.0 %, 2.1 %이다.

solution $\frac{100}{L} = \frac{70}{5} + \frac{20}{3} + \frac{10}{2.1}$

$\therefore\ L \fallingdotseq 3.9\,(\text{vol}\ \ \%)$

⑦ 최소발화에너지

가연성 가스가 연소범위 내의 농도로 조성되어 있어 발화시키는데 필요한 에너지의 최소값이 있다. 이것을 최소발화에너지라고 한다. 착화원으로부터 얻은 에너지 양이 이것보다 작으면 발화되지 않는다. 대표적인 각 가스의 최소발화에너지의 값은 다음 표에 나타내었다.

표 21.2 가연성 가스의 최소발화에너지(단위 : mJ)

가 스	최소발화에너지	가 스	최소발화에너지
에탄	0.67	프로필렌	0.28
에틸렌	0.10	n-부탄	0.38
프로판	0.31	이소부탄	0.52

1-4 완전연소와 불완전연소

(1) 연소성립조건

연소 성립조건은 다음의 2가지가 필요하다.

- 가연성 가스와 공기 또는 산소가 혼합되어 연소범위 내로 가스조성이 형성되었을 때
- 혼합가스가 일정온도 이상으로 가열되거나 외부로부터 발화원이 될 수 있는 일정량 이상의 열량이 공급될 때

(2) 연소방정식(열화학반응식)

탄소가 연소하는 현상을 식으로 표시하면 다음과 같다.

$$C + O_2 \ \rightarrow\ CO_2 + 97\,\text{Kcal} \qquad ⓐ$$

이 식의 의미는 탄소 1몰과 산소 1몰이 화합하여 이산화탄소 1몰이 생성되고 97 Kcal의 열량이 발생한다는 것을 의미한다. 이 열량을 연소열 또는 발열량이라 하며 이와 같은 식을 연소방정식이라 한다. 그러나 예를 들어, 산소의 양이 위의 연소방정식의 1/2몰로 되면 이때의 연소는 다음과 같이 된다.

$$C+\frac{1}{2}O_2 \rightarrow CO+29\,\text{Kcal} \qquad ⓑ$$

이 경우에는 탄소 1몰과 산소 1/2 몰이 화합하여 일산화탄소 1몰이 만들어지고 29 Kcal의 열량이 발생한다. 이 화학식들을 보면 연소생성물과 발열량이 완전히 달라질 수 있다는 사실이다.

(3) 총발열량과 진발열량

위의 화학반응식 ⓑ의 발열량은 단위량의 가연성 가스가 압력 1기압 하에서 연소하여 연소 시작과 끝의 온도가 똑같이 25℃로 될 경우 발생열량을 말한 것이다. 또한 ⓐ식에서 표시된 연소반응에서는 물이 생기지 않지만 프로판이나 부탄의 연소에서는 물이 생기게 된다. 이 물은 기체로 나오는데 온도 25℃에서 응축 액화할 때 응축열을 방출한다. 즉, 수증기가 열을 포함한 발열량을 총발열량이라 하고 그 잠열을 포함하지 않은 발열량을 진발열량이라 한다.

(4) 완전연소와 불완전연소

ⓐ식으로부터 알 수 있는 바와 같이 산소가 충분히 공급되기만 하면 연소 후 생성물질은 더 이상 타지 않는 산화반응이 일어나며, 그 때 열량은 불완전연소에 비해 훨씬 크다. 이와 같은 연소를 완전연소라고 한다.

완전연소를 시키기 위한 필요한 최저의 산소량을 이론산소량이라고 하고 이론산소량을 공기로 환산하면 이론공기량을 알 수 있게 된다. ⓑ식에서 보는 바와 같이 산소의 공급량이 부족한 가운데 연소할 때 생기는 물질은, 예를 들면 ⓑ식의 일산화탄소(CO)와 같이 다시 연소할 수 있는 물질이 되며, 연소시 발생하는 발열량도 완전연소일 경우에 대비해서 굉장히 작게 된다. 이와 같은 연소를 불완전연소라고 한다.

LP가스가 완전연소 될 경우에는 탄산가스와 물이 생긴다. 그러나 불완전연소가 일어날 경우 가스는 완전히 산화되지 않고 일산화탄소, 수소, 탄소 등이 생겨난다.

(5) 가스연소시 공기량

① 이론공기량

가스가 연소하기 위해서는 반드시 산소가 필요하며, 산소는 공기 중 약 21% 정도가 포함되어 있으므로 적당량의 공기가 공급되어야 하는데 연소에 필요한 공기량은 가스 종류에 따라 차이가 있다. 즉, 완전히 연소시키기 위해 필요한 이론상의 최소 공기량을 이론 공기량이라 한다.

② 공기비(공기과잉계수)

공기비를 m, 실제공기량을 A, 이론공기량을 A_o라고 하면

$$m = \frac{A}{A_o}$$

즉, 공기비는 실제공기량과 이론공기량의 비를 말한다.

③ 과잉공기율

- 과잉공기 = 실제의 공기량 − 이론 공기량
- 과잉공기율 = 과잉공기 / 이론공기량 × 100 = $(m-1) \times 100$

④ 탄화수소계($C_m H_n$)의 연소 기본반응식

- $C_m H_n + \left(m + \frac{n}{4}\right) \rightarrow mCO_2 + \frac{n}{2}H_2O$

예제 H_2 20%, CH_4 10%, CO 20%, C_3H_8 50 %인 혼합가스가 있다. 이 혼합가스 1 m^3를 완전연소 시키는데 필요한 이론 공기량은 얼마인가? (단, 공기 중 산소량은 20 %이다)

solution 연소식

① $H_2 + \frac{1}{2}O_2 \rightarrow H_2O$

② $CH_4 + 2CO_2 \rightarrow CO_2 + 2H_2O$

③ $CO + \frac{1}{2}O_2 \rightarrow CO_2$

④ $C_3H_8 + 5O_2 \rightarrow 3CO_2 + 4H_2O$

혼합가스 1 m^3당 필요한 산소량을 계산하면

$(0.2 \times 0.5) + (0.1 \times 2) + (0.2 \times 0.5) + (0.5 \times 5) = 2.9\,m^3$ (산소)

$\therefore$ 공기량 $= 2.9 \times \frac{100}{20} = 14.5\,m^3$

표 21.3 탄화수소계 연소방정식

성 분	연소방정식	산소량	연소생성물 생성비	
			CO_2	H_2O
메탄	$CH_4 + 2O_2 \rightarrow 1CO_2 + 2H_2O$	2.0	1	2
아세틸렌	$C_2H_2 + 2.5O_2 \rightarrow 2CO_2 + 1H_2O$	2.5	2	1
에틸렌	$C_2H_4 + 6O_2 \rightarrow 2CO_2 + 2H_2O$	3.0	2	2
에탄	$C_2H_6 + 3.5O_2 \rightarrow 2CO_2 + 3H_2O$	3.5	2	3
프로필렌	$C_2H_6 + 4.5O_2 \rightarrow 3CO_2 + 3H_2O$	4.5	3	3
프로판	$C_3H_8 + 5O_2 \rightarrow 3CO_2 + 4H_2O$	5.0	3	4
뷰틸렌	$C_4H_8 + 6O_2 \rightarrow 4CO_2 + 4H_2O$	6.0	4	4
부탄	$C_4H_{10} + 6.5O_2 \rightarrow 4CO_2 + 5H_2O$	6.5	4	5
벤젠	$C_6H_6 + 7.5O_2 \rightarrow 6CO_2 + 3H_2O$	7.5	6	3

1-5 프로판, 부탄의 연소의 예

(1) 프로판 연소의 예

프로판의 연소반응식은 다음과 같이 나타낼 수 있다.

$$C_3H_8 + 5O_2 \rightarrow 3CO_2 + 4H_2O\ \text{Kcal} + 531\ \text{Kcal}$$

위의 식은 1몰의 C_3H_8을 완전히 연소시키려면 5몰의 O_2가 필요하고, 연소결과 3몰의 CO_2와 4몰의 H_2O가 생기고 531 Kcal의 열량이 나온다는 것을 의미한다. 가스상의 프로판 1몰의 완전연소에 필요한 이론공기량은 공기 중의 산소함유량을 21%로 보면 5몰 ÷ 0.21 ≒ 24몰, 즉 프로판의 체적에 대해서 약 24배의 체적의 공기가 필요하다.

또한 프로판의 발열량은 위의 식으로부터 다음과 같이 된다.

C_3H_8 1몰, 다시 말하면 44 g 또는 22.4 L(표준상태)를 연소시키면 531 Kcal의 열량을 발생한다. 따라서 1 kg을 완전연소 시킨 경우 발열량은 다음과 같이 된다.

$$531\ \text{Kcal} \times \frac{1000}{44}\ \text{g} \fallingdotseq 12{,}068\ \text{Kcal}$$

일반적으로 프로판 1 kg의 발열량은 12,000 Kcal로 통용된다.

프로판 1 m^3(1,000 L)를 완전 연소시킬 경우의 발열량은 다음과 같이 계산된다.

$$531\ \text{Kcal} \times \frac{1000}{22.4}\ \text{g} \fallingdotseq 23,705\ \text{Kcal}$$

예제 프로판가스(C_3H_8)를 연소시킬 때 필요한 이론공기량은 얼마인가?

solution

$$C_3H_8 \ + \ 5O_2 \ \rightarrow \ 3CO_2 \ + \ 4H_2O$$

$$\therefore \text{이론공기량} = 5 \times 22.4 \times \frac{1}{44} \times \frac{100}{21} - 12.12\ [m^3/kg]$$

예제 프로판 1 [kg]을 완전연소시키면 몇 [kg]의 CO_2가 생성되는가?

solution

$$C_3H_8 \ + \ 5O_2 \ \rightarrow \ 3CO_2 \ + \ 4H_2O$$

44 : 3 × 44

1 : x

$$x = \frac{44 \times 3}{44} \times 1 = 3\ [\text{kg}]$$

(2) 부탄 연소의 예

부탄의 연소반응식은 다음과 같이 나타낼 수 있다.

$$C_4H_{10} + 6.5O_2 \ \rightarrow \ 4CO_2 + 5H_2O + 687$$

연소에 관계된 물질과 연소에 의해 생성된 물질 및 발열량에 대해서는 프로판에 준한다. 가스상태의 부탄 1 mol의 완전 연소에 필요한 이론산소량은 6.5 mol이며 체적에 대한 비율로는 약 31배의 공기가 필요하다.

부탄의 발열량은 부탄의 연소반응식에 의하여 다음과 계산된다.

$$\text{부탄 1 kg의 발열량 } 531\ \text{Kcal} \times \frac{1000}{58}\ \text{g} \fallingdotseq 11,845\ \text{Kcal}$$

일반적으로 부탄 1 kg의 발열량은 12,000 Kcal로 통용된다.

부탄 1 m^3(1,000 L)를 완전 연소시킬 경우의 발열량은 다음과 같이 계산된다.

$$687\ \text{Kcal} \times \frac{1000}{22.4}\ \text{g} \fallingdotseq 30,669\ \text{Kcal}$$

실제로는 이론 공기량만으로 완전연소가 어렵다. 이 때문에 일반 연소기구에는 20~30%의 과잉공기가 필요하며 온수보일러는 약 100%의 과잉공기가 필요하다.

1-6 연소시 발생하는 현상

(1) 역화(back fire)

① 정의

가연성가스의 연소시 노즐에서 가스－공기의 혼합기체의 방출속도가 균형점을 넘고 빨라졌을 때 또는 가스의 연소속도보다 방출속도가 균형점 이하로 늦어졌을 때 발생하며, 버너 내부에서 연소를 계속하는 현상을 말한다.

② 발생원인

- 가스압력 저하현상이거나 노즐과 콕크 등이 막혀서 가연성 가스의 양이 적을 때(분출속도 저하)
- 버너가 낡아서 부식으로 인하여 불꽃구멍이 확대 또는 부식되었을 때(분출속도 저하)
- 버너 부분 과열로 인해 가스의 온도는 높고 연소속도가 빨라지는 경우
- 이물질이 가스 내에 함유되었을 때

(2) 블로우 오프(blow off)

버너상에서 혼합 기화염을 만들 때, 버너로부터의 분출 속도가 빠르면 화염의 전파 속도가 혼합기의 유속보다 늦어져 버너로부터 화염이 이탈되어 노즐에서 정착하지 않고 떨어져서 꺼지는 현상을 말한다.

(3) 옐로우 팁(yellow tip)

가스 연료의 연소에 있어서 가스 화염의 선단이 미연소인 채로 적열되어 적황색으로 되어 연소되고 있는 현상을 말한다. 옐로 팁은 연소 반응의 도중에 탄화수소가 열분해하여 탄소 입자가 발생하고, 미연소의 상태 그대로 적열되어 적황색 빛을 띠게 되는 것이다. 연소 반응이 충분한 속도로 진행되고 있지 않는 것을 나타내고 있다. 유리 탄소 입자가 많아지면 불완전 연소로 된다. 옐로 팁은 1차 공기가 부족했을 때 등에 일어나며, 리프팅이나 플래시 백

(flash back) 등과 함께 바람직하지 않은 현상이다.

(4) 불완전연소

가스 연소는 산화반응으로서 충분한 산소와 일정한 온도가 필요한데, 물질이 연소할 때 산소의 공급이 불충분하거나 온도가 낮으면 그을음이나 일산화탄소가 생성되면서 연료가 완전히 연소되지 못하는 현상으로 탄화수소가 반응도 중에 중간생성물(일산화탄소, 알데이드 등)을 발생하는 상태이다.

발생 원인으로는

- 가스공급량보다 공기량이 부족할 때
- 과대한 가스량이 공급될 때
- 불꽃의 온도가 저하되는 경우
- 가스와 공기의 접촉혼합이 불충분할 때

참고 : 알데하이드(aldehyde)

포르밀기(−CHO)를 가지고 있는 탄소 화합물을 알데하이드라고 한다. 탄소수가 적은 알데하이드는 물과 잘 섞이며, 환원성을 갖는다. 여기서 환원성이란 환원시키는 성질로, 알데하이드 자신은 산화되기 쉬운 성질을 갖는다는 의미이다. 알데하이드는 자신은 카르복시산으로 산화되기 쉽다.

2. 가스 폭발의 특성

2-1 폭발의 종류

(1) 기상폭발

① 가스폭발

폭발사고의 대부분을 차지하는 가스폭발은 가연성가스와 조연성가스의 혼합기체가 존재할 때 항상 폭발이 발생하는 것이 아니고 2가지 조건이 만족할 때 발생한다.

첫째, 조성조건(농도조건)인 혼합기체 중의 가연성가스의 농도가 어떤 농도 농도 범위 내에 있는 것이 필요하다. 이 농도범위를 폭발범위라고 하고 폭발범위 내의 혼합기체를 가연성 혼합기체라고 한다.

둘째, 발화원의 존재로서 이것을 에너지 조건이라고 한다. 가연성 혼합기체는 그 상태로서는 폭발하지 않고 여기에 어떤 외부에너지가 주어지면 그 부분에 연소반응이 개시되어 화염이 발생하고, 미연소의 혼합기체 중을 전파하여 간다. 이때에 가해지는 에너지를 가연성 혼합기체의 전체를 가열하는 에너지 척도로 온도가 사용되어 발화온도로서 표시된다. 폭발을 미연에 방지하는 입장에서 발화온도는 중요하다. 또한 가해지는 에너지가 혼합기체 부분을 가열하는 경우에는 에너지 척도로서 에너지량이 사용되며 단위로 [mJ]이 사용된다.

가연성 혼합기체의 농도, 온도, 압력에 어떤 큰 에너지가 주어지면 가연성 혼합기체가 발화하여 화재와 폭발로 발전한다. 가연성 가스와 공기와의 혼합물에 위의 2가지 조건이 만족되면 연소반응이 시작되어 화염이 발생되고, 미연소의 가연성 혼합기체의 종류와 조건에 따라 정해지는 속도로 전파하여 간다. 이러한 현상을 화염전파 또는 연소파라고 하고 그의 파면을 화염면이라고 한다.

화염의 전파속도가 진행하는 속도를 화염속도라 한다. 화염이 전파할 때는 화염면의 전방에 있는 미연소의 가연성 혼합기체는 연소가스의 팽창에 의해 전방으로 이동속도가 더 빠르다. 가스폭발이 개방된 대기 중에는 예혼합가스가 발화할 경우 연소가스는 자유로이 팽창하여 화염속도가 늦은 경우 압력과 폭발음이 거의 발생하지 않지만 화염속도가 빠르고 압력파를 만들면 폭발음을 발생하게 된다. 이러한 경우를 폭연이라고 한다.

② 분무폭발

압력유, 윤활유 등은 유기물로서 가연성이나 인화점이 상당히 높아 보통 상태에서는 연소하기 어려우나 공기 중에 무화되어 분무폭발을 일으키는 경우가 있다. 분무폭발은 고압의 유압설비가 파손되어 내부의 가연성 액체가 공기 중에 분출되어 이것이 미세한 액적이 되어 무상으로 되고, 공기 중에 혼합되어 존재할 때 어떤 원인에 의하여 착화에너지가 주어지면 폭발이 일어난다.

가연성 액체의 온도가 인화점 이상으로 존재하는 경우에는 액적의 주위에 가연성 혼합기체가 형성되어 가스폭발이 쉽게 발생한다. 그러나 분출한 가연성 액체의 온도가 인화점 이하로 존재하여도 무상으로 분출된 경우에는 폭발이 일어날 수 있다. 이것은 착화에너지에 의하여 일부의 액적이 가열되어 액적 주위에 혼합기체가 형성되고 이것이 연소하기 시작하여 이 연소열에 의하여 혼합기체가 순차적으로 연쇄반응이 진행되어 폭발이 발생한다. 분무폭발과 비슷한 것으로 박막폭발이라는 것이 있다. 박막폭발은 고압의 공기배관이나 산소 배관 중에

윤활유가 박막상으로 존재할 때 박막의 온도가 부착된 윤활유의 인화점 이하라도 어떤 원인으로 여기에 높은 에너지를 가진 충격파를 보내면 관 벽에 부착하여 있던 윤활유가 무화하여 폭굉으로 되는 현상이다.

참고 : 폭굉(detonation)

폭발 중 폭발성 기체 및 고체 중을 음속보다 빠른 속도로 연소반응이 전하는 현상을 말한다. 이 반응의 이동을 파장으로 생각하여 폭굉파라 한다. 폭굉파는 선두가 날카롭게 선 압력과 밀도가 상승하고 있는 파(충격파)와, 이 파에 추종하는 연소반응 후의 고온 기체 생성물의 흐름으로 되어 있다. 파가 이동하는 속도는 1초간에 수 천 m에 이르며, 강한 파괴력이 있다.

③ 분진폭발

분진폭발은 가연성 고체의 경우 아주 작은 분말이 공기 중에 부유하고 있을 때 어떤 착화원에 의해 에너지가 주어지면 폭발하는 현상으로서, 탄광에서 폭발의 사례가 분진폭발의 전형적인 예이다. 분진폭발이 일어날 가능성이 있는 것으로 소맥분, 전분, 사료분 등의 농산가공품, 유황, 목분, 코르크분, 종이분 등의 섬유류를 비롯하여 정전기 착화가 일어나기 쉬운 플라스틱 분말, 산화반응열이 큰 금속, 예를 들면 알루미늄, 마그네슘 등의 분말을 취급하는 건물과 배관 내에서 발생하고 있다.

분진폭발의 발생가능 장소는 곡물 사일로나 사료공장, 중소규모의 금속공장이나 제제공장이 주를 이룬다. 또 뷰체 도장공업이나 공해방지용의 집진, 악취흡착용의 설비에 있어서도 폭발사고가 일어나고 있다. 분진폭발은 단위체적당 발열량이 크기 때문에 파괴효과는 가스폭발 이상으로 되는 것도 있고, 연소가 불완전하기 때문에 일산화탄소 발생이 많다. 분진폭발 예방은 가스폭발처럼 조성조건을 충족하지 못하도록 하는 것이 적절하고 최종적으로 집진공정에서 잘 포집하여야 한다. 이 포집공정에서는 분진의 함유량이 분진운의 폭발하한농도 이상으로 되지 않도록 주의해야 한다.

④ 분해폭발

분해폭발은 석유화학공업에서 다량으로 취급하고 있는 에틸렌, 산화에틸렌, 아세틸렌 등이 어떤 조건 하에서 분해될 경우 큰 발열을 동반하여 분해에 의해 생성된 가스가 열팽창되고 이때의 압력상승과 압력의 방출에 의해 지연성 가스가 없이도 폭발이 일어난다. 폭발할 때에는 분해화염 발생 및 그의 전파가 관찰되어 가스폭발과 유사하다. 분해폭발은 고압에서 발생하는 경우가 있기 때문에 고압가스 특유의 성질로 생각될 수 있으나 분해화염의 전파가 중단되는 압력인 한계압력치가 항상 대기압 이상이 아니므로 분해폭발은 고압가스의 성질에 따르는 것이 아니라고 판명되고 있다.

분해폭발을 일으키는 가스를 분해폭발성 가스라고 부르고 그 종류는 아세틸렌, 비닐아세틸렌, 메틸아세틸렌, 산화에틸렌, 에틸렌, 4불화에틸렌, 프로파디엔, 히드라진, 오존, 이산화질소 등이 있다. 분해폭발은 화염, 스파크, 가열 등의 열원에 의하여 발생하는 경우가 많지만 밸브의 개폐에 의한 단열압축열에 발화하는 경우도 있다. 분해폭발의 대부분이 가연성 가스로서 공기가 혼재할 때는 가스폭발의 위험도 갖고 있다.

(2) 대량 유출된 가연성가스의 폭발

대량의 가연성 가스나 액체를 공장에서 취급하게 되면서 사고에 의한 분출이나 누출된 가스에 발화원이 가해져 폭발하는 재해사례가 많아지고 있다.

사고의 예는 1970년 12월 미국에서 프로판을 고압으로 보내고 있는 8인치의 배관이 파괴되어 약 740바렐의 액화프로판이 분출되어 15～24 m 높이의 하얀 구름으로 확산, 24분 후에 폭발하였는데 강한 폭풍이 발생하여 반경 7～18 km 근방 우리가 깨어졌다. 일본에서도 비닐제조공장에서 염화비닐 탱크의 밸브가 파손되어 4톤의 염화비닐모노머가 유출되어 증발을 일으키고 증기운을 형성하였으며 유출 15분 경과 후 발화하여 폭발이 일어났다. 따라서 이러한 가연성 가스의 대량 유출로 인한 화재폭발이 빈번하게 일어나고 있다.

① 증기운 폭발(UVCE)

대기 중에 가연성가스가 유출하거나 대량의 가연성 액체가 유출하여 여기에서 발생하는 증기가 공기와 혼합해서 가연성 혼합기체를 형성하고 발화원에 의하여 발생하는 폭발을 증기운 폭발(Unconfined Vapor Cloud Expansion ; UVCE)이라고 부른다. 개방된 대기 중에서 발생하기 때문에 자유공간 중의 증기운 폭발이라 한다. 증기운 폭발이 발생하는 과정은 유출한 물질이 저장되어 있는 상태에 따라 압력과 온도가 달라지므로 아래와 같이 분류된다.

- 상온·대기압에서 액체이며 인화점이 상온보다 낮은 물질(가솔린 등) : 유출한 액체는 지면으로부터 열이 공급되면 액면에서 연속적으로 증기를 발생하여 주위에 확산한다.
- 상온·가압 하에서 액화되어 있는 물질(LPG, 액화부탄 등) 또는 그 물질의 비점 이상의 온도에 있지만 가압되어서 액화된 물질(반응기 내의 벤젠, 헥산) : 고압 하에서 기상과 액상의 평형상태에 있는 물질이 대기압 하에서 유출되는 경우이며, 유출된 액체의 온도는 대기압의 비점까지 낮아진다. 이처럼 순간적으로 기화하는 현상을 플래쉬오버(flash

over)라고 한다. 플래쉬오버에 의해 순간적으로 기화한 후에는 주위의 열을 흡수하여 증발이 계속된다.

- 대기압력 하에서 저온으로 액화된 물질(LNG) : LNG와 같이 아주 낮은 온도에 있는 저온 액화가스가 유출하면 지면 및 주위의 열에 의하여 급속한 비등을 일으킨다. 지면의 온도가 저하되면 증발속도는 저하되지만 단시간에 대량의 가연성 증기운이 생긴다.

위의 각 경우에 의하여 증기운이 발생하면 다음과 같이 된다.

- 발화하지 않고 누출한 가스나 증기가 재해를 일으키지 않고 확산한다.
- 가스, 증기의 유출과 동시에 화재가 발생하지만 폭발로 전이되는 경우도 있다.
- 대량의 증기운이 발생한 후 화재로 화염의 속도가 빨라져서 폭풍이 발생한다.
- 화염속도가 음속을 넘으면 폭굉이 되어서 더욱 강한 폭풍을 일으키게 된다.

이러한 대량의 가연성 물질 누출사고는 대부분 폭발을 발생시키고 다량 누출된 가연성 증기가 발화하기 전에 공기와 잘 혼합되어 양론비에 가까운 가연성 혼합기체를 만들면 폭굉의 발생가능성이 크다.

② 액화가스탱크 폭발(BLEVE)

BLEVE (Boiling Liquid Expanding Vapor Explosion)는 flashing현상의 하나의 특별한 예로서, 가연성 액화가스 주위에 화재가 발생한 경우 기상부 탱크강관이 국부가열되어 그 부분의 강도가 약해지면 탱크가 파열되고, 이때 내부의 가열된 액화가스가 급속히 팽창하면서 폭발하는 현상을 말한다.

발생단계는 다음과 같다.

ⓐ 액체가 들어 있는 탱크의 주위에서 화재가 발생한다.

ⓑ 화재에 의한 열 때문에 탱크의 벽이 가열된다.

ⓒ 액위 이하의 탱크벽은 액에 의하여 냉각되나 액의 온도는 올라가고 탱크 내의 압력이 증가된다.

ⓓ 화염이 열을 제거시킬 액은 없고 증기만 존재하는 탱크의 벽이나 천장에 도달하면 화염과 접촉하는 부위의 금속의 온도는 상승하여 그의 구조적 강도를 잃게 된다.

ⓔ 탱크는 파열되고 그 내용물은 폭발적으로 증발한다.

만약 액체가 가연성이고 화재가 BLEVE의 원인이라면 탱크가 파열될 때 점화될 것이다. BLEVE가 화재에 기인한 것이 아닐 때에는 증기운이 형성될 수 있고, 그 결과 증기운폭발을 일으킬 수 있으며, 증기는 피부에 화상이나 독성효과를 준다.

BLEVE 예방법은 다음과 같다.

ⓐ 탱크 내의 압력을 감압시킨다.
탱크 내의 압력을 내리게 되면 탱크강판의 응력을 파괴치 아래로 떨어지게 하는 효과를 얻을 수 있다.

ⓑ 화염으로부터 탱크의 입열을 억제시킨다.
탱크 외벽의 단열조치, 탱크의 지하설치, 물에 의한 탱크표면의 냉각장치 설치 및 가스의 이송장치 등의 방법이 있다. 단열에 의해서 화염으로부터 탱크로 들어가는 입열(入熱)을 제한한다면 탱크강판의 온도상승을 감소시키고 단열에 의해 탱크 내부에서의 증기발생을 감소시킨다. 탱크로의 입열을 억제하는 방법으로 탱크를 흙으로 덮는 방법이 있으며, 이 방법에는 탱크를 지상에 설치하고 흙을 쌓아 탱크를 덮는 방법과 탱크를 지하에 설치하는 방법이 있다. 한편 탱크표면에 수막을 설치하거나 탱크 외벽에 물을 분무하는 데 냉각시켜야 할 주요부위는 탱크 내부의 액체(액화가스)에 의해 보호되지 않는 기상부이다.

ⓒ 폭발방지장치
폭발방지장치는 탱크 내벽에 열전도도가 좋은 물질을 설치하여 탱크가 화염에 노출되어 있을 때 탱크 기상부 강판으로 흡수되는 열을 탱크 내의 액상가스로 신속히 전달시킴으로써 탱크 기상부 강판의 온도를 파괴점 이하로 유지하여 BLEVE 발생을 방지한다.

③ 파이어 볼(fire ball)

그림 21.2 파이어 볼(fire ball)

파이어 볼이란 BLEVE 등에 의한 인화성 증기가 확산하여 공기와의 혼합이 폭발 범위에 이르렀을 때 커다란 공의 형태로 폭발하는 것이다. 즉, 액화가스의 탱크가 파열하면 flash 증발을 일으켜서 가연성의 기액 혼합물이 대량 분출된다. 이것이 발생하면 지면에서 반구상의 화염이 되어 이것이 부력으로 상승하여 동시에 주변의 공기를 끌어들여 화염은 공모양으로 되고 더욱 상승하여 버섯형 화염을 만든다.

파이어 볼 방정식은 파이어 볼 크기를 D라고 하면

$$D = 3.77\,W^{0.320}$$

여기서, D : 직경(m)

W : 가연성 혼합물(가연성물질 + 산소)의 중량(kg)

파이어 볼의 연소시간을 T(sec)라고 하면

$$T = 0.258\,W^{0.340}$$

발생단계는 다음과 같다.

ⓐ 1단계 폭발 후 파이어 볼의 형성
1단계 폭발에 의해 확산 및 열에너지를 얻은 증기운이 파이어 볼을 형성하여 2단계 폭발을 일으킨다.

ⓑ 가연성 증기가 외부 연소화재의 열을 흡수하여 파이어 볼을 형성한 후 폭발을 일으킨다. 파이어 볼의 특징으로서 가스 저장탱크의 대표적인 중대재해는 UVCE와 BLEVE이다. UVCE는 저장탱크에서 유출한 가스가 구름을 형성하여 떠다니다가 점화원과 접촉시 발생하는 폭발사고로서 가장 위험한 사고 유형이며, BLEVE는 가스 저장탱크 지역의 화재발생시 저장탱크가 가열되어 탱크 내 액체가 급격히 증발하여 탱크 내 압력이 저장탱크의 설계압력을 초과하여 탱크가 폭발하는 형태이다.

인화성 액체 저장탱크는 BLEVE와 동시에 파이어 볼이 형성되므로 그 위험성이 증가된다. UVCE로 인한 위험성은 폭발압력이고 BLEVE와 파이어 볼은 복사열이 피해를 가중시키는 중요 요소이다.

파이어 볼 형성에 영향을 미치는 요인으로는 다음과 같다.

- 넓은 폭발 범위
- 낮은 증기밀도

• 높은 연소열

유출되는 형태에 따라 증기-공기 혼합물의 조성이 결정되며 이 조성은 fire ball 형성 조건에 결정적인 영향을 미친다.

(3) 응상폭발

응상은 고상과 액상의 총칭이며 응상폭발은 수증기폭발, 증기폭발, 전선폭발로 구분된다.

① 수증기폭발

보일러 내부가 대기압 하에서 비등점 이상으로 과열되거나 사고에 의하여 평형상태에 있던 수부가 파손되면 액상의 물이 순차적으로 대기압으로 방출되어 비평형상태가 되고 이 때 발생하는 상변화로 폭발현상이 나타내는 경우가 있다. 또한 고온의 ~~용융~~금속이나 슬러지가 물속에서 급속 냉각되었을 때에 고온 물질이 갖는 열이 짧은 시간에 저온의 물에 전달되면 일시적으로 물은 과열상태가 되고, 조건에 따라서는 아주 짧은 시간에 액상에서 기상으로 상변화가 일어나며 동시에 급격한 비등에 의하여 폭발이 일어나게 된다. 이러한 폭발을 수증기폭발이라고 한다.

② 증기폭발

조건에 따라서는 저온액화가스(LPG, LNG)가 사고로 인해 물위에 분출되었을 때 급격히 액상에서 기상으로의 상변화에 의한 폭발현상으로서 수증기 폭발을 포함시켜 증기폭발 또는 급속상변화(Rapid Phase Transition)라고 한다.

증기폭발은 단순한 상변화에 의한 것으로서 폭발의 발생과정에 착화를 필요로 하지 않으므로 화염의 발생은 없으나 증기폭발에 의하여 공기 중에 기화한 가스가 가연성인 경우에는 증기폭발 후 발화원에 의하여 가스폭발의 가능성이 크다.

③ 전선폭발

전선폭발은 고체인 무정형 안티몬이 동일한 고상의 안티몬으로 전이할 때에 발열함으로써 이 때문에 주위의 공기가 팽창하여 폭발하는 경우가 있다. 이것을 고상간의 전이폭발이라고 한다.

또한 고상에서 급격한 액상을 거쳐 기상으로 전이할 때도 폭발현상이 나타나는 전선폭발이 있다. 이것은 알미늄제 전선에 한도 이상의 대전류가 흘러 순식간에 전선이 가열되고 용융과 기화가 급속하게 진행되어 폭풍을 일으켜 피해를 주는 경우이다.

Chapter 22 대표적인 가스의 성질

1. 액화석유가스(LPG)

LP가스의 명칭은 프로판・부탄 등처럼 원유 등에 함유되어 있는 비교적 액화되기 쉬운 가스를 총칭한 것으로 영어의 Liquefied Petroleum Gas의 머리글자로 LPG라고 부르고 있다.

1-1 정의

액화유석유가스 안전 및 사업관리법에서는 프로판・부탄을 주성분으로 한 가스를 액화한 것이라고 정의한다.

1-2 탄화수소

LP가스 중에 함유된 프로판이나 부탄과 같이 탄소원자와 수소원자로 이루어진 화합물을 탄화수소라 한다. 탄화수소 중에서 탄소원자자수가 5개 이하인 것을 저급타화수소라 한다. 따라서 LP가스는 저급탄화수소라고 할 수 있다.

또한 탄하수소는 그 분자내의 탄소원자 결합상태에 따라서 그 성질이 변하기 때문에 파라핀계, 올레핀계, 아세틸렌계 탄화수소 등으로 분류된다.

참고 : 파라핀계(paraffine series : Alkanes)

탄소들은 직선 사슬 구조의 단일 결합을 구성하고 있으며 포화되어 있다. 분자식은 C_nH_{2n+2}의 형태이며, 상온, 대기압 하에서 가스상태인 메탄(CH_4), 프로판(C_3H_8), 부탄(C_4H_{10}) 그리고 액체상태는 탄소원자가 5개 이상인 펜탄을 비롯해서 정헵탄(C_7H_{16}), 옥탄(C_3H_{18}), 세탄($C_{16}H_{34}$) 등이 이에 속한다. 착화성이 우수하고, 연소잔류물이 거의 발생되지 않으며(clean burning), 저장 안정성이 우수하고, 금속이나 개스킷을 손상시키지도 않는다. 분자구조에서 탄소수보다 수소수가 많기 때문에 단위 질량당 발열량이 높다(단위 체적당 발열량은 낮다).

참고 : 올레핀계(olefin series : Alkenes)

파라핀계와 마찬가지로 직선 사슬구조이지만 모노-올레핀(mono-olefin)은 탄소원자 간의 이중결합이 하나이고, 다이-올레핀(di-olefin)은 이중결합이 2개라는 점에서 다르다. 분자식은 모노-올레핀은 C_nH_{2n}, 다이-올레핀은 C_nH_{2n-2}의 형태이며, 수소첨가반응으로 이중결합이 붕괴되어 다른 수소원자와 쉽게 결합될 수 있는 불포화 상태이다.

프로펜(C_3H_6), 부텐-1(C_4H_8), 펜텐-1(C_5H_{10}), 헥센(C_6H_{12}), 이소프렌(C_5H_8) 등이 이에 속한다. 일반적으로 가솔린의 구성성분 중 약 5~20% 정도가 올레핀이다.

올레핀은 화학반응이 활발하여 공기와 접촉하면 쉽게 산화되어 연료의 질을 저하시킨다. 스모그(smog)의 생성과 관계가 깊은 것으로 알려져 있으며, 연소속도가 높고 촉매기에서 쉽게 변환되므로 연소잔류물이 거의 발생되지 않으며(clean burning), 옥탄가도 높다.

참고 : 옥탄가(octane number)

가솔린 엔진 연료의 반노킹성을 나타낸 수치를 말한다. 노킹이 잘 일어나지 않는 이소옥탄(iso-octane)의 옥탄가를 100, 노킹이 잘 일어나는 정헵탄(C_7H_{16})의 옥탄가를 0으로 정하여 이를 기준으로 한 체적비를 말한다.

$$\text{표준연료의 옥탄가} = \frac{\text{이소옥탄}}{\text{이소옥탄} + \text{정헵탄}} \times 100$$

1-3 LP가스의 성상

① LP가스의 일반적 성질

상온·상압 하에서는 기체이지만 상온에서는 비교적 저압에서 액화시킬 수 있다. 예를 들면, 온도 10~15℃ 에서는 10 kg/cm^2 이하의 압력으로 액화하고 온도가 낮을수록 액화시키는 압력은 낮아도 된다.

순수한 것은 색깔이 없고 냄새도 없다. 다만, 에틸렌은 약간의 꽃향기가 있다. 냄새가 없기 때문에 일반 소비자에게 공급하는 가스는 실내에서 누설될 경우를 대비하여 공기 중의 혼합비율이 용량으로 1/1,000인 상태에서 감지가 될 수 있도록 부취제를 주입하고 있다.

② 가스밀도

프로판이 기화하였을 경우 표준상태에서 그 밀도는 약 2 g/L인데, 이것을 계산으로 구해본다면 C_3H_8 1 mol은 44 g이고 1 mol은 22.4 L의 부피를 차지하므로 1 L당 질량은 44 g ÷ 22.4 L = 1.96 g/L로 된다. 따라서 기체의 밀도는 분자식만 알면 밀도를 구할 수 있다.

③ 가스의 비체적

물질의 단위 질량당의 체적을 비체적이라 한다. 비체적은 밀도의 역수이며($v = \frac{1}{\rho}$) 비체적의 단위는 L/g 또는 m^3/kg이 사용된다.

④ 가스의 비중

일정 체적을 갖는 가스의 질량과 이것과 같은 체적의 표준상태로 유지하고 있는 공기의 질량과의 비를 가스의 비중이라고 한다. 일반적으로 표준상태에서 공기 22.4 L의 질량은 29 g이며 그 밀도는 1.3 g/L으로 통용되고 있다.

혼합물로서 공기의 각 성분의 혼합비율은 부피비로 질소 약 78%, 산소 약 21%, 아르곤이 약 1%이다.

- 질소의 분자량 $N_2 = 28$
- 산소의 분자량 $O_2 = 32$
- 아르곤의 분자량 $Ar = 40$

공기는 화합물이 아니므로 분자량이라는 말은 해당이 안 되나, 가령 공기 22.4 L를 1 mol이라 생각하면 평균 분자량은

$$28 \times \frac{78}{100} + 32 \times \frac{21}{100} + 40 \times \frac{1}{100} = 21.84 + 6.72 + 0.40 = 28.96$$

로 되고 22.4 L의 질량은 약 29 g이 된다.

따라서 그 밀도는 29 g ÷ 22.4 L ≒ 1.3 g/L로 되어 실제의 값과 일치하게 된다.

일반적으로 표준상태의 공기 22.4 L의 질량은 29 g으로 생각해도 좋다.

프로판 가스는 표준상태에서 22.4 L가 44 g이므로 그 가스 비중은 44 g ÷ 29 g = 1.52, 즉 프로판 가스는 공기의 1.52배 무겁다. 따라서 프로판 가스가 누설되면 낮은 장소에 체류하기 쉽다.

⑤ 액밀도와 액비중

액체의 단위부피당의 질량을 액밀도라 하고 g/cm^3 또는 kg/L로 표시된다. 액밀도는 온도와 압력과 함께 변화한다. 그러나 액체는 압축되기 어려우므로 단순한 압력변화만으로는 밀

도는 거의 변화하지 않는다.

온도에 의한 부피팽창은 고체에 비하여 상당히 크며 특히 LPG의 부피팽창은 현저하게 크며 밀도의 변화도 그만큼 크게 된다. 예를 들면, 20℃의 프로판의 액밀도는 0.5 kl/L이나 60℃에서는 0.426 kl/L로 된다.

⑥ LPG의 제조방법

LPG의 제조방법은 습성 천연가스 및 원유에서 제조, 나프타 분해 생성물에서 제조, 나프타 수소화 분해생성물에서 제조 등의 방법이 있다.

⑦ LPG의 특성

- 액화시 체적이 1/250로 축소되므로 적은 용기에 많은 양의 가스를 저장 보관할 수 있기 때문에 보관수송이 용이하다.
- 황산화물 생성성분인 유황성분이 거의 없고 가스 성분 중에 일산화탄소(CO)가 전혀 함유되어 있지 않다.
- 발열량이 프로판은 23,000 kcal/N · m^3, 부탄은 30,000 kcal/N · m^3로서 다연료에 비하여 비교적 높다.
- 완전연소에 필요한 이론 공기량은 수소나수소나 일산화탄소는 2.38 N · m^3, 메탄은 9.52 N · m^3인데 반하여 부탄은 32.24 N · m^3, 프로판은 24.24 N · m^3이므로 여타 가스에 비하여 많은 공기량을 필요로 한다.
- 온도에 따라서 액체의 체적이 변하며 액체 상태는 물보다 가볍고(비중이 0.5), 기체 상태는 공기보다 무겁다(44/29 = 1.52배).
- 순수한 LPG는 무색무취이다.

⑧ LPG의 저장설비

LPG의 저장용기를 봄베라고 하며 용기의 종류로는 용기에 충전되어지는 LPG의 질량에 의하여 분류된다. 가정용으로는 10 kg 소형용기와 20 kg 용기가 있다. 상업용으로는 50 kg과 공업용 대형용기는 500~600 kg 용기가 있다.

⑨ LPG의 기화

- 자연기화 방법

  스팀보일러에 있어서 수부와 증기부가 일정공간을 차지하는 것과 마찬가지로 LPG 용기를 바로 세워서 용기의 하부는 액상부로, 상부는 자연기화 할 수 있는 공간이 되도록 한다.

  자연기화방식에 있어서는 용기가 통풍이 잘되는 외부에 배치하여야 한다. 그 이유는 액체가 가스로 기화시에 필요한 증발열을 LPG가 보유한 열과 용기 외부 외부에서 열을 흡수하므로 용기의 겉면은 전열면이라 볼 수 있으므로 LPG의 기화를 돕기 위한 열공급 때문이다. 갑자기 많은 가스가 유출시에 용기의 벽에 성애가 생기는 이유는 다량의 가스가 기화되면서 필요한 증발열을 주위에서 흡열하기 때문에 상대적으로 주위의 온도는 급랭하기 때문이다.

- 강제기화

용기를 옆으로 눕혀서 가스가 액체인 상태로 공급되도록 하여야 한다. 강제기화시 장점으로서 LPG의 종류에 관계없이 한냉시에도 충분히 기화한다. 또한 공급가스의 조성을 일정하게 하거나 기화량을 조절할 수 있다.

⑩ 온도에 따른 기화량

LPG는 기화할 경우 증발열이 필요하다. 그런데 LPG용기가 접하고 있는 외기온도가 혹한의 영하의 기온일 경우에 용기 내의 LPG가 기화에 필요한 증발열을 충분히 얻어 완전히 기화되기는 매우 어렵다. 결국 우리는 겨울철에 가스 용기에 강제기화장치를 하지 않고 사용할 때에는 온도에 따라 용기 내에 엄청난 가스잔량이 있음에도 불구하고 가스를 다 소비한 빈 용기로 생각하여 가스 배달원이 가져가고 있다는 사실이다. 이 경우에 가스사고 위험이 따른다. 잔액량이 적을수록 기온이 낮을수록 시간당 기화량이 적기 때문에 잔액량이 있어도 가스가 전부 소모된 경우로 오인의 여지가 있게 된다.

이와 같이 겨울철에 잔액량을 강제로 기화하기 위해서 용기 자체에 직접가열하는 방법은 절대로 안 된다.

2. 액화천연가스(LNG)

2-1 정의

LNG란 Liquefied Natural Gas(액화천연가스)의 약어로서 지하에서 뽑아 올린 가스로서 유정가스 중에서 메탄 성분만을 추출한 천연가스이다. 이 천연가스는 수송 및 저장을 위해 −162℃로 냉각하여 그 부피를 1/600로 줄인 무색투명한 초저온 액체를 말하며, 공해물질이 거의 없고 열량이 높아 경제적이며 주로 도시가스 및 발전용 연료로 사용된다.

1940년 이전까지는 유정에서 원유 생산시에 분출되는 유정가스를 대기 중에서 연소시켜

버리거나 대기 중에 분산시켰으나 1940년대 후반에 초저온 기술, 극저온 재료의 개발, 저장법 등 일련의 액화기술이 실용화되어 천연가스는 장거리 수송이 가능하게 되었다.

LNG는 액화처리하기 전에 여러 가지 정제과정을 거치는 데 생산에서 소비까지 과정은 유정에서 원유와 분리하여 유정가스를 파이프라인을 통하여 전처리 장소로 옮긴다. 전처리 과정으로서 유황분, 수분, 탄산성분을 제거하고 액화공장에서 초저온 냉매를 이용하여 −162℃로 냉각 액화시켜서 부피를 1/600로 줄인다. 액화된 천연가스는 LNG 전용 선박이나 탱크에 담아 사용처에 운송된다. 이렇게 운송된 액화가스는 다시 LNG 기화기에 의하여 가스화시켜서 도시가스 사업소나 발전소, 공장 등으로 공급된다.

2-2 특성

- 액화시에 체적이 1/600으로 축소되고 무색투명하다.
- 주성분이 메탄으로서 비중이 0.65로 공기보다 약 절반 가량 가벼우므로 가스가 누설될 경우 대기 중으로 날아가 프로판 가스나 부탄가스보다 폭발의 위험이 적고 깨끗한 가스이다.
- 천연가스는 연소시 공해물질이 거의 없는 청정 연료로서 대기를 맑게 하며 쾌적한 생활환경을 조성하고 있다.
- 불꽃 조절이 용이하고 열효율이 높기 때문에 가정에서 취사 조리용은 물론 급탕, 냉난방 등 다용도로 사용된다.
- 천연가스는 취사, 냉난방 외에도 자동차 산업, 유리산업, 전자공업 등에 광범위하게 이용되고 있다.
- 매장량이 풍부하여 석유 대체에너지로서 중요한 역할을 담당하고 있다.
- 천연가스는 냄새나 색깔이 없는 무색무취의 기체이지만 누설시 쉽게 감지할 수 있도록 마늘 썩는 냄새가 나는데 그 이유는 메르캅탄이라는 자극적인 냄새의 부취제를 첨가하였기 때문이다.

이와 같은 특성을 지니고 있는 천연가스는 1986년 10월 인도네시아에서 최초로 도입된 이후 인도네시아, 말레이시아, 브루나이, 호주 등으로 확대되고 그 도입량은 해마다 급증하고 있다.

우리나라에 도입되고 있는 천연가스의 평균적인 화학적 조성을 보면 표 22.1과 같다.

참고 : 메르캅탄(mercaptan)

메르캅탄은 사전적 의미로 "악취나는 유기황 화합물, 도시가스 착취제"의 뜻이다.
티오알코올이라고도 하며, 알코올의 산소원자를 유황원자로 치환한 화합물이다. 일반적으로 휘발성의 무색의 액체로서 부추, 마늘과 같은 불쾌한 냄새가 난다. 약한 산성을 나타내며, 물에는 녹지 않고 유기용제에 녹는다. 특정물질로 지정되어 있는데, 대표적인 것으로는 메틸메르캅탄, 에틸메르캅탄이 있다. 전자도 악취물질로 지정되어 있다.

표 22.1 천연가스의 화학적 조성비

성 분	조성비 (%)
메 탄(CH_4)	85.2%
에 탄(C_2H_6)	9.7%
프로판(C_3H_8)	3.5%
부 탄(C_4H_{10})	1.5%
기 타	0.1%(불연성)

3. 수소(Hydrogen, H_2)

3-1 물리적 성질

① 무색, 무미, 무취의 기체이다.
② 모든 가스 중에서 가장 가볍고 분자의 운동속도는 1.84 km/sec (0℃)로서 확산속도가 대단히 크다.
③ 열전달율, 열전도율이 대단히 크다.
④ 비등점은 −252.8℃, 융점은 −259.1℃이다.
⑤ 임계온도는 −239.9℃, 임계압력은 12.8 atm이다.
⑥ 비중(공기=1)은 0.0695이다.

3-2 화학적 성질

① 공기 중에서 산소와 반응하여 물을 생성한다. 600℃ 이상에서 폭발적으로 반응을 하여 폭음을 내므로 폭명기라 한다.

$2H_2 + O_2 \rightarrow 2H_2O + 136.6\ \text{kcal}$

② 폭발한계는 공기 중(용량 %)에서 4~75.0(상온, 상압), 산소 중(용량 %)에서 4.65~93.9이다.

③ 발화점은 공기 중에서 530℃이며 산소 중에는 450℃이다.

④ 고온에서 금속산화물을 환원시키는 성질이 있어 환원제로 쓰인다.

$CuO + H_2 \rightarrow Cu + H_2O$

⑤ 비금속 원소와 직접 특히 염소와의 혼합기체에 빛을 비추어주면 격렬하게 반응하여 염화수소를 생성한다.

$H_2 + Cl_2 \rightarrow 2HCl + 44\ \text{kcal}$

3-3 용도

① 기구풍선에 넣는다.

② 산소-수소불꽃(2,800℃)을 만들어 용접에 이용한다.

③ 암모니아 합성원료, 석유공업, 메탄올의 합성, 유지공업, 연산의 제조, 인조보석 제조, 유리공업, 금속제련 등에 사용된다.

④ 로켓의 연료, 자동차 연료 등에 사용된다.

4. 산소(Oxygen, O_2)

4-1 물리적 성질

① 무색, 무취, 무미한 기체이며 물에는 약간 녹는다.

② 공기 중에 약 21% 존재하며 생물의 생존과 연소에 필요한 가스이다.

③ 액화산소는 담청색을 나타낸다.

④ 비등점은 −183℃, 융점은 −218.4℃이다.
⑤ 임계온도는 −118.4℃, 임계압력은 50.1 atm이다.

4-2 화학적 성질

① 유황, 인, 마그네슘 등은 공기에서 보다 심하게 연소한다.
② 알루미늄선, 동선, 철선 등을 가열한 뒤 산소를 통과시키면 빛을 내면서 연소한다.
③ 화학적으로 활발한 원소이며 불활성 가스, 할로겐화물, 금, 백금 등의 귀금속류를 제외한 모든 원소와 화합하여 산화물을 생성한다.

$C + O_2 \rightarrow CO_2$, $nS + O_2 \rightarrow SO_2$

④ 수소와 반응하여 물을 생성하며 아세틸렌과 연소시키면 3,500～3,800℃까지 고온을 얻을 수 있다.

4-3 용도

① 대부분이 용기에 충전되어 용접이나 절단용으로 사용된다.
② 철강산업의 가열로에 사용된다.
③ 수소와 화합할 때의 열로서 인조보석 제조에 사용된다.
④ 액화산소로서 로케트 연료나 액체산소, 폭약 등에 사용된다.
⑤ 의료용으로 고압산소실 등에 사용된다.

5. 질소(Nitrogen, N_2)

5-1 물리적 성질

① 공기의 주성분으로 약 78%를 차지하고 있다.
② 상온에서 대단히 안정된 가스이며 불연성 가스이다.
③ 무색, 무미, 무취의 기체로 공기보다 약간 가볍고 물에 잘 녹지 않는다.

④ 상온에서는 다른 원소와 결합하지 않는 기체이며 타지도 않고 다른 것을 태우지도 않는 불연성 가스이다.

5-2 화학적 성질

① 고온고압 하에서는 수소와 작용하여 암모니아가 된다.

$N_2 + 3H_2 \rightarrow 2NH_3$ (550℃, 250기압)

② Mg, Ca, Li 등과 화합하여 질화마그네슘(Mg_3N_2), 질화리튬(Li_3N_2) 등이 된다.

③ N_2, O_2는 고온에서 직접 화합하여 NO가 된다.

$N_2 + O_2 \rightarrow 2NO$ (3,000℃)

④ 탄화칼슘과 고온에서 반응하여 칼슘시안마이드가 된다.

$CaC_2 + N_2 \rightarrow CaCN_2 + C$

참고 : 칼슘시안마이드(calcium cyanamide)

염화칼슘과 플로오르화 칼슘의 혼합물을 촉매로 하여 탄화칼슘에 질소가스를 통하면 생기는 무색의 육방정계결정이다. 물과 작용하여 암모니아와 탄산칼슘으로 분해된다. 탄산과의 혼합물을 석회질소라고 하며 비료로 쓰인다.

5-3 용도

① 암모니아 및 석회질소의 제조 원료
② 금속의 열처리
③ 화학공업용
④ 식품공업용(보존저장용)
⑤ 기밀 실험용
⑥ 분위기 가스, 치환용 가스
⑦ 에어졸의 분사체

표 22.2 불활성 가스를 충전한 방전관의 발광색

기체	발광색	기체	발광색	기체	발광색
He	황백색	Ar	적색	Xe	청자색
Ne	주황색	Kr	녹자색	Rn	청록색

6. 불활성 가스

6-1 불활성 가스 성질

① 주기율표의 0족에 속하며 다른 원소와는 거의 화합하지 않는다.
② 상온에서 무색, 무미, 무취이다.
③ 불활성 가스를 방전관 속에서 방전시키면 특유의 빛을 발한다.

6-2 용도

① 네온사인용 가스로 쓰인다.
② 형광등 방전관용으로 쓰인다.
③ 금속의 제연, 열처리 용접 등에서 공기와의 접촉을 방지하기 위한 보호가스로 사용된다.
④ 헬륨은 가스 크래마토그래프 분석용 캐리어 가스로 쓰인다.

7. 메탄(Methane, CH_4)

7-1 성질

① 무색, 무취의 가스이다.
② 연소가 잘되며 담청색의 화염을 낸다.

$$CH_4 + 2O_2 \rightarrow CO_2 + 2H_2O + 212.8\ \text{Kcal}$$

③ 고온에서 니켈을 촉매로 하여 산소, 수소와 작용시키면 일산화탄소와 수소의 혼합가스가 발생한다.

$$CH_4 + 1/2O_2 \rightarrow CO + 2H_2 + 8.7\ \text{Kcal}$$

$$CH_4 + H_2O \rightarrow CO + 3H_2 - 49.3\ \text{Kcal}$$

④ 염소와 반응하면 염화메틸(CH_3Cl), 크로로포름($CHCl_3$), 사염화탄소(CCl_4)의 염소화합물을 만든다.

⑤ 연소특성

폭발범위(공기 중) (%)	5.0～15.0	연소열 (kcal/mol)	191.7
(상온, 1 atm)(산소 중) (%)	5.1～61.0	생성열 (kcal/mol)	17.9
착화온도	550℃	발열량 (15℃)(kcal/m^3)(kcal/kg)	15,892 12,402

7-2 용도

① 메탄올 합성 연료가스를 만드는 데 사용한다.

② 순수메탄은 연료로 사용한다.

③ 연소열을 급랭하여 아세틸렌을 만들 수 있다.

④ 열분해 또는 불완전 연소시켜 카아본 블랙 제조용으로 사용한다.

⑤ 메탄 속에서 아아크 방전시켜 아세틸렌을 제조한다.

참고

(1) 염화메틸(CH_3Cl)

가장 간단한 알킬염화물로서 메탄의 수소 원자 1개를 염소 원자로 치환한 것으로 클로로메테인·클로로메틸·메틸클로리드라고도 한다.

① 물리적 성질

화학식 CH_3Cl, 분자량 50.49, 녹는점 −93.72℃, 비등점 −23.76℃, 비중 1.005(20℃)

② 성상

- 메탄올과 염산을 황산이나 염화아연 존재 하에서 반응시키거나, 메테인과 염소를 반응시켜 생기는 염소화 생성물에서 분취하는 방법으로 합성한다.
- 상온·상압에서는 무색의 기체이나, 압축하면 액화된다. 액화한 염화메틸은 기화할 때 다량의 열을 빼앗으므로 액화와 기화를 순환적으로 되풀이하며, 냉동기의 냉매로서 사용한다.

③ 용도

액화한 염화메틸이 쉽게 기화하는 것을 이용하여 살충제 등의 에어로솔제 또는 메틸화제로 사용되며 저온에서의 용매, 냉동기 냉매로 사용한다.

(2) 클로로포름($CHCl_3$)

메탄(CH_4)의 3개의 수소를 염소로 치환한 화합물

① 물리적 성질 : 화학식은 $CHCl_3$, 분자량 119.38, 녹는점 −63.5℃, 비등점 61.2℃, 비중 1.49845(15℃)

② 성상
- 무색투명한 액체로 휘발성이며, 특유한 냄새가 나고, 약간 달면서 찌르는 듯한 맛이 나며 에탄올이나 벤젠에는 녹지만, 물에는 잘 녹지 않는다.
- 굴절률 1.44858(D선). 액체인 클로로포름은 불연성이나, 증기는 연소한다. 공기와 빛에 의해 서서히 산화되어 맹독을 지닌 포스겐을 생성한다.
- 소량의 에틸알코올에 의해서 저지되므로, 시중에서 판매되는 클로로포름에는 보통 0.5～1%의 무수알코올이 첨가되어 있다.
- 산화를 방지하기 위해 갈색 병에 넣어 마개를 꼭 닫아서 차고 어두운 곳에 보존해야 한다.

③ 용도
- 클로로포름은 흡입 전신마취제로 사용하나 심장・신장・간에 장애를 주어 거의 사용하지 않는다.
- 살충제・곰팡이 제거제, 추출용 용매나 분석시약

(3) 사염화탄소(CCl_4)

① 물리적 성질
- 분자량 153.82, 녹는점 −22.86℃, 끓는점 76.679℃, 비중 1.542

② 성상
- 클로로폼과 비슷한 특유의 냄새가 나는 무색의 액체
- 에탄올에서 석유에 이르는 많은 유기용매와 임의의 비율로 섞인다.
- 제조는 이황화탄소(CS_2)에 염소를 반응시켜 제조한다.

③ 용도
- 유지류의 용제나 분석시약으로 사용한다.
- 인화성이 없고 증기가 무거워서 예전에는 기름에 의한 화재의 소화제로 사용하였지만, 간과 신장에 유독한 포스겐을 생성한다는 것이 밝혀져 사용하지 않는다.
- 독성이 강하여 저농도 만성노출에서도 간장, 신장에 손상을 주며 오존층 파괴물질로 알려져 있다.

8. 에틸렌(Ethylen, C_2H_4)

8-1 물리적 성질

① 물에는 거의 용해되지 않는다.

② 알코올, 에테르에는 잘 용해된다.

③ 연소특성

폭발범위(공기 중) (%)	2.6～36.0	연소열 (kcal/mol)	310.9
(상온, 1 atm)(산소 중) (%)	3.0～80.0	생성열 (kcal/mol)	12,496
착화온도	480℃	증발열 (15℃)(kcal/m^3)	14,353

8-2 화학적 성질

① 에틸렌은 2중 결합을 가지므로 각종 부가반응을 일으킨다.

② 에틸렌에 수소를 약 300℃로 니켈 촉매상을 통하게 하거나 상온에서 백금 또는 파라듐상을 통하면 에탄이 된다.

$$CH_2 = CH_2 + H_2 \rightarrow CH_3CH_3$$

③ 에틸렌에 염소를 부가하면 이염화에틸렌(CH_2ClCH_2Cl)이, 염산을 부가하면 염화에틸렌(CH_2CHCl)이 된다.

④ 가연성이며 공기와의 혼합물은 폭발성이 있다.

$$C_2H_4 + 3O_2 \rightarrow 2CO_2 + 2H_2O + 37.23\ \text{Kcal}$$

8-3 용도

석유화학공업 기초연료로서 합성수지, 합성섬유, 합성고무, 기타 많은 제품의 제조용에 널리 쓰인다. 주로 폴리에틸렌의 제조용이다.

9. 아세틸렌(Acetylene, C_2H_2)

9-1 물리적 성질

① 에틴이라고도 하며 무색의 독성이 있는 가스이며 순수한 것에는 방향성이 있다.

② 비점(−83.6℃)과 융점(−81.8℃)의 온도차가 적으므로 고체 아세틸렌은 승화한다.

③ 액체 아세틸렌은 불안정하나 고체 아세틸렌은 비교적 안정하다.

9-2 화학적 성질

① 산소가스에 의해 연소시 3,000℃를 넘는 불꽃을 낸다.

② 분해 폭발성이 있는 가스이므로 단독으로 가압하여 사용할 수 없으나 아세톤(CH_3COCH_3)에 잘 용해되며, 그용해 능력은 15℃에서 25배가 되므로 아세틸렌을 운반할 때에는 석탄, 목탄, 다공질 충전제가 들은 용기에 아세톤을 넣고 그 곳에 아세틸렌가스를 충전하며 이를 용해아세틸렌이라 한다.

9-3 아세틸렌의 폭발성

① 산화폭발

산소와 혼합하여 점화하면 폭발을 일으킨다.

$$C_2H_2 + 5O_2 \rightarrow 4CO_2 + 2H_2O + Q\ Kcal$$

※ 1 m^3당 발열량 13,900 kcal, 1 kg당 발열량 12,000 kcal

② 분해폭발

가압, 충격 등에 의해 탄소와 수소로 분해되면서 폭발을 일으킨다.

$$C_2H_2 \rightarrow 2C + H_2 + 54.2\ Kcal$$

③ 화합폭발

동(Cu), 은(Ag), 수은(Hg) 등의 금속과 화합시 폭발성의 화합물인 금속 아세틸라이드를 생성한다.

$$C_2H_2 + 2Cu \rightarrow Cu_2C_2 + H_2$$

$$C_2H_2 + 2Ag \rightarrow Ag_2C_2 + H_2$$

9-4 용도

① 산소·아세틸렌 염으로서 금속의 용접·절단에 많이 사용한다.

② 800℃에서 분해하여 카아본블랙을 만들며 이것은 제도용 잉크의 원료로 이용된다.

③ 아세틸렌에서 아세트알데이드를 거쳐 초산을 만들고 합성수지의 원료인 염화비닐, 초산비닐, 합성고무의 원료인 부타디엔과 에틸렌의 제조에 사용된다.

※ 아세트알데이드(=알데이드)

- 자극성이 있는 환원성이 강한 무색의 액체이다.
- 융점은 −121℃, 불점은 21℃, 비중은 0.801(0℃)이다.
- 용도 : 반응성이 풍부하여 유용한 화학약품으로써 초산의 제조 등 다량의 유기합성 공정에 사용되고 있으나, 악취물질 중 하나이기도 하다. 자동차의 배출가스나 쓰레기 소각로의 배기 중에도 함유되어 있어 환경에 악영향을 주고 있다.

10. 암모니아(Ammonia, NH_3)

10-1 물리적 성질

① 상온·상압 하에서 강한 자극성의 냄새를 갖는 무색의 기체이다.

② 물에 잘 용해된다.

③ 증발잠열이 크다(0℃에서 301.8 kcal/kg).

④ 20℃에서 8.46 atm 정도 가압하면 쉽게 액화된다.

10-2 화학적 성질

① 산소 중에서 연소시키면 황색염을 내며 질소와 물을 생성한다.

② Zn, Cu, Ag, CO 등과 같은 금속이온과 반응하며 착이온을 만든다.

③ 마그네슘과는 고온에서 질화마그네슘을 만든다.

$$2NH_3 + 3Mg \rightarrow Mg_3N_2 + 3H_2$$

이 때 염소가 과잉존재 하면 황색기름 상태인 폭발성의 삼염화질소를 만든다.

$$NH_4Cl + 3Cl_2 \rightarrow NCl_3 + 4HCl$$

④ 상온에서 안정하나 1,000℃ 정도에서 분해된다.

10-3 용도

① 질산을 제조한다.
② 비료를 제조한다.
③ 소오다회를 제조하며 냉동기의 냉매로 쓰인다.

11. 염소(Chlorine, Cl_2)

11-1 물리적 성질

① 상온에서 자극성이 있는 황록색의 무거운 기체이며 맹독성 기체이다.
② −34℃에서 냉각시켜 상온에서 6~8기압을 가하면 쉽게 액화시킬 수 있어 액화가스로 취급된다.
③ 독성
- 대기 중에 누설된 염소는 눈, 코, 기관지, 폐 등을 상하게 한다.
- 허용농도는 1 ppm이다
- 액화염소가 피부에 닿으면 동상의 위험성이 있다.

11-2 화학적 성질

① 화학적으로 활성이 강한 기체이다.
② 수분이 없으면 상온에서 금속과 반응이 일어나지 않으나 수분이 존재하면 대부분의 금속과 염화물을 생성한다.
③ 상온에서 물에 용해하여 소량의 염산과 차아염소산(HClO)을 생성하여 이때 HClO는 열, 빛 등에 의해 용이하게 분해하여 발생기 산소를 낸다. 발생기 산소는 표백, 살균력이 있으므로 수돗물 등의 살균 등에 쓰인다.

11-3 용도

① 염화수소, 염화비닐, 염화메틸, 포스겐, 클로로프렌의 제조에 사용된다.

② 상수도 살균, 염화비닐의 원료, 펄프 제조, 종이 제조에 쓰인다.

③ 섬유표백에 쓰인다.

④ 금속티탄, 알루미늄 공업에 쓰인다.

12. 염화수소(Hyfrogen Chlorine, HCl)

12-1 성질

① 무색으로 자극성의 냄새를 갖는 불연성의 기체이다.

② 공기보다 무겁고 액상에서는 물보다 무겁다.

③ 독성가스이다(허용농도 5 ppm).

④ 인체에 접촉하면 피부나 점막을 상하게 한다.

⑤ 물에 용해하면 염산이 된다. 보통 염산이라 하여 취급되는 것은 염화수소의 수용액이다.

12-2 용도

① 공업약품의 제조, 강판이나 강제의 녹 제거용에 사용된다.

② 조미료의 제조, 향료, 염료, 의약, 농약의 제조에 사용된다.

13. 포스겐(Phosgene, $COCl_2$)

13-1 성질

① 상온에서 자극성의 냄새를 가지며 염화카아보닐이라고도 한다.

② 무색의 액체이나 시중의 판매품은 담황록색이다.

③ 수산화나트륨에는 급히 흡수된다.

④ 자체에는 폭발성과 인화성이 없으며 독성이 있다(허용농도 0.1 ppm).

⑤ 상온에서 건조상태에서는 통상의 금속재료를 거의 부식하지 않으나 수분이 존재하면 가수분해하여 염산이 생기므로 금속을 부식시킨다.

13-2 용도

① 염료 및 염료의 중간재를 제조한다.

② 알코올 또는 페놀과의 반응성을 이용하여 의약, 농약, 가스재를 제조한다.

14. 이산화탄소(Carbon Dioxide, CO_2)

14-1 물리적 성질

① 공기 중에서 약 0.3% 정도 함유되어 있다.

② 무색, 무취의 무거운 가스이며 불연성이다.

③ 액체 탄산가스를 냉각 또는 급히 기화시키면 고체 탄산을 얻을 수 있다.

14-2 화학적 성질

① 물에는 대체로 동일체적 용해되며 그 중 일부는 탄산을 만들어 약산성을 나타낸다.

$$CO_2 + H_2O \rightarrow H_2CO_3$$

② 석회수 속에 통과시키면 탄산칼슘의 백색침전을 일으키므로 이산화탄소의 검사에 이용된다.

③ 독성은 없으나 공기 중에 다량 존재시 산소부족으로 질식한다(허용농도 5,000 ppm).

④ 마그네슘, 나트륨 등은 이산화탄소 중에서도 심하게 연소한다.

$$Mg + \frac{1}{2}CO_2 \rightarrow MgO + \frac{1}{2}C + 96.6\ kcal$$

$$2Na + \frac{1}{2}CO_2 \rightarrow Na_2O + \frac{1}{2}C + 52.3\ kcal$$

⑤ 건조상태에서는 강재에 거의 영향을 주지 않으나 수분을 함유하면 탄산이 생기므로 강재를 부식시킨다.

14-3 용도

① 소오다회 제조 및 요소 제조에 사용된다.
② 탄산수, 사이다 등의 청량음료수에 사용된다.
③ 액체탄산으로 하여 소화제에 사용된다.
④ 드라이아이스(고체탄산) 제조에 사용된다.

15. 일산화탄소(Carbon Monoxide, CO)

15-1 성질

① 무색무취의 가스이다.
② 환원성이 강한 가스이며 금속산화물을 환원시켜 단체금속을 생성한다.
③ 공기 중에서 잘 연소한다.

$$2CO + O_2 \rightarrow 2CO_2 + 135.4\ kcal$$

④ 상온에서 염소와 반응하여 포스겐을 생성한다.

$$CO + Cl_2 \rightarrow COCl_2$$

⑤ 독성이 강하여 0.1%의 일산화탄소를 함유한 공기 중에서 쉽게 사망한다.
⑥ 공장에서의 허용농도는 50 ppm이다.

16. 시안화수소(Hydrocyanic, HCN)

16-1 성질

① 독성이 강하고 쉽게 액화되며 액체는 무색투명하다.
② 극히 휘발하기 쉬운 액체이다.
③ 순수한 액체 시안화수소는 안정하나 공업적으로 제조된 것은 수분 함유로 중발하기 쉽다.
④ 중합은 발열반응이므로 자가촉매반응이 있고 폭발하는 경향이 있다.
⑤ 안정제로서 무기산(보통 황산)을 소량 혼입하면 중합폭발을 방지할 수 있다.
⑥ 물에 잘 용해되며 이 수용액은 약산성 반응을 나타내고 시안화수소산이라 한다.
⑦ 인화성 액체이며 화염, 스파크에 의해 연소한다.
⑧ 맹독성이어서 흡입하거나 피부에 접촉하면 신속히 흡수되어 수초 내지 30분 정도에서 사망할 수 있다(허용농도 10 ppm).

참고 : 자가촉매반응

반응생성물이 촉매가 될 수 있는 화학반응으로서, 예를 들면 에스테르의 가수분해효소에서 수소이온이 생기는데 이것이 가수분해반응의촉매가 될 수 있으므로 이를 자가촉매반응이라고 할 수 있다. 이러한 촉매작용을 일명 자촉작용이라고 한다.

16-2 용도

① 메타크릴산메틸(MMA)의 제조에 사용된다.
② 염화시아놀 및 아크로니트릴 제조에 사용된다.
③ 살충용 또는 시안화칼륨, 시안화나트륨, 시안화칼슘의 제조에 사용된다.

17. 산화에틸렌(Ethylene Oxide, C_2H_4O)

17-1 성질

① 물, 알코올, 에테르 및 대부분의 유기용제에 녹는다.
② 철, 주석, 알루미늄의 무수염화물, 알칼리, 산화철 등에 의해 중합하여 발영한다.
③ 공기가 없어도 열이나 충격 등으로 인해 분해폭발을 일으킬 위험이 있다.
④ 허용농도는 50 ppm, 폭발범위(vol%)는 3.0~80.0이다.

17-2 용도

① 글리코올류, 크롤히드린 등의 합성연료가 된다.
② 표면활성제, 합성수지, 합성섬유, 각종용제 등에 사용된다.

18. 황화수소(Hydrogen Sulfide, H_2S)

18-1 성질

① 산소 중에서 청염을 내어 연소하고 이산화유황을 생성한다.
② 각종 산화물을 환원한다.
③ 발화온도가 260℃로 낮고 최소 발화에너지도 적어 공기 중에서 연소하기 쉽다.
④ 독성이 강하고 고농도 가스를 다량 흡입시 즉사한다(허용농도 10 ppm).

18-2 용도

① 금속정련, 형광물질의 원료제조
② 공업약품, 의약품의 제조원료
③ 황화수소를 산화하면 유황을 생성한다.

Chapter 23 도시가스(City gas)

1. 정의

도시가스란 고체연료, 액체연료, 기체연료 등을 원료로 하여 적당한 발열량을 갖도록 제조한 가스를 배관망을 통하여 소비자에게 직접 공급하는 가스 공급방식을 말한다. 우리나라는 1930년대에 서울에서 석탄가스 시설을 사용하다가 울산정유공장에서 LPG가 생산됨에 따라 LPG를 원료로 하는 도시가스가 등장하고 1986년 LNG가 도입되면서 중부지역까지 LNG 공급방식의 도시가스로 대체되고 있다.

도시가스 제조원료는 고체연료인 석탄, 코크스 등과 액체연료인 중유, 원유, 나프나가 있고 기체연료는 LNG, LPG와 석유폐가스인 OFF GAS가 있다.

2. 도시가스의 제조

2-1 LNG로부터 도시가스의 제조

유전 또는 가스전에서 생산된 천연가스를 정제하여 −162℃까지 냉각・액화시켜서 체적을 1/600으로 압축시킨 액화천연가스로서 이것을 도시가스로 공급하기 위해서는 기화시켜서 공급한다.

지하에서 생산된 천연가스는 독성과 부식성이 강한 H_2S 등이 포함되어 있으나 기화과정에서 모든 불순물이 제거되기 때문에 연소시켜도 공해물질이 나오지 않은 가장 깨끗한 청정연료이다.

2-2 LPG로부터 도시가스 제조

프로판을 주성분으로 하는 LPG도시가스 공급방법은 다음과 같다.

- 집단공급 사업허가

- LPG를 직접 공급하는 방법
- LPG +공기 혼합으로 공급

LPG는 발열량이 높고 유황 등의 불순물이 적은 청정 연료로서 기화방법이 LNG에 비하여 간단하고 저장설비는 단순하며 중소도시에서 많이 사용한다.

3. 도시가스의 특성

① 사용이 편리 : 배관으로 공급되므로 연료운송, 저장 불편이 없고 폐기물 처리 불필요
② 공해물질이 없는 도시가스
③ 경제적이며 종합열효율이 높다(열효율 연탄 30%, 석유 40%, 전기 38%, 도시가스 45%).
④ 도시가스의 용도 : 취사조리, 냉난방 등 가정용, 상업용(대중음식점, 대중목욕탕, 호텔 등 대형건물의 냉난방 연료 · 업무용), 산업용(자동차산업, 유리산업, 전자공업)

4. 부취제의 선정 조건

① 독성이 없을 것
② 일반적인 일상생활의 냄새와는 확연히 구분될 것
③ 가스배관이나 가스미터에 흡착되지 않을 것
④ 완전히 연소하고 연소 후에는 유해하거나 냄새를 가지는 물질을 남기지 않을 것
⑤ 배관 내에서는 응축되지 않을 것
⑥ 화학적으로 안정될 것
⑦ 물에 녹지 않을 것
⑧ 토양에 대한 투과성이 좋을 것
⑨ 저농도에 대하여 냄새를 알 수 있을 것
⑩ 부식성이 없을 것
⑪ 가격이 저렴할 것

5. 도시가스의 공급방식

분류	방식	설 명
압력에 따른 분류	저압공급방식	• 도시가스 회사(제조지)에서 공급시 수용가의 사용압력(1 kg/cm^2 미만)으로 공급하는 방식이다.
	중앙공급방식	• 도시가스 회사(제조지)에서 공급시 중압(1～10 kg/cm^2)으로 공급하고 수용가의 구역에서 정압기를 설치하여 사용압력(1 kg/cm^2)으로 조정하여 공급하는 방식이다.
	고압공급방식	• 도시가스 회사(제조지)에서 공급시 고압(10 kg/cm^2) 이상으로 공급하고, 정압기에 의하여 중압으로 다시 저압으로 조정하여 공급하는 방식이다. 고압의 가스압력을 저압으로 감압시에 가스온도는 1 kg/cm의 압력감소마다 약 0.5℃ 정도 낮아진다. • 가스온도가 낮아지는 것을 방치할 경우에는 매설 배관 주위의 결빙현상, 온도저하로 인한 배관재 및 설비의 파손 정압기의 동결현상에 의한 정압 조정 능력 상실 등을 초래한다.
가스성분 조성에 따른 분류	공기혼입방식	• 가스에 공기를 혼입하여 발열량을 4500～700 kcal/m^3 가스로 만들어 공급하는 방식이다.
	직접혼입방식	• 석탄가스나 발생로 가스 등 발열량이 적은 가스를 원료로 하는 방식에서 LPG 또는 공기를 직접 혼합하여 공급하는 방식이다.
	간접혼입방식	• 직접 혼입방식의 LPG 등을 직접 혼입시키지 않고 석탄가스 등의 원료가스와 거의 성질이 같은 가스로 변성시켜 혼입공급하는 방식이다.

Chapter 24 고압가스 용기

1. 용기의 종류

고압가스안전관리법에서 용기란 저장탱크와 같이 일정한 기초위에 고정 설치되어 있는 것이 아니고 지반면에서 이동할 수 있는 것, 다시 말하면 트럭 등에 적재하여 운반할 수 있는 소형용기 또는 LPG 차량용 용기를 저장한다. 또한 용기의 제조는 고압가스안전 관리법에 따라 시도지사의 허가를 득한 자가 제조하도록 되어 있다.

고압가스의 용기는 제작 방법에 따라 용접하지 않고 단조 등의 방법으로 제조하는 이음매 없는 용기(seamless 용기)와 강판을 성형하고 이것을 용접하여 만드는 용접용기로 구분된다.

용기의 구조는 철판을 성형하여 용접한 것으로 부식을 방지하고 기타 용기에 밸브를 부착하여 안전검사를 받고난 후에 사용된다. 용기안전밸브는 초기압력이 20 kg/cm^2 이상이고 내압시험 압력은 80% 이상이며 정지압력은 처음압력의 80% 이상이어야 한다.

1-1 이음매 없는 용기

이음매 없는 용기는 산소, 수소, 질소, 아르곤, 천연가스 등의 압축가스 또는 이산화탄소 등의 고압액화가스를 충전하는 데 사용되고 있으며, 간혹 염소 등의 저압액화가스 또는 용해 아세틸렌용으로도 사용되고 있다.

1-2 용접용기

용접용기는 주로 LPG, 프레온, 암모니아 등 상온에서 비교적 낮은 증기압을 갖는 액화가스 또는 용해아세틸렌을 가스를 충전하는 데 사용하고 있다. 용접용기는 원주이음매용기와 길이이음매용기가 있는 데 원주이음매용기는 상경판과 하부경판을 용접한 것으로서 10 kg 이하의 LPG용기가 여기에 속하며 길이이음매용기는 상부경판과 하부경판 사이에 동체를 용접한 것으로서 20 kg 이상의 LPG 용기, 아세틸렌 가스 용기, 암모니아 용기, 대형탱크 등 용접용기 대부분이 이 방식에 의해 만들어지고 있다.

1-3 초저온 용기

초저온 용기는 −50℃ 이하인 액화가스를 충전하기 위한 용기로서, 단열재로 피복하거나 냉동설비로 냉각하는 등의 방법으로 용기 내에 가스온도가 상용의 온도를 초과하지 않도록 조치한 용기를 말한다. 주로 액화산소, 액화질소, 액화천연가스 등을 충전하는 데 사용한다.

1-4 저온용기

단열재로 피복하거나 냉동설비로 냉각하여 용기 내의 가스온도가 상용온도를 초과하지 않도록 조치된 액화가스 충전용기로서 초저온용기 이외의 것을 말하며, 현재 저온용기는 사용하고 있지 않다.

1-5 납붙임(접합)용기

납붙임(접합)용기는 36℃에서 8 kg/cm^2(LPG : 4 kg/cm^2) 이하의 압력을 가지는 액화가스를 충전하는 용기로서 주로 살충제, 화장품, 의약품, 도료의 분사제 및 등산용(연료용), 공업용 버너의 연료로 사용된다. 또한 이들 용기는 1호용이므로 재충전이 불가능하며 내용적은 1000 mL 이하로 제조하도록 규정되어 있다.

2. 용기의 재료 및 내용적

용기재료는 기계적 성질(인장, 압축강도)를 갖추고 경량이어야 한다. 또한 저온 및 사용 중에 내충격성, 내마모성, 내식성, 용접성을 요한다.

2-1 용기의 재료

강에는 탄소강과 특수강이 있으며 특수강에는 망간강, 크롬모리브덴강, 스테인리스강이 있다. 탄소강은 LPG, 염소, 암모니아 등 비교적 압력이 낮은 가스의 압력용기 재료로 사용되고 고압의 가스용기에 사용하면 무게가 가벼워지므로 사용되지 않고 있다.

망간강과 크롬몰리브덴강은 산소, 수소, 질소, 아르곤 등 압력이 높은 가스의 이음매 없는 용기의 재료로 사용하는 데 종전에는 망간강을 사용하였으나 지금은 망간강보다 가볍고 내식성이 큰 크롬−몰리브덴강을 주로 사용한다. 또한 스테인리스강은 액화산소, 액화질소, 액화천연가스 등의 초저온 용기 재료로 사용된다. 경합금은 주로 알루미늄 또는 알루미늄 합금으로서 이음매 없는 용기 및 초저온용의 재료로 사용된다.

2-2 용기의 내용적

용기의 내용적과 가스 저장능력과의 관계는 액화가스 또는 압축가스에 따라 다음 식과 같다.

① 액화가스 용기의 내용적

액화가스 용기의 내용적은 다음 식에 의하여 계산된 수치 이상이 되도록 하여야 하는 데 이것은 가스온도가 48℃가 되었을 때도 액체가스가 가득차지 않도록 하기 위한 것이다. 이는 가스의 온도가 상승하여 액체의 부피가 늘어나 용기가 파열되는 것을 방지하기 위한 것이다.

$$V = C \times G$$

여기서, V : 용기의 내용적(L)

C : 가스의 종류에 따른 상수(LPG = 2.35, 액화부탄 = 2.05, NH_3 = 1.86 등)

G : 액화가스의 저장능력(kg)

예제 프로판 용기에 V47TP31로 각인이 되어 있다. 프로판의 충전상수가 2.35일 충전량은 몇 [kg]인가?

solution $G = \frac{V}{C} = \frac{47}{2.35} = 20\text{ kg}$

예제 물 27 kg을 모두 전기분해하여 산소를 제조하여 내용적이 40 L 용기에 0℃, 150 kg/cm^{2}까지 충전한다면 용기는 몇 개가 필요하겠는가?

solution $H_2O \rightarrow H_2 + \frac{1}{2}O_2$

$18\,\text{kg} \;:\; 11.2\,\text{m}^3$

$27\,\text{kg} \;:\; x$

$x = \frac{27 \times 11.2}{18} = 16.8\,\text{kg/cm}^2$ (0℃, 1 atm 기준)

용기충전율을 대기상태로 환산하면 $40 \times 150 = V' \times 1.0332$

$V' = \frac{40 \times 150}{1.0332} = 5{,}813.95\,\text{L} = 5.81\,\text{m}^3$

$\therefore \frac{16.8\,\text{m}^3}{5.81\,\text{m}^3} = 2.89$

결국 용기는 3개가 필요하다.

---

② 압축가스 용기의 내용적

압축가스용기 및 저장탱크의 내용적과 저장능력과의 관계는 다음 식과 같으며, 용기 및 저장탱크에 각인된 최고 충전압력(P)을 초과해서 충전해서는 안 된다.

$$Q = (P+1)V$$

여기서, Q : 압축가스의 저장능력(m^3)

P : 최고충전압력(kg/cm^2)

V : 내용적(L)

③ 내압용기의 설계

내압용기의 설계에는 $D/t \leq 0.1$인 경우의 용기재료는 다음과 같은 기본 설계식에 따라 각종 용기의 두께를 산정한다. 횡방향응력(원주응력 또는 후우프 응력)을 기준으로 나타내면 다음과 같다. 후우프 응력은

$$\sigma = \frac{PD}{2t}$$

여기서, P : 용기재료의 극한강도(kg/cm)

D : 내압용기의 내경(mm)

t : 내압용기의 두께(mm)

참고 : 후우프 응력

내압을 받는 원통 등에 있어 원주 방향으로 작용하는 수직 응력을 말한다.
용기의 재료 두께 계산시에 극한하중(P_u) 또는 극한응력(σ_u)은 가스충전시에 허용되는 허용하중(P_a) 또는 허용응력(σ_a)보다 재료의 두께와 강도를 크게 설정하여 충분히 높게 설계하여야 한다. 이 때 허용하중은 극한하중의 일부만 이용되고 나머지 여유하중은 안전성능을 위하여 여유값이 되는 것이다. 이 여유값의 정도를 설정하는 것이 안전계수(safety factor)로서 s로 표기하고 다음 식과 같다.

$$s = \frac{\sigma_u}{\sigma_a} = \frac{P_u}{P_a}$$

이 안전계수 s가 너무 작게 설계되면 내압용기가 파괴될 확률이 커지며 반면에 필요이상으로 크게 설계되면 안전성은 증가되지만 재료의 과다소비로 비경제적, 비합리적인 된다. 따라서 안전계수 s를 적용한 내압용기 두께 산정식은 다음과 같다. 허용응력 σ_a는

$$\sigma_a = \frac{\sigma_u}{s} = \frac{\frac{PD}{2t}}{s} \text{ 이므로 } t = \frac{PD}{2\sigma s}$$

여기서, t : 내압용기 두께(mm)
P : 최고 전압력(kg/mm^2)
D : 용기의 안지름(mm)
σ : 인장강도(kg/mm^2)

참고 : 동판으로 제작된 고압가스 용기의 두께(t)를 계산하는 식

$$t = \frac{PD}{200S\eta - 1.2P} + C$$

여기서, P : 최고 충전압력
S : 재료의 허용응력
η : 용접효율
C : 부식여유두께

예제 최고 사용압력 50 kg/cm^2, 용기 안지름 65 cm인 용접제, 원통형 용기의 동판두께는 최소한 얼마이어야 하는가? (단, 재료의 인장강도는 60 kg/cm^2이고 용접효율은 0.75, 부식여유는 1 mm로 한다)

solution

$$t = \frac{PD}{200S\eta - 1.2P} + C = \frac{50 \times 650}{200 \times 60 \times \frac{1}{4} \times 0.75 - 1.2 \times 50} + 1 = 15.84 \text{ mm}$$

∴ 약 16 mm

2-3 용기의 검사

① 고압가스관리법 제17조 규정에 의한 용기는 용기 등을 제조·수리 또는 수입한 자(외국용기 등 제조자를 포함한다)는 그 용기 등을 판매하거나 사용하기 전에 산업통상자원부장관, 시장·군수 또는 구청장의 검사를 받아야 한다. 다만, 대통령령으로 정하는 용기 등에 대하여는 그 검사의 전부 또는 일부를 생략할 수 있다.

② 검사를 받은 후 용기나 특정설비가 다음 각 호의 어느 하나에 해당하게 되면 용기나 특정설비의 소유자는 그 용기나 특정설비에 대하여 시장·군수 또는 구청장의 재검사를 받아야 한다.

- 산업통상자원부령으로 정하는 기간의 경과
- 손상의 발생
- 합격표시의 훼손
- 충전할 고압가스 종류의 변경

③ 시장·군수 또는 구청장은 검사나 재검사에 불합격한 용기나 특정설비는 산업통상자원부령으로 정하는 바에 따라 파기하여야 한다. 다만, 특정설비는 산업통상자원부령으로 정하는 바에 따라 수리하여 검사를 다시 받도록 할 수 있다.

④ 시장·군수 또는 구청장은 검사에 합격한 용기 등에는 산업통상자원부령으로 정하는 바에 따라 필요한 사항을 각인하거나 표시하여야 한다.

⑤ 검사나 재검사를 받아야 할 용기 등으로서 검사나 재검사를 받지 아니한 경우에는 이를 양도·임대 또는 사용하거나 판매할 목적으로 진열하여서는 아니 된다.

⑥ 시장·군수 또는 구청장은 산업통상자원부령으로 정하는 용기 등의 검사나 재검사에 합격하면 합격증명서를 교부하여야 한다.

⑦ 용기 등에 대한 검사의 전부가 생략되는 용기 등을 제조하거나 수입하는 자는 산업통상자원부령으로 정하는 바에 따라 시장·군수 또는 구청장에게 그 사실을 알려야 한다.

⑧ 검사 및 재검사의 기준과 기간, 그 밖에 필요한 사항은 산업통상자원부령으로 정한다.

2-4 용기의 재검사

용기 및 특정설비의 재검사기간 (제39조 관련)

법 제17조 제2항 제1호에 따른 용기 및 특정설비의 재검사기간은 다음 각 호와 같다. 다만, 가스설비 안의 고압가스를 제거한 상태에서 휴지 중인 시설에 있는 특정설비에 대하여는 그 휴지기간은 재검사기간 산정에서 제외한다.

1. 용기

용기의 재검사기간은 다음 표와 같다. 다만, 재검사기간이 되었을 때에 소화용 충전용기 또는 고정 장치된 시험용 충전용기의 경우에는 충전된 고압가스를 모두 사용한 후에 재검사 한다.

<table>
<tr><td rowspan="3" colspan="2">용기의 종류</td><td colspan="3">신규검사 후 경과연수</td></tr>
<tr><td>15년 미만</td><td>15년 이상
20년 미만</td><td>20년 이상</td></tr>
<tr><td colspan="3">재검사 주기</td></tr>
<tr><td rowspan="2">용접용기(액화석유가스용 용접용기는 제외한다)</td><td>500 L 이상</td><td>5년마다</td><td>2년마다</td><td>1년마다</td></tr>
<tr><td>500 L 미만</td><td>3년마다</td><td>2년마다</td><td>1년마다</td></tr>
<tr><td rowspan="2">액화석유가스용 용접용기</td><td>500 L 이상</td><td>5년마다</td><td>2년마다</td><td>1년마다</td></tr>
<tr><td>500 L 미만</td><td colspan="2">5년마다</td><td>2년마다</td></tr>
<tr><td rowspan="2">이음매 없는 용기 또는 복합재료용기</td><td>500 L 이상</td><td colspan="3">5년마다</td></tr>
<tr><td>500 L 미만</td><td colspan="3">신규검사 후 경과연수가 10년 이하인 것은 5년마다, 10년을 초과한 것은 3년마다</td></tr>
<tr><td colspan="2">액화석유가스용 복합재료용기</td><td colspan="3">5년마다(설계조건에 반영되고, 산업통상자원부장관으로부터 안전한 것으로 인정을 받은 경우에는 10년마다)</td></tr>
<tr><td rowspan="2">용기부속품</td><td>용기에 부착되지 아니한 것</td><td colspan="3">2년마다</td></tr>
<tr><td>용기에 부착된 것</td><td colspan="3">검사 후 2년이 지나 용기부속품을 부착한 해당 용기의 재검사를 받을 때마다</td></tr>
</table>

비고

1. 재검사일은 재검사를 받지 않은 용기의 경우에는 신규검사일부터 산정하고, 재검사를 받은 용기의 경우에는 최종 재검사일부터 산정한다.
2. 제조 후 경과연수가 15년 미만이고 내용적이 500 L 미만인 용접용기(액화석유가스용 용접용기를 포함한다)에 대하여는 재검사주기를 다음과 같이 한다.
   가. 용기내장형 가스난방기용 용기는 6년
   나. 내식성재료로 제조된 초저온 용기는 5년
3. 내용적 20 L 미만인 용접용기(액화석유가스용 용접용기를 포함한다) 및 지게차용 용기는 10년, 자동차용 용기는 그 자동차를 폐차할 때까지의 기간(자동차운수사업에 사용되는 자동차용 용기는 「여객자동차 운수사업법」 제84조에 따른 해당 자동차의 차령기간)을 첫 번째 재검사주기로 한다.
4. 1회용으로 제조된 용기는 사용 후 폐기한다.

5. 내용적 125 L 미만인 용기에 부착된 용기부속품(산업통상자원부장관이 정하여 고시하는 것은 제외한다)은 그 부속품의 제조 또는 수입 시의 검사를 받은 날부터 2년이 지난 후 해당 용기의 첫 번째 재검사를 받게 될 때 폐기한다.
6. 복합재료용기 및 압축천연가스 자동차용 용기는 제조검사를 받은 날부터 15년이 되었을 때에 폐기한다.
7. 내용적 45 L 이상 125 L 미만인 것으로서 제조 후 경과연수가 26년 이상된 액화석유가스용 용접용기(1988년 12월 31일 이전에 제조된 경우로 한정한다)는 폐기한다.

2. 특정설비

특정설비의 재검사기간은 다음 표와 같다. 다만, 다음 각 목의 어느 하나에 해당하는 특정설비는 재검사대상에서 제외한다.

가. 평저형 및 이중각 진공단열형 저온저장탱크
나. 역화방지장치
다. 독성가스배관용 밸브
라. 자동차용가스 자동주입기
마. 냉동용특정설비
바. 대기식 기화장치
사. 저장탱크 또는 차량에 고정된 탱크에 부착되지 않은 안전밸브 및 긴급차단밸브
아. 저장탱크 및 압력용기 중 다음에서 정한 것
1) 초저온 저장탱크
2) 초저온 압력용기
3) 분리할 수 없는 이중관식 열교환기
4) 그 밖에 산업통상자원부장관이 재검사를 실시하는 것이 현저히 곤란하다고 인정하는 저장탱크 또는 압력용기
자. 특정고압가스용 실린더 캐비닛
차. 자동차용 압축천연가스 완속충전설비
카. 액화석유가스용 용기잔류가스회수장치

특정설비의 종류	재검사주기		
	신규검사 후 경과연수		
	15년 미만	15년 이상 20년 미만	20년 이상
차량에 고정된 탱크	5년마다	2년마다	1년마다
	해당 탱크를 다른 차량으로 이동하여 고정할 경우에는 이동하여 고정한 때마다		
저장탱크	1) 5년(재검사에 불합격되어 수리한 것은 3년, 다만, 음향방출시험에 의하여 안전성이 확인된 경우에는 5년으로 한다)마다. 다만, 검사주기가 속하는 해에 음향방출시험 등의 신뢰성이 있다고 인정하는 방법에 의하여 안전성이 확인된 경우에는 검사주기를 2년간 연장할 수 있다. 2) 다른 장소로 이동하여 설치한 저장탱크(「액화석유가스의 안전관		

<table>
<tr><td colspan="2"></td><td>리 및 사업관리법 시행규칙」 제2조 제1항 제3호에 따른 소형저장탱크는 제외한다)는 이동하여 설치한 때마다</td></tr>
<tr><td colspan="2">안전밸브 및 긴급차단장치</td><td>검사 후 2년을 경과하여 해당 안전밸브 또는 긴급차단장치가 설치된 저장탱크 또는 차량에 고정된 탱크의 재검사 시마다</td></tr>
<tr><td rowspan="3">기화장치</td><td>저장탱크와 함께 설치된 것</td><td>검사 후 2년을 경과하여 해당 탱크의 재검사 시마다</td></tr>
<tr><td>저장탱크가 없는 곳에 설치된 것</td><td>3년마다</td></tr>
<tr><td>설치되지 아니한 것</td><td>2년마다</td></tr>
<tr><td colspan="2">압력용기</td><td>4년마다. 다만, 압력용기의 내부에 대한 재검사주기는 산업통상자원부장관이 정하여 고시하는 기법에 따라 산정하여 그 적합성을 인정받는 경우 그 주기로 할 수 있다.</td></tr>
</table>

비고

1. 재검사를 받아야 하는 연도에 업소가 자체정기보수를 하고자 하는 경우에는 자체정기보수 시까지 재검사기간을 연장할 수 있다.
2. 「기업활동 규제완화에 관한 특별조치법 시행령」 제19조 제1항에 따라 동시검사를 받고자 하는 경우에는 재검사를 받아야 하는 연도 내에서 사업자가 희망하는 시기에 재검사를 받을 수 있다.

찾아보기

영문

가

나

다

라

마

바

사

아

자

차

카

타

파

하

소방기초공학

정가 18,000원

인 쇄 2015년 3월 2일 초판 1쇄
발 행 2015년 3월 10일 초판 1쇄
저 자 추병길·김찬영·송영호·박형주
장한일·이종호·추홍록
발행인 정우용
발행처 도서출판 동화기술
경기도 파주시 광인사길 201(문발동, 파주출판도시)
Tel (031)955-4211~6 donghwae@kornet.net
Fax (031)955-4217 www.donghwapub.co.kr
(등록) 1977년 12월 19일/9-16호

Printed in Korea
ISBN 978-89-425-1924-8